# 理解和解决21世纪的环境问题

## ——面向一个新的、集成的硬问题科学

Robert Costanza
Sven Erik Jørgensen 编著

徐中民　张志强　张齐兵　等译校

黄河水利出版社

**图书在版编目(CIP)数据**

理解和解决21世纪的环境问题——面向一个新的、集成的硬问题科学/(美)科斯坦萨(Costanza,R.),(美)乔根森(Jørgensen,S.E.)编著;徐中民,张志强,张齐兵译.—郑州:黄河水利出版社,2004.11

书名原文:Understanding and Solving Environmental Problems in the 21st Century—toward a New, Integrated Hard Problem Science

ISBN 7-80621-855-6

Ⅰ.理… Ⅱ.①科… ②乔… ③徐… ④张… ⑤张… Ⅲ.环境科学 Ⅳ.X

中国版本图书馆CIP数据核字(2004)第112769号



First edition 2002
ISBN:0-08-044111-4

策划组稿:余甫坤 ☎ (0371)6024993 E-mail:yfk@yrcp.com

出 版 社:黄河水利出版社
地址:河南省郑州市金水路11号 邮政编码:450003
发行单位:黄河水利出版社
发行部电话及传真:0371-6022620
E-mail:yrcp@public.zz.ha.cn
承印单位:河南第二新华印刷厂
开本:787 mm×1 092 mm 1/16
印张:15.5
字数:360千字 印数:1—1 000
版次:2004年11月第1版 印次:2004年11月第1次印刷

书号:ISBN 7-80621-855-6/X·13 定价:38.00元

**著作权合同登记号:图字16-2004-27**

# 理解和解决21世纪的环境问题

## ——面向一个新的、集成的硬问题科学

译校者(以章为序):

绪　言　程国栋(张齐兵校)
引　言　程国栋(张齐兵校)
第1章　徐中民(张齐兵 校)
第2章　齐吉琳(张齐兵 徐中民 校)
第3章　赵文智(张齐兵 徐中民 校)
第4章　赵文智(张齐兵 徐中民 校)
第5章　齐吉琳(张志强 校)
第6章　齐吉琳(张志强 校)
第7章　龙爱华(徐中民 校)
第8章　龙爱华(徐中民 校)
第9章　陈东景(徐中民 校)
第10章　陈东景(徐中民 校)
第11章　张志强
第12章　张志强
结　论　张志强

徐中民　张志强　统稿

# 序

我非常高兴地看到《理解和解决21世纪的环境问题》一书被译成中文。该书的主旨是环境问题需要多方的广泛参与和协作来解决，这在全球范围内正逐步得到认同。

单一的学科、利益集团或国家不能应对21世纪复杂环境问题的挑战。因而，我们倡导建立一门基于多方参与及协作的“硬问题科学（Hard Problem Science，HPS）”，并应用它来解决棘手的环境问题（Hard Problem）。在这方面250多名环境科学领域的科学家和工作者2000年在加拿大哈里法克斯省的生态峰会上达成了共识，《理解和解决21世纪的环境问题》正是这次会议的产物。

我感谢中国科学院的程国栋院士带领他的生态经济学课题研究组将这本书介绍给中国的读者。同时，我也要感谢我的博士生刘爽，她不但审阅了译文，也把中国科学家在此书涉及的生态经济、生态工程和生态系统健康等跨学科领域的研究成果热忱通报给我。我们期待着与更多的中国环境科学工作者并肩工作——希望此书中文版的出版能加速这一进程。

让我们共同努力，建立并应用“硬问题科学”来开创一个可持续的美好的未来。

Robert Costanza 博士
Gund 生态经济学教授
Gund 生态经济学研究所所长
Rubenstein 环境和自然资源学院
佛蒙特大学
布灵顿，佛蒙特 05405－1708

# Preface to the Chinese Version

I am very enthusiastic about this translation of our book on "Understanding and Solving Environment Problems in the 21st Century" into Chinese. The book's main message, that environmental problems are complex and require a broad, interdisciplinary, participatory approach, is one that is growing in acceptance world-wide. We have recognized that the environmental problems we face in the 21st century are very difficult indeed, and cannot be addressed by anyone discipline, interest group, or country alone. It will require all of us working together collaboratively to develop the "hard problems science" and participatory governance to address these issues. The structure of the book reflects this recognition, being the product of a group of over 250 environmental scientists and practioners who came together at the "Ecosummit" of 2000 in Halifax, Canada. We hope and expect to see more and more Chinese environmental science researchers working together with us in the near future, and hope that the publication of this Chinese version of the book will facilitate that process.

I'd like to thank Guodong Cheng, of the Chinese academy of sciences, who organized his ecological economics research group to translate this book into Chinese and introduce it to readers in China. I'd also like to thank Shuang Liu, a Ph.D. student here at the Gund Institute, for her efforts in checking the translation and for communicating to the enthusiasm of researchers in China about the emerging transdisciplinary research areas like ecological economics, ecological engineering, and ecosystem health that are highlighted in the book. Working together, we can create the "hard problem science" we need to create a sustainable and desirable future.

Dr. Robert Costanza

Gund Professor of Ecological Economics
and Director, Gund Institute of Ecological Economics
Rubenstein School of Environment and Natural Resources
The University of Vermont
Burlington, VT 05405-1708

# 译　　序

当人类跨入21世纪的时候，几乎所有的人都已经清醒地认识到了人类社会发展所面临的全球变暖、生物多样性损失、环境污染、水土流失、荒漠化等全球或地区尺度的环境问题，由于这些问题与人类活动交织在一起，因而复杂难解。当前国际上从不同角度尝试解决这些环境问题的文献也是浩如烟海。发展中国家的环境科学家要在环境领域的研究上跟上国际前沿成果，首先必须通过坚持不懈的努力通过面前的“文献山”。要攻克“文献山”，“开山斧”至关重要。为整合资源、发挥优势、解决中国寒区旱区复杂的环境问题，中国科学院寒区旱区环境与工程研究所正在原来三所整合的基础上向这一目标奋进。本书主要译校人员由该所生态经济研究团队的骨干成员，以及一些长期从事从理论、方法和实践上解决中国寒区旱区突出的水资源短缺、生态系统脆弱等环境问题方面的科研骨干组成。作为学习型科研团队，我们长期追踪国际上环境科学方面的最新研究成果，在阅读《理解和解决21世纪的环境问题——面向一个新的、集成的硬问题科学》的英文版后，决定将其翻译成中文，一是作为自己研究的方向性文献，二是作为环境科学方面的一柄“开山斧”著作介绍给我国的读者，期望能为提高我们环境科学的发展尽点微薄之力。

本书的精彩内容在正文中有详细地介绍，这里我们主要感谢那些为本书的中文版出版默默做出贡献的人们。非常欣慰的是当我们就此事与原作者 Robert Costanza 教授联系的时候，得到了他的热情鼓励和大力支持，并欣然为中文版作序。他的博士生刘爽在协助我们同 Robert Costanza 教授沟通中所做出的贡献显然很难用一两句言语表达。同时，在本书的翻译过程中，还得到了译者所在单位领导的鼓励和生态经济研究团队其他成员的大力协助，《生态经济学报》编辑部的徐成琳协作录入全部英文文献；在校订过程中，黄河水利出版社的余甫坤编辑反复协作修改，日本鸟取大学干旱区土地研究中心的滨村邦夫教授也给予了精心协作。本书的出版得到了国家自然科学重点基金项目“环境变化条件下干旱内陆河流域水资源可持续利用研究”（No. 40235053）、国家自然科学基金“基于环境经济账户的可持续发展状况评价”（No. 40201019）、国家自然科学基金“环境物品经济价值评估——额济纳生态系统服务的条件价值和选择模型研究”（No. 40371045）和甘肃省重点学科生态经济学的资助，在此一并致谢。

本书内容涉及面广，我们尽管五易其稿，力求客观、完整和准确，但限于译校者的知识水平，挂一漏万之处在所难免。在呈现到读者面前时，我们只能轻轻问一问“画眉深浅入时无？”敬请读者批评批正。

2004年7月14日

# 绪　言

本书的编写目的和为读者提供的服务如下：

(1)以学术团体为对象，作为集成的环境科学，及环境科学与解决现实世界问题之间关系的最新进展评价；

(2)以管理人员、政策制定者和有识公众为对象，作为他们了解科学的状态和科学家对关键环境问题共识状态的资料读物。

## 背景和过程

本书是2000年6月18～22日在加拿大新斯科舍省的哈利法克斯举行的第二次生态峰会的产物。生态峰会的目标是为了更深地理解复杂的环境问题，促进自然和社会科学与政策和决策界的结合，这种理解是可持续地解决环境问题的必要基础。

生态峰会集中讨论如下6个主题：

(1)集成的模型和评价；

(2)复杂的适应性等级系统；

(3)生态系统服务；

(4)科学与决策；

(5)生态系统健康和人类健康；

(6)生活质量及财富和资源的分配。

为了达到理解和解决21世纪环境问题的目的，这些主题都是必须讨论的，在峰会前就已酝酿好每一主题的议程。在峰会期间，针对上述6个主题，分6个工作组举行了会议。

生态峰会的结构和过程不同于大多数的科学会议。这是一个"峰会"，在峰会上所有的代表都积极地参加了一个或几个工作组，这些工作组负责完成本书的各个章节。第一天上午举行了全体会议，在全体会议上每一个主题的主席都作了背景报告，并提出成为工作组议程基础的关键问题；随后每一天均召开一次全体会议，在全体会议上大会报告起草人总结他们工作组的进展和成果。

本书意图提取会议上达成的"共识"。这里的共识指的是"会议的理解(Sense)"，会议上的每一个人可能并非对本书中的每一字都同意，但是绝大多数人同意书中的绝大部分的说法。在此意义上，本书代表参加者的集体观点，而不是参加者中任何个人或小组的个别观点。

## 致谢

我们感谢Elsevier科学出版社的工作人员，他们在组织和资助这次生态峰会中起了重要的作用。Marry Malin是会议主要的组织者，Julie Ingram和Gerald Dorey也给予了很大的帮助。我们还要感谢生态峰会组织委员会的其他成员（William Mitsch，Johannes Heeb，Tony Jakeman，Anthony King，Mohi Munawar，David Rapport 和 Mark Schwartz）和所有的会议报告者与参加者。最后要特别感谢 Amanda Walker，她对原稿作了技术编辑，千方百计地协调作者对稿件的修改，并在本书从初稿到最后出版的过程中，作出了多方面的贡献。

Robert Costanza
Sven Erik Jørgensen

# 生态峰会与会人员名单

**工作组:集成的评价和模型**

Put O. Ang Jr. ,Department of Biology,The Chinese University of Hong Kong,China
Rob M. Argent, Centre for Environmental Applied Hydrology, University of Melbourne, Australia
David Barker,Geostructures Consulting,United Kingdom
M. Bruce Beck,Warnell School of Forest Resources,University of Georgia,USA
Shui Bin,Department of Engineering and Public Policy,Carnegie Mellon University,USA
Heather Breeze, Gorsebrook Research Institute, Saint Marys University, Canada
Tony Charles,Management Science/Environmental Science,Saint Marys University,Canada
Peter Deadman,Faculty of Environmental Studies,University of Waterloo,Canada
Ingrid S. Eriksson, Institute of Agricultural Engineering, Swedish University of Agricultural Sciences(SLU),Sweden
Chris Fletcher,Goreebrook Research Institute,Saint Mary's University,Canada
Anthony Friend,School of Community and Regional Planning,Canada
Philippe Girardin,INRA,Equipe Agriculture et Environment,France
Matt Hare,Swiss Federal Institute of Environmental Science & Technology,Switzerland
Graham Harris,CSIRO Land and Water,Canberra,Australia
Ralf Hoch,University of Kassel,Germany
Tony Jakeman, Centre for Resource and Environmental Studies, The Australian National University,Australia
Marco Janssen,Free University,The Netherlands
Elias Kautsky,Institute of Environmental Science and Technology,Yokohama National University,Japan
Ulrik Kautsky,Swedish Nuclear Fuel and Waste Management Co. ,Sweden
Linda Kumblad,Department of Systems Ecology,Stockholm University,Sweden
Guy Larocque,Natural Resources Canada,Canada
Rebecca Letcher, Centre for Resource and Environmental Studies, The Australian National University,Australia
Kevin Lim,Faculty of Environmental Studies,University of Waterloo,Canada
Silvia Maltagliati,Department of Energetics "Sergio Stecco",University of Florence,Italy
Lubos Matejicek,Institute for Environmental Studies,Charles University,Czech Republic
David Mauriello,US Environmental Protection Agency,USA
Tom Maxwell,University,of Maryland,USA(as of September 2002:Gund Institute of Eco-

logical Economics, The University of Vermont, Burlington, VT)
Shailendra Mudgal, INERIS, France
Bjorn Naeslund, Department of Systems Ecology, Stockholm University, Sweden
Watan Naito, Yokohama National University, Japan
Naoki Nakatani, Osaka Prefecture University, Japan
Dapo Odulaja, International Centre of Insect Physiology and Ecology, Kenya
Rnnveig Olafsdottir, Department of Physical Geography, Lund University, Sweden
Femi Osidele, Warnell School of Forest Resources, University of Georgia, USA
Claudia Phal-Wostl, Swiss Federal Institute of Enviromental Science & Technology, Switzerland
Richard Park, Eco Modeling, USA
Paul Parker, Faculty of Environmental Studies, University of Waterloo, Canade
Dominique Pelletier, Laboratoire MAERHA, IFREMER, France
Jim Reilly, New Jersey Office of State Planning, USA
Andrea Rizzoli, Instituto Dalle Molle di Studi sull' Intelligenza Artificiale (IDSIA), Switzerland
Michelle Scoccimarro, Intergrated Catchment Assessment and Management Centre, The Australian National University, Australia
Michael Sonnenshein, University of Oldenburg, Germany
Paul Sullivan, Department of Applied Mathematics, The University of Western Ontario, Canada
Parviz Tarkhi, Iranian Remote Sensing Center, Iran
Alexey Voinov. Iranian Remote Sensing Center, Iran
Alexey Voinov. Institule for Ecological Economics, Center for Environmental Science, University of Maryland, USA(as of September 2002: Gund Instiule of Ecological Economics, The University of Vermont, Burlinton, VT)

**工作组:复杂的适应性等级系统**

Simone Bastianoni, Unversity of Siena, Siena, Italy
Stuart R. Borrett, Institute of Ecology, University of Georgia, Athens, GA, USA
Sherry Brandt-Williams, FEDP Rookery Bay National Estuarine Research Reserve, Naples, FL, USA
Jae S. Choi, Dalhousie University, Halifax, Nova Scotia, Canada
Marko Debeljak, University of Ljubljana, Slovenia
Brian D. Fath, U. S. Environmental Protection Agency, Cincinnati, OH, USA
Julio Fonseca, Institute for Marine Research, Coimbra, Portugal
William E. Grant, Ecological Systems Laboratory, Department of Wildlife and Fisheries Sciences, Texas, A&M University, College Station, TX, USA

Dwikorita Karnawati, Gadjah Mada University, Bulaksumur, Yogyakarta, Indonesia
João C. Marques, Institute for Marine Research, Coimbra University, Coimbra, Portugal
Anton Moser, Institute of Biotechnology, Graz University of Technology, Graz, Austria
Felix Muller, Ecology Center, University of Kiel, Kiel, Germany
Claudia Pahl-Wostl, EAWAG, Ueberlandstr., Duebendorf, Switzerland
Bernard C. Patten, Institute of Ecology, University of Georgia, Athens, GA, USA
Ralf Seppelt, Technical University Braunschweig, Braunschweig, Germany
Wolf H. Steinborn, Ökologie-Zentrum der Universität Kiel, Kiel, Germany
Yuri M. Svirezhev, Potsdam Institute for Climate Impact Research, Potsdam, Germany

**工作组:生态系统服务**

Marie Adamsson, Göteborg University, Department of Applied Environmental Science, Goteborg
David Barker, Geostructures Consultant, Model Farm, Crockham Hill, Edenbridge, Kent, UK
Anja Brull, Berlin, Germany
Belinda Campbell, Department of Biological Engineering, Dalhousie University, Halifax, Nova Scotia, Canada
Andrew Dakers, Natural Resources Engineering Consultancy and Part-time Lecturer, Environmental Management and Disign Division, Lincoln University, New Zealand
Stefan Gossling, Lund, SWeden
Björn Guterstam, Global Water Partuership, Stockholm, Sweden
Bill Hart, Centre for Resources Studies, Daltech-Dalhousie University, Halifax, Nova Scotia, Canada
Johannes Heeb, International Ecological Engineering Society, Wolhusen, Switzerland
Steven Loiselle, University of Siena, Italy
Ulo Mander, lnstitute of Geography, University of Tartu, Tartu, Estonia
Donata Melaku Canu, CNR – ISDGM, Venice, Italy
Ralf Roggenbauer, Leitha, Austria
Michel Roux, Swiss Federal Research WSL, Birmensdorf, switzerland
George D. santopietro, Department of Economics, Radford University, VA, USA
Deidre Stuart, School of Natural Resource Sciences, Queensland University of Technology, Brisbane, Queensland, Australia
Mary Trudeau, Ontario, Canada
Hein D. van Bohemen, Ministry of Transport, Public Works and Water Management, Delft, Netherlands
Alan Werker, Department of Civil Engineering, University of Waterloo, Ontario, Canada

**工作组:科学与决策**

Jim Berkson, Department of Fisheries and Wildlife Sciences, Virginia Polytechnic Institute and State University, USA
Rebekah Blok, Martec Limited, Canada
Mark Borsuk, Duke University, USA
Valerie Brown, Faculty of Environmental Management & Agriculture, University of Western Sydney, Australia
Randall Bruins, US Environmental Protction Agency, USA
Kevin Cover, City of Ottawa, Canada
Virginia Dale, Environmental Sciences Division, Oak Ridge National Laboratory, USA
Jodi Dew, Virginia Polytechnic Institute and State University, USA
Carl Etnier, Agricultural University of Norway, Norway
Lucia Fanning, Dalhousie University, Canada
Francisca Felix, Delft University of Technology, The Netherlands
Mohd, Nordin Hasan, Institute for Environment and Development, University of Kebangsaan, Malaysia
Huasheng Hong, Xiamen University, China
A. W. King, Environmental Sciences Division, Oak Ridge National Laboratory, USA
Norbert Krauchi, Forest Ecosystems and Ecological Risks Division, Swiss Federal Institute for Forest, Snow and Landscape Research(WSL), Switzerland
Wolfram Krewitt, System Analysis and Technology Assessment, Institute of Technical Thermodynamics, Stuttgart, Germany
Ken Lubinsky, US Geological Survey, USA
John Olson, Villanova University, USA
Janina Onigkeit, University of Kassel, Germany
Gary Patterson, Nova Scotia, Canada
Irene Peters, Swiss Federal Institute for Environmental Science and Technology(EAWAG), Switzerland
K. S. Rajan, Institute of Industrial Science, The University of Tokyo, Japan
Peter Reichert, Department of Systems Analysis, Integrated Assessment and Modelling (SIAM), Swiss Federal Institute for Environmental Science and Technology(EAWAG), Switzerland
Edward J. Rykiel Jr., Washington State University, USA
Mark Schwartz, University of California, Davis, USA
Kamala Sharma, University of Sydney, Australia
Jason Shogren, University of Wyoming, USA
Val Smith, University of Kansas, USA

Michael Sonnenschein, University of Oldenburg, Germany
Robert St-Louis, Environment Canada, Canada
Deidre Stuart, School of Natural Resource Sciences, Queensland University of Technology, Brisbane, Queensland, Australia
Ray Supalla, University of Nebraska, USA
Diederik van der Molen, RIZA, The Netherlands
Henk van Latesteijn, Scientific Council for Government Policy, The Netherlands

**工作组:生活质量及财富和资源的分配**

Joshua Farley, University of Maryland Iustitute for Ecological Economics, Solomons, MD, USA(as of September 2002: Gund Institute of Ecological Economics, The University of Vermont, Burlington, VT)
Robert Costanza, University of Maryland Institute for Ecological Economics, Solomons, MD, USA(as of September 2002: Gund Institute of Ecological Economics, The University of Vermont, Burlington, VT)
Paul Templet, Institute for Environmental Studies, Louisiana State University, Baton Rouge, LA, USA
Michael Corson, Texas A&M University, CoIlege Station, TX, USA
Philippe Crabbe, University of Ottawa, Ottawa, Canada
Ricardo Esquivel, Colonia Mexico, Merida 97128, Yucatan, Mexico
Koyu Furusawa, Kokugakuin University, Faculty of Economics, Tokyo, Japan
William Fyfe, University of Western Ontario, Department of Earth Sciences, London, Ontario
Orie Loucks, Miami University, OH, USA
Kelly MacDonald, Environment Canada, Dartmouth, Nova Scotia, Canada
Lorna Macphee, Saint Marys University, Halifax, Nova Scotia, Canada
Chris Miller, Brenan University, Gainesville, GA, USA
Patricia O'Brien, UniverSity of Vermont, Burlington, VT, USA
Gary Patterson, Agriculture Canada, Truro, Nova Scotia, Canada
Jaques Ribemboim, Department of Agriculture, Director, State of Pernambuco, Recife, PE, Brazil
Lynne Scott, School of Mathematics, University of Southern AustraIia, Mawson Lakes, Australia
Helena Urbano, Av. Boa Viagem 328, Recife, PE, Brazil
Sara J. Wilson, GPI Atlantic, Halifax, Nova Scotia, Canada

**工作组:生态系统健康和人类健康**

Put O. Ang Jr., Department Of Biology, The Chinese University of Hong Kong, China

Dave Cote, Terra Nova National Park, Canada
Le Dien Duc, Vietnam National University, Hanoi, Vietnam
Job S. Ebenezer, Evangelical Lutheran Church, Chicago, USA
Dean Fairbanks, University of Pretoria, South Africa
Bob Ford, Fredrick Community College, USA
Rob Gordon, Nova Scotia Agricultural College, Caliada
Yang Guang, Nova Scotia Agricultural College, Canada
Judith Guernsey, Dalhousie University, NS, Canada
Abduel Hadi Harman Shaa, University Kebangsaan Malaysia, Malaysia
Andrew Hamilton, Commission for Environmental Cooperation, Canada
William Hart, DalTech, Dalhousie University, Canada
Huasheng Hong, xiamen University, China
Jennifer Hounsell, International Society for Ecosystem Health, Canada
John Howard, The University of Western Ontario, Canada
Banquin Huang, Xiamen University, China
Yanhe Huang, Fujian Agricultural University, China
Dwikorita Karnawati, Gadjah Mada University, Indonesia
Robert Lannigan, The University of Western Ontario, Canada
Sharon Lawrence, Aquatic Ecosystem Health and Management Society, Gaia Project, Canada
Yan Liu, Xiamen University, China
Diane Malley, Aquatic Ecosystem Health and Management Society, Canada
Leanne McLean, Dalhousie University, Canada
Robert McMurtry, Health Canada and The University of Western Ontario, Canada
Vincent Mercier, Environment Canada, Canada
Naoki Mori, University of Tokyo, Japan
Mohi Munawar, Aquatic Ecosystem Health and Management Society, and Fisheries and Oceans Canada
Mary Ann Naragdao, University of the Phillipines, Phillipines, and Dalhousie University, Canada
Katsuo Okamoto, Nationa1 Institute of Agro-Environmental Sciences, Japan
Daniel Rainham, Dalhousie University, Canada
D. J. Rapport, University of Guelph, College Faculty of Environmental Design and Rural Development, Guelph, ON, Canada, and The University of Western Ontario, Faculty of Medicine and Dentistry, London, ON, Canada
Dieter Riedel, Health Canada
Elizabeth Rodriguez, Parque Nacional Mirador del Norte, Dominican Republic
Meenu Saraf, Gujarat University, India
Helene Savard, Sir Sandford Fleming College, Canada

Paul Schaberg, USDA Forest Service, Northeastern Research Station, Burlington, VT, USA
Neil Scott, University of New Brunswick-Saint John, Canada
Annabelle Singleton, Saint Mary's University, Canada
Risa Smith, British Columbia Ministry of Environment, Lands and Parks, Canada
Harold Taylor, The International Coalition for Land & Water Stewardship in the Red River Basin, Canada
Nguye Thi Hoang Lien, Hanoi University of Science, Vietnam
Liette Vasseur, University of Moncton, Canada
Shihe Xing, Fujian Agriculture University, China
Hoang Xuan Co, Hanoi University of Science, Vietnam

# 目　录

**序(中/英)** Robert Costanza
**译序** **程国栋**
**绪言**
**生态峰会与会人员名单**
**引言**
**第一章　集成评价和模拟(IAM)——研究可持续性的科学** …… (1)
摘要 …… (1)
1　引言 …… (1)
2　全球背景 …… (2)
3　科学研究计划的变化 …… (3)
4　政策和市场的“清洁和绿色”驱动器 …… (4)
5　集成评价、集成评价和模拟科学——集成和综合 …… (5)
6　集成评价和模拟与地球系统模型——未来的科学? …… (7)
参考文献 …… (9)
**第二章　集成评价和模拟解决环境问题的潜力:设想、能力和方向** …… (11)
摘要 …… (11)
1　引言 …… (11)
2　集成 …… (12)
3　将来的设想 …… (14)
3.1　乐观的观点 …… (14)
3.2　悲观的观点 …… (14)
4　IAM 的发展 …… (15)
5　IAM 当前的状况:同意的论点 …… (16)
6　案例研究 …… (17)
7　模型的复杂性 …… (18)
8　有效性 …… (18)
9　集成评价 …… (19)
10　基于代理人的模型 …… (20)
11　交流 …… (21)
12　模型中的价值 …… (21)
13　IAM 的未来 …… (22)
14　与其他组的联系 …… (23)
15　结论 …… (23)
参考文献 …… (24)

第三章 复杂的适应性等级系统 …………………………………………………………… (27)
摘要 ………………………………………………………………………………………… (27)
1 新的观点冲撞——整个复杂生物圈…………………………………………………… (27)
1.1 复杂性………………………………………………………………………………… (28)
1.2 适应性和等级制……………………………………………………………………… (30)
2 衡量 CAHS 系统的组织复杂性 …………………………………………………… (35)
2.1 测量基因组和生物体的复杂性——生物复杂性…………………………………… (36)
2.2 在一个自然森林中的以可放能为基础的定向度量………………………………… (38)
2.3 太阳辐射的可放能和信息…………………………………………………………… (41)
2.4 能值和可放能………………………………………………………………………… (43)
2.5 定向度量的集成……………………………………………………………………… (46)
2.6 适应性和等级制度…………………………………………………………………… (48)
3 系统性…………………………………………………………………………………… (48)
3.1 生态—人类 CAHS 系统 ………………………………………………………… (49)
3.2 集成评价的一种多中心方法………………………………………………………… (50)
3.3 对位于印度尼西亚 Yogyakarta 的可持续沿海发展的生态地质学评价
——观察和分析 CAHS 系统的尺度调整 ………………………………………… (52)
4 结语……………………………………………………………………………………… (55)
附录 词汇表 ……………………………………………………………………………… (56)
参考文献 …………………………………………………………………………………… (59)
第四章 复杂的适应性等级系统(CAHS) …………………………………………… (67)
摘要 ………………………………………………………………………………………… (67)
1 引言……………………………………………………………………………………… (67)
2 关于理论………………………………………………………………………………… (68)
3 关于应用………………………………………………………………………………… (68)
4 关于建立模型…………………………………………………………………………… (69)
5 结语……………………………………………………………………………………… (70)
参考文献 …………………………………………………………………………………… (70)
第五章 生态系统服务、它们的使用及生态工程的作用:最高发展水平 …………… (71)
摘要 ………………………………………………………………………………………… (71)
1 引言……………………………………………………………………………………… (71)
2 定义生态系统服务……………………………………………………………………… (72)
3 人类与自然环境的关系………………………………………………………………… (75)
3.1 以人类为中心的或以生态为中心的价值取向……………………………………… (75)
3.2 与生态系统的相互关系——嵌入性………………………………………………… (75)
3.3 估价生态系统服务…………………………………………………………………… (76)
4 生态系统服务的利用和滥用…………………………………………………………… (77)
5 恢复与生态系统可持续关系的设计和工程…………………………………………… (77)

5.1 更好地利用生态系统服务…………………………………………………………（77）
5.2 “前线”工程项目……………………………………………………………………（78）
5.3 更好地利用生态系统服务中的参与者……………………………………………（78）
5.4 作为设计者的工程师………………………………………………………………（79）
6 生态工程…………………………………………………………………………………（80）
6.1 案例研究 1:荷兰运输部(Van Bohemen,1996、1998 年。个人交流,2000 年)
………………………………………………………………………………………（81）
6.2 案例研究 2:瑞典 Oxelöosund Våtmark(个人参观,1998 年)……………………（81）
6.3 案例研究 3:德国 Donaumoos(Wild,2000 年,个人交流) ……………………（82）
6.4 案例研究 4:挪威 Ås 的 Kaja(Etnier 和 Refsgaard,1999 年。个人参观,
1999 年) …………………………………………………………………………（82）
6.5 案例研究 5:挪威 Aremark(个人参观,1998 年) ………………………………（82）
6.6 案例研究 6:瑞典 Kågeröd 循环利用计划(Hasselgren,1995 年。个人参观,
1998 年) …………………………………………………………………………（82）
6.7 案例研究 7:瑞士 Ruswil(Heeb 等,2000 年。个人参观,2000 年) ………（83）
6.8 案例研究 8:印度加尔各答废水养殖水产业(Jana 等,2000 年。个人参观,
1999 年) …………………………………………………………………………（83）
6.9 案例研究 9:瑞典 Stensund 水产中心(Guterstam,1996 年;Guterstam 等,
1998 年。个人参观,1998、1999 年)………………………………………………（84）
6.10 案例研究 10:新西兰 Christchurch 市增水计划(Christchurch 市议会,
个人交流,2000 年) ……………………………………………………………（85）
6.11 案例研究评价 ……………………………………………………………………（85）
7 生态系统服务的利用不足……………………………………………………………（86）
8 结语………………………………………………………………………………………（86）
参考文献 ……………………………………………………………………………………（87）
**第六章 生态系统服务** ……………………………………………………………（90）
摘要 …………………………………………………………………………………………（90）
1 引言………………………………………………………………………………………（90）
2 生态系统服务……………………………………………………………………………（91）
3 关键问题和共同立场……………………………………………………………………（93）
4 未来生态系统服务的作用………………………………………………………………（95）
5 结语………………………………………………………………………………………（97）
参考文献 ……………………………………………………………………………………（97）
**第七章 科学与决策** …………………………………………………………………（99）
摘要 …………………………………………………………………………………………（99）
1 科学与决策………………………………………………………………………………（99）
2 科学家在决策中的作用 ………………………………………………………………（100）
3 三个案例研究 …………………………………………………………………………（101）

3.1 St. Helens 山峰 …… (101)
3.2 田纳西的雪松荒地 …… (102)
3.3 巴西亚马逊流域 …… (103)
3.4 得到的教训 …… (103)
4 科学家和决策者的特征影响他们如何互动 …… (104)
5 关于科学与决策之间关系的问题 …… (106)
参考文献…… (107)
**第八章 科学与决策**…… (109)
摘要…… (109)
1 引言 …… (109)
1.1 工作定义 …… (109)
1.2 科学的多重作用 …… (109)
1.3 科学家在有争议问题上的作用 …… (111)
1.4 科学家与能动性 …… (111)
1.5 科学家的教育 …… (112)
1.6 基于整体论的科学 …… (112)
2 提高环境科学家的个体效率 …… (113)
2.1 介入决策之路 …… (113)
2.2 改变环境科学教程 …… (114)
3 案例研究 …… (115)
3.1 欧洲环境政策制定中集成的科学和经济学 …… (115)
3.2 荷兰的湖泊管理和需求驱动的研究 …… (116)
4 结论 …… (116)
参考文献…… (118)
**第九章 生态系统健康和人类健康**…… (121)
摘要…… (121)
1 引言 …… (121)
2 生态系统、人类和健康的概念…… (122)
2.1 生态系统 …… (122)
2.2 健康 …… (123)
3 忽视联系 …… (125)
4 气候变化 …… (127)
5 农业生态系统和食物生产 …… (129)
6 生物多样性和生产力下降 …… (131)
7 讨论 …… (132)
参考文献…… (134)
**第十章 生态系统健康和人类健康:健康的星球和健康的生活** …… (137)
摘要…… (137)

1 前言 …… (137)
2 生态系统健康与人类健康之间的联系 …… (139)
2.1 空气质量 …… (140)
2.2 水资源 …… (140)
2.3 食物资源 …… (141)
2.4 土壤 …… (142)
2.5 生物多样性 …… (142)
2.6 其他模式 …… (143)
3 解决办法 …… (144)
4 需优先考虑的行动 …… (146)
5 有效行动的障碍 …… (148)
5.1 基本生存需求 …… (148)
5.2 很少联系土地 …… (149)
5.3 变化的阻力 …… (149)
5.4 无知 …… (149)
5.5 缺少一定数量的支持者 …… (150)
6 测度进步的措施、指标和标准 …… (150)
7 结论 …… (153)
附录 健康的星球,健康的生活 …… (155)
参考文献 …… (156)
**第十一章 生活质量与财富和资源的分配** …… (159)
摘要 …… (159)
1 怎样定义生活质量(QOL) …… (159)
2 如何测量生活质量(QOL) …… (162)
2.1 经济收入、经济福利与人类福利 …… (162)
2.2 经济活动的水平与模式:国民生产总值(GNP) …… (162)
2.3 可持续经济收入 …… (163)
2.4 测量经济福利 …… (166)
2.5 直接评价人类福利 …… (167)
3 财富和资源分配公平性的两种途径的比较 …… (169)
3.1 空间上个人之间的公平 …… (169)
3.2 时间上个人之间的公平 …… (171)
3.3 空间和时间上国家间的公平 …… (176)
4 我们能测量公平性吗? …… (177)
5 公平性与生活质量(QOL)之间是什么关系 …… (179)
6 建设可持续的、公平的和高的生活质量(QOL)的社会原则 …… (181)
参考文献 …… (182)
**第十二章 生活质量与财富和资源的分配** …… (186)

摘要…………………………………………………………………………… (186)
1 我们怎样定义生活质量(QOL) ………………………………………… (186)
1.1 什么是人类需求 ……………………………………………………… (186)
1.2 满足品与欲望 ………………………………………………………… (187)
1.3 我们的定义对提高生活质量(QOL)的作用 ………………………… (188)
1.4 生活质量(QOL)与四种资本 ………………………………………… (189)
2 我们如何测量 QOL …………………………………………………… (190)
2.1 客观测量适用吗? …………………………………………………… (190)
2.2 将人类需求评价作为 QOL 的测量 ………………………………… (191)
2.3 生态系统服务:与 QOL 结合的指标 ………………………………… (191)
2.4 将 HNA 作为 QOL 的衡量的意义 …………………………………… (192)
3 财富和资源分配的公平性指标的开发 ………………………………… (193)
3.1 自然资本与市场失灵 ………………………………………………… (194)
3.2 消除贫困 ……………………………………………………………… (196)
3.3 最高收入水平 ………………………………………………………… (197)
3.4 地理公平性 …………………………………………………………… (198)
4 测量公平性的方法 ……………………………………………………… (199)
4.1 生态系统健康与市场发挥作用 ……………………………………… (199)
4.2 贫困与病理 …………………………………………………………… (200)
4.3 财富与权力 …………………………………………………………… (201)
4.4 生活质量基尼系数(QOLGC)………………………………………… (202)
5 公平性与生活质量(QOL)之间关系的含义 …………………………… (203)
5.1 地位财富 ……………………………………………………………… (203)
5.2 收入不公平是对 QOL 的损害 ……………………………………… (204)
5.3 我们仍然需要刺激生产吗? ………………………………………… (204)
6 如何实现可持续的、公平的和高的 QOL …………………………… (204)
6.1 当今世界的状况 ……………………………………………………… (205)
6.2 抑制广告影响的政策建议 …………………………………………… (207)
6.3 自然资本主义、增加效率、工业生态学与非物质化 ……………… (208)
7 结论 ……………………………………………………………………… (213)
附录 可持续性权利议案…………………………………………………… (214)
参考文献…………………………………………………………………… (214)
**结论**……………………………………………………………………… (218)
参考文献…………………………………………………………………… (221)

# 引 言

R. Costanza 和 S. E. Jørgensen

对人类的存在而言，已有的社会、经济和政治制度以及科学学科的发展，曾经经历了一个自然资源和生态服务十分巨大、相比之下人类的影响相对较小和局部的时期。现在我们已经从这一相对"空的世界"进入到了一个相对"满的世界"(Daly, 1992 年)。在这新的"满的世界"，人类的影响更全球化和更深远，我们的重点必须从孤立地处理问题转变到研究整个复杂系统和子系统之间动态的相互作用上来。复杂系统具有非线性、自催化、复杂性、时间上滞后的反馈回路、突变现象和混沌行为等特征(Costanza 等, 1993 年; Kauffman, 1993 年; Patten 和 Jørgensen, 1995 年; Jørgensen, 1995 年)。这意味着整体远非部分简单相加的总和，而尺度转换(对不同空间、时间和复杂性尺度理解的转换)是核心问题。集成考虑生物物理和社会的动态使得这些问题变得异乎寻常的复杂和困难，我们不可能在任何单一学科的范围内解决这些问题。

面对这些巨大的挑战，我们需要开发一个新的，超越已有学科和其他边界的，集成科学、教育、政治和管理的途径。我们为这一新的途径创造一个新的术语——"硬问题科学"(HPS)，它具有如下的一系列特点。

(1)所有科学之间的协调一致。这需要一个平衡的和兼顾的"共同跃进"，其中自然和社会科学以及人文科学均合理地作出了贡献，HPS 需要的是真正跨学科和多尺度的分析，而不是简化的或强调整体分析而忽略部分分析。人们所属的学科将如今天记录人的出生地一样，仅仅意味着他们人生旅途的起点，并不是其全部。

(2)综合和分析之间的平衡。HPS 的研究和教育需要平衡综合与分析，以达到不仅产生数据，而且产生知识，甚至智慧的目的，这将极大地改进与社会决策的联系。

(3)基于复杂系统理论和模拟的实用哲学:需要确认复杂的、适应性生命系统可预测的范围，并需要接受科学的"实用模拟"哲学。这将使环境管理有一个新的适应途径，并能较好地与社会决策相联系。

(4)多尺度的途径。一个了解、模拟和管理复杂的、适应的生命系统的多尺度途径需要规范化，需要大大地改进不同尺度间知识转移的方法。

(5)文化和生物共同演化的相容理论。需要发展文化和生物共同演化的相容理论，理解人类在自然界中的位置，以及在生物圈中可持续和理想的人类生存的可能性。

(6)确认预想在科学中的中心作用。我们需要将预想和目标定位确认为科学和社会决策的关键部分，需要产生一个理想的可持续未来的共享版本，并在多尺度的层面上实现适应性管理系统，以到达彼岸。

本书的其余部分，围绕着构成本书基础的、在会议上讨论的 6 个核心主题充实了 HPS 的上述特点("生态峰会"——见绪言以了解更多的内容)。接着还有 12 章(每个主题两章)，另加一部分是概括了全部结果的结论。每一主题的第一章是主题的背景和全面评述，这一章的初稿由各工作组主席在峰会的开幕式上宣讲，并融入了工作组讨论的共识结论。每一主题的第二章由每一工作组在峰会上草拟，它代表了工作者（和更广泛的峰会的参加者）对背景篇章中提出问题的共同看法。每一工作组由 20～50 名参加者组成，他们的名字列在各个主题共同看法篇章的页脚部分。在生态峰会后，参加者通过电子邮件交流完成了代表共同看法的篇章。

6 个主题是：

(1)集成的评价和模拟（IAM）；

(2)复杂的适应性等级系统（CAHS）；

(3)生态系统服务（ES）；

(4)科学与决策（SDM）；

(5)生态系统健康（EH）和人类健康；

(6)生活质量（QOL）与财富和资源的分配。

为与所讨论问题的性质保持一致，背景和共同看法篇章是综合的、集成的、跨学科的，且彼此之间是互相联系的。我们相信，这些篇章放在一起将为理解和解决 21 世纪和更远的环境问题提供基础。

## 参 考 文 献


[1] Costanza R, Wainger L, Folke C, et al.. Modeling complex economic systems: toward an evolutionary, dynamic understanding of people and nature. BioSci. 1993, 43: 545～555

[2] Daly H E. Allocation, distribution, and scale: towards an economics that is efficient, just, and sustainable. Ecol. Econ. 1992, 6: 185～193

[3] Jørgensen S E. The growth rate of zooplankton at the edge of chaos: ecological models. J. Theor. Biol. 1995, 175: 13～21

[4] Kauffman S. The Origins of Order: Self-Organization and Selection in Evolution (Oxford University Press, New York). 1993

[5] Patten B C, Jørgensen S E. Complex Ecology: The Prat-Whole Relationship in Ecosystems (Prentice Hall, Englewood Cliffs, NJ). 1995

# 第一章　集成评价和模拟(IAM)——研究可持续性的科学[1]

**摘要:**在全球范围内,主要自然资源管理(NRM)危机给人类带来了巨大的压力,为了找寻针对这些压力的适应性对策,环境科学的性质正在发生急剧的变化。研究模式由以前的单个科学家承担某项研究转向由交叉学科队伍承担大规模研究项目,研究成果也由以前注重在科学文献上刊登研究成果,迅速地转向更注重取得具有现实意义的成果。如果科学的目的是为了通过采用改变管理和生产实践这条途径来对社会产生影响,则科学同政府和社区之间的相互联络就必不可少。我们需要在越来越大的空间尺度上来探究科学、经济和社会之间复杂的相互作用,以便为分析各种各样的管理技术提供一个健全的基础。经济学工具(如生态系统服务的估值)正被广泛地采用来改善自然资源管理的政策和实践。包括动态的和基于代理人的各种创新模型技术也被广泛用于汇总知识和提供预测能力。挑战在于要找到在广泛的学科和社区交流中出现问题的解决方案,融合广泛的数据集和数据类型来构造模型的方法。建设和支撑研究队伍所需要的"社会工程"和网络协作("软"科学)同构造和维持各种各样的模型("硬"科学)任务一样繁重和重要。根据"三底线"(triple bottom line)原则——生态、经济和社会可持续性,生态学科正面临着挑战,需要为更可持续的人类社会发展做贡献,这也是科学界在新世纪中面临的一个主要挑战。

## 1　引言

人们从事科学研究的方式正在发生迅速的变化。我们当中从事环境研究30年以上的人在很多已经完成的研究中都经历了这种变化。过去个人和小团体从事的研究时代(纯研究时代)已经一去不复返,现在已经进入了一个需要巨大的交叉学科队伍来处理具有全球重要性的应用问题的研究新时代。现在政府和社会需要更多具体行动的解释和说明。相对于科学论文的产出而言,政府和社会更重视科学研究的结果,也就是科学需要对社会有影响,这在本章的题目和内容中都有反映。集成评价不仅是为了提供科学的范式,而且还要在充斥着各种社会经济作用力的社会背景下提供操作规范。在社会经济背景下,科学正被社会不断地用来产生有用的知识和重要的成果。知识正不断被用于预测商业赢利,并通过"基于证据"的政策来指导社会行动。科学和社会正在争论彼此之间的相互需求,尽管并不总是成功。

---

[1] 作者:G Harris。

# 2 全球背景

当人类进入新世纪的时候,我们已经意识到社会面临的主要全球环境问题,例如温室气体的排放、全球变暖、生物多样性的损失、酸雨、主要营养物质在全球循环中的扰动,这里提到的仅是其中很少的一部分。在我们开始对这些问题进行研究时,首先就会遇到很多缩写语:IA,集成评价;IAM,集成评价和模拟;ESM,地球系统模型;NRM,自然资源管理;ESD,生态可持续发展。所有这些都反映了需要采用科学、经济和社会工具来阐明我们今天的一些最重要问题(Bailey,1997 年;Velinga,1998 年)。"三底线"或者根据生态、社会和经济作用因素来确定的可持续性是现在的焦点。

针对上面问题的任何探索,首先需要利用最新的科学工具(如计算机模型、系统模拟、卫星遥感、互联网和其他形式的信息技术)来组装、集成、综合各种不同来源、不同尺度的数据,然后将这些数据与经济模型和其他模型结合起来,评价各系统之间的相互作用和可能发生的惊人之事。如果我们想找一条远离全球性灾难的路径,预测和提炼不同情景下"将会怎样"的能力就相当重要(Schellnhuber,1999 年),这里有巨大的知识挑战,后面将一一阐述。

科学在围绕诸多国际协定(如温室气体排放的限制,生物多样性和自然资源管理)的政治和政策争论中所发挥的作用是新世纪的巨大挑战。这是在最主要的尺度上产生的应用科学和国际政治学问题,如尝试通过 ESM 来模拟各种可能的惊奇之事及因温室气体排放所引起的全球变暖的反馈(Dowlatabadi,1995 年),或者尝试模拟欧洲为控制酸雨所采用的政策选择(Schopp 等,1999 年)。最近联合国及其他一些机构关于资源利用和发展的报告也提醒人们关注资源利用引起的国际冲突,尤其是跨国界资源如水资源的利用和提取(De Soysa 和 Gleditsch,1999 年)。

全球资源的存量(Unitied Nations Development Program 等,2000 年)已经确凿地表明我们正在明显地破坏全球生态系统的结构,包括为我们提供了很多服务的陆地和海洋系统。人类长期忽视人类和自然界之间的相互作用和自然生态系统在支撑我们星球中所扮演的关键角色。正如我们称之为服务那样,这些生态系统服务能够清洁空气和水资源,为我们星球的可持续性提供许多关键的功能。最近对这些服务进行货币估值(Costanza,1997 年)和将这些服务的价值纳入主流的经济账户的尝试(请参考《生态经济》杂志 1999 年 29 卷的专辑),表明这些生态系统服务价值远远超过了全球总的国内生产总值。

我们必须行动——什么都不做的成本要高于行动的成本。但是我们该做什么?在区域尺度上怎样管理好自然资源?在所有权市场和资源贸易的时代,什么是最佳的自然资源管理政策?怎样保护生物多样性和恢复自然生态系统?怎样建立生态系统服务的市场?怎样接近生态可持续发展?这些都是需要阐明和正在阐明的问题。Horgan(1996 年)得出的结论是错的,科学并没有走到尽头,连开始都还没有走完。我们需要完全新的科学类型和知识分子的努力来集成和综合不同来源的数据以了解未来。

# 3 科学研究计划的变化

尽管科学曾经是富有的私人们的独享领域，但在20世纪60年代，全世界各国政府在研究和开发方面都投入了大量资金，大学和政府研究开发机构中专职研究人员的比例直线上升。人们相信白热化的技术革命（当时英国首相语）会带来经济和环境的利益，如科学给第二次世界大战赢家提供的益处那样，这种信念所驱动的科学大事业在60年代中期达到高峰，但是该信念破灭的信号在那时也已经隐约可见（Dixon，1973年）。

在发生原子弹轰炸，切尔诺贝利核电站污染和其他的环境灾难性事件后，公众对整个科技事业的信心已经大打折扣。结果，伴随着经济困难和资金稀缺，政府和公众都需要研究结果和所采用路线规则的可解释性和透明性。环境问题变得越来越复杂，需要交叉学科的研究队伍处理复杂的自然资源管理问题。今天单独由科研人员完成的令自己满意的研究成果已经屈指可数，科学已经进入了一种新的状态，我们称之为科学模式Ⅱ（Gibbons，1994年）或者“应用背景下的科学”的状态。

环境科学现在具有与集体、伙伴及同政府政策、商业后果紧密相联的特点。现在西方国家的政府政策将科学同整个创新过程紧密地联系在一起。不仅同新观点和新技术的开发结合在一起，而且同这些新观点和技术的应用，财富、工作的产生，全球的竞争联系在一起。现在从全球视点驱动的政府政策增长明显——如政府政策与全球海洋、生物多样性、全球变暖、温室气体排放等国际公约之间存在紧密的联系。

所有这些的关键点是要求研究和开发能够提供联系科学、创新和全球经济政策，从全球环境考虑到地区发展的系统方案，而且完成该项工作被期望是利用最少的资源，同时在可解释性和透明程度方面具有严格的控制。通常是那些并不了解科学计划本质和文化的人员对科学研究提出要求，而且他们也不了解发展和维持其中必要的技能所需要的时间和努力。世界各地的政府资助新的研究项目时的政策，主要着眼于将我们已经知道的东西转变为对工业和政策制定者有用的东西。在有些情况下，确实强烈感觉到我们需要相对少一些的研究，而更多地需要将知识转向社会（生产力），因而很少有人对环境的研究和开发无情地向科学模式Ⅱ移动，集中到集成评价、集成评价和模拟上表示惊讶，也很少有人对全球模型团体开发地球系统模型和新的全球环流模型表示惊讶。

对于非常自夸的“买方和卖方”的科学模型而言，需要买方知道自己正要购买商品的一些情况。从我本人的经历来看，特别是在一些非常复杂的自然资源管理领域，很少能了解这样的情况。许多研究和开发的管理者并不了解当前的科学发展动态，经常资助二流的科学研究和次优的研究结果。在资源日益稀缺的今天，我们需要清楚什么问题可以问，什么问题应该问，而且要讲究问题重要性的次序。通常科学社团对此有更好的理解，但是在科学社团的信用逐渐衰减的今天，买者通常并不聆听科学社团的意见，公众对科学社团的感觉是“独轮车的推动”。毕竟，科学家在对资源的长期需求中总是有既得利益，也就经常被公众披上“化缘牧师”的外衣。

在研究者和建模者的硬科学与考虑社团、采用和结果的软科学之间存在一种紧张的态势。在新世纪之初，我们同时需要掌握硬科学和软科学这两类技术。如果我们需要在地区和全球尺度上解决一些突出的环境问题，则科学和社会必须紧密地结合在一起。但是在科学和社会交互作用在一起和新的工具出现的时候，这些游戏将发生迅速的变化。在这里我们需要感谢计算机技术、信息技术和因特网的迅速发展，靠它们我们现在可以探讨和解决以前不可想象的问题。

我们10年前未曾想到，现在利用地理信息系统、统计和模拟模型技术，可以在全球尺度上模拟空间分布式过程。在软科学这方面，我们正在一个非常新的社会和政治环境中工作。随着市场的活跃和大规模的调整型自然资源管理机构的消失，全球环境条例和经济全球化的出现，从社区角度来考虑和对行动激励关注的增强，与以前相比我们目前处于一个完全不同的世界中。在任何情况下我都不希望放慢这种变化趋势，只是希望加快。当我听到联邦科学和工业组织（CSIRO）的同事抱怨高度的社会交互作用和头上的网络化左右自己的工作时，我必须告诉他们，因为我们是在做一些有影响的事情，这种网络化并不是一种额外开销，它是我们所做工作的一个关键组成部分。

因此，在一段不长的时间内，通过经济和创新政策来取得成果这一途径，我们已经从还原论科学和在科学文献上发表研究结果（Forscher，1963年）转向积累有用的知识和做剂量—反应模型，这是对整个研究和开发计划的一个基本挑战。在传统的职业过程模式和学术团体的酬劳系统中，很难包含集成、综合、结果、团队工作、合作、伙伴关系。我们当中越来越多的人工作在“部长在10分种内要答案”的环境中，如果我们想影响政策，那么在10分钟内就必须为部长提供答案。

有讽刺意味的是，在新世纪之初，当我们不想在环境研究和开发上申请新的投资时，环境问题却变得越来越大和越来越紧急。需要处理的问题是非常令人讨厌的复杂问题，位于科学和社会之间，有显露的征兆和深层的结构，并包含文化的内容。这是对出现在复杂的适应性系统（CAS）中问题的理解问题，当问题出现和增长时，由于复杂适应性系统中的作用因素（包含自然世界的和我们自己的）将改变自己的行为，因而难以评价和理解。Mobbs和Dovers（1999年）评价了自然资源管理问题特有的复杂属性——复杂性和难驾驭性。

## 4　政策和市场的“清洁和绿色”驱动器

农业是非常复杂的集成评价的一个好例子。西方国家的农业长期都是依赖少数几种经过长期繁殖和选择的农作物，这些农作物通常都有很高的产量。相对全球土著居民培养和收割的多样的植物类型来看，这些农作物通常来自于少数几种植物类型，而且作物类型的多样性程度很低。现在很清楚，西方的作物不仅是水和肥的需求者，而且也是水和营养物利用的“渗漏者”（Daily，2000年）。自然生态系统通常具有高的生物多样性，在水资源利用和营养物循环方面效率很高，很少将营养物质渗漏到地下水、溪流和河流中（Chapin等，2000年）。特别是在一些干旱地区（如澳大利亚），特别重视水资源的利用效率，下漏水的庄稼容易引发像干旱地区盐碱化那样严重的自然资源管理问题（Walker等，1999年）。因此仿照当地自然生态系统，发展农作物系统以提供类似服务的热情与日俱增，从而需要集成评价农业的影响（Bland，1999年）。

对“清洁的和绿色的”或者有机农产品的需求增长是农业部门应用集成评价技术和人类行为的一个主要驱动因素。目前许多西方农业的生产实践对环境造成的损害是不可持续的,而有机农业则是更可持续的生产实践方式(Tilman,1998 年;Reganold 等,2001 年)。同时,农业也一直是过度放牧,增加的侵蚀率,大尺度营养循环的变化,河流和沿海海水的营养荷载增加等其他问题的直接责任承担者(Vitousek 等,1997 年; Bland,1999 年)。由于对可持续农业生产的消费需求增加,在将来的世界贸易组织(WTO)谈判中可能重点勾勒可持续农业的生产。如果我们想生活得可持续一些,全球经济完全是环境支撑的思想就会开始影响消费者的行为。目前存在三种明显的全球趋势:**第一,**消费者对生产者的产品合格鉴定和环境管理系统的需求增加;**第二,**对同政府利益有紧密联系的多边农业公司反感增加,这在 2000 年西雅图举行的世界贸易组织会议上可以清楚地看到;**第三**(也是对前两种趋势的一个响应),大的国际多边公司挤进可持续性和环境领域。

最近英国发生的疯牛病和口蹄疫可以很好地说明农业和其他土地利用集成评价的复杂性。疯牛病和口蹄疫都明显地改变动物饲养的种类和数量。疯牛病使得肉类加工生产从牛向羊转变,口蹄疫导致了大量的牧草动物从景观上消失。同时,动物种类组成和种群密度的变化改变了放牧压力,进而改变了侵蚀率和水质。更重要的是,口蹄疫导致英国封育了很多旅游业收入要远高于农业生产的乡村。突然间对整个乡村经济、生态系统服务和保护产生很大影响的农业变成了乡村土地利用的一种形式。同样的问题在澳大利亚也有发现,那里农业是干旱盐碱化的主要原因之一,农业只是乡村土地利用形式之一,旅游业也是其中之一,但发展旅游业需要保护景观功能和生物多样性。

在过去的几十年中,技术变化日新月异、全球财务贸易范围的扩大以及全球经济和环境方面的其他趋势使贸易全球化呈现飞驰的态势。国与国之间贸易保护不断减少,越来越多的国家开始对国际信息、资源和财务开放。许多跨国公司控制着全球关键的市场部门,而且越来越关注环境管理和自然资源管理。同时,越来越多的政府开始依赖市场经济对自然资源进行管理。利用经济工具管理自然资源是一种流行的管理自然资源的方式,已经发展到在全面的国民经济方程中包含生态系统服务的成本(Costanza 等, 1997 年)。这既是让市场规律起作用——在市场环境下政府调节减弱的一种放任自流的方式,又是给生态系统服务贴上价格的标签,并计算真实生产成本的一种尝试。这种尝试在一些地方可以见到,如水资源的使用者既要付供水成本也要付取代必要基础设施的成本。相比其他许多国家,澳大利亚在这方面走得更快,人们已经习惯公司化和私有化供水的基础设施。该成功政策的一个直接影响是导致目前正在筹备建立盐、营养物、碳和生态系统服务(包括生物多样性)的贸易体系。澳大利亚的总理最近申明将在未来 7 年内在 21 个流域投资 14 亿美元,使用包括市场经济手段在内的多种政策措施来解决干旱地区盐碱化的问题。

## 5 集成评价、集成评价和模拟科学——集成和综合

给定了集成评价和集成模型的复杂性后,很明显我们根本谈不上达到科学的终点(Horgan,1996 年),只是才刚刚开始(Horgan,1996 年)。可持续性和集成评价的主题是多

部门内生的，具有技术的不确定性和价值的多重性等特点（Ravetz，2000 年）。因此，集成评价、集成评价和模拟是一种新的科学类型，我们需要新的学识，也需要社团的相互作用来对环境的研究和开发与社会和经济研究进行新的组合——硬科学和软科学的一种组合，通过该新的组合在地区和全球尺度上开创一个崭新的事业。这对那些能跨越知识障碍的知识经纪人（即能讲授、解释术语，还能使各方产生信任的人）产生了需求。科学切忌傲慢和“难道你不在意那个吗？”的行事态度，谦虚一点走得更远。

对此我们又面临新的问题，怎样在交叉学科间集成并综合知识从而产生有用的结果？在数据有不同的来源和不同误差，数据来自根本不同的学科甚至不相容的情况下，怎么办？怎样团结我们的社区一起致力于创新——同时说服我们的政治和经济主管一直资助整个计划？在目前信息技术、科学、综合和传输方式正相互间猛烈渗透，知识日新月异的环境下怎样完成？——财务主管是否打算资助整个计划？科学没有坦途，确实非常困难。

这里确实需要在不同学科的科学家之间，在科学、经济、社会之间，以及在不同文化之间开展集成式的工作。没有人会低估交流的难度，即使是在科学家之间的沟通，更不用说在科学和社会间、国内和国际不同文化间进行沟通。同时，由于不断变化的全球文化和后现代主义关于科学、价值和真理本质的思想使这一切更加复杂化。因此，现在确实是一个轰轰烈烈的新世纪。

怎样阐明在融合与集成不同学科间的知识时遇到的困难，以及在组装和应用各种各样的模型时所伴随的问题呢？从采用硬模型技术，使用巨型计算机在全球尺度上模拟各种各样的结果（Dowlatabadi，1995 年），到容许适应性随时间变化的作用力模型（Janssen 和 De Vries，1998 年；Janssen 等，2000 年）和广泛的社会工具和技术（Syme 等，1999 年），这里有各种各样的方法可以利用。

在此我要谈一谈会引起争议的一些想法，我想恳请保留一些旧时的学问方式。虽然提供复杂问题的解需要交叉学科的研究队伍（科学确实需要这些人能管理科学家间的社会交互作用），然而从我个人的经历来看，真正的集成和综合经常是发生在知识渊博的个人身上。尽管信息科学的发展给我们（如电子杂志和可搜寻的数据库）带来了很多实惠，但仍需要很多人坐下来去翻阅文献之“山”——以及零星成堆的科学之“砖”——找寻科学大厦的基石和新“建筑”规划的轮廓。这需要很多的时间、耐心和很高的技术。但是时间对我们来说是稀缺的，而且通常没有报酬，因此我们经常忽略上面的技术路线。如果我们真的想集成并提供新的思想和解决问题的方案，文化必须变化以便使这种需要一心一意的方法可行。

目前，在世界上正在讨论很多模型和综合的方法，如作用力模型、目标函数和系统模拟、CAS 属性等，都是找寻通过我们面前复杂问题的简单途径的勇敢尝试。尽管并不是所有的尝试都会成功，但最终找到通过迷宫路径的人一定需要进行无数次的尝试（Parson，1995 年）。人们逐渐认识到我们所面临的复杂问题通常是由于许多相对简单的因素之间的相互作用（和适应）所引发（Holland，1998 年），而且观察到的复杂系统行为模式源于其自身的混沌（Harris，1999 年）。争论的问题是我们能够以什么样的水平来反映现实？在什么样的水平上可以确信我们的模拟和预测？如果现实世界真如一个复杂的自适应性系统，那么将会有自然发生的抽象空间可给予我们预测能力。

因此,在集成评价、集成评价和模拟、地球系统模型间存在一种真实的联系。集成评价、集成评价和模拟尝试在学科间进行集成,以便处理复杂的地区自然资源管理问题。举例来说,在澳大利亚的干旱盐碱化地区,农业的生产实践引起了土地的出清,生物多样性的减少,系统的“渗漏”和景观间盐分的迁移。因此,进行有效的自然资源管理需要采用一种新的系统来取代目前的农业生产系统,该新的系统应该能在农业和地区尺度上都带来经济利润,同时能够保护和提高景观的生物功能以及本地的生物多样性。在另一方面,地球系统模型从生物圈尺度开始,模拟全球大气和海洋循环,温室气体增加和全球变暖。这些模型还要解决各因素对生物圈、生物多样性和全球变暖的社会经济影响。这里提供的是处理类似上述问题的一种自上而下的方法。因为大尺度的自然资源管理问题必须在地区尺度上解决,而任何尝试阻止和减轻全球变暖影响的政策也都必须在地区尺度上执行。因此,上述两种模型需要在地区尺度上相耦合。

这两类模型都会碰到如何在不同学科间抽象和表达的问题,而数据又经常在定性和定量方面存在区别,而且建模者对现实的感知和重要性的辨别也存在区别。在此,我们需要记住的是模型的复杂性和使用的可能性间存在一种逆关系。现实中确实需要简单的和可以直观推断的模型来用于支持决策和开发政策,这是一个巨大挑战。科学家应该记住的是,在现实世界中,不管怎样决策都是要做出的,科学家至少可以努力去影响决策,而不是在无建议内容的情形下让决策者完成决策。

将预测模型扩展到定量环境科学领域外也是一大挑战。预测使我们远离熟悉的参数空间和模型本身,预示我们进入未知的环境、经济和社会领域。也有方法处理这些问题,如“可容允窗口”、推出式模型(Schellnhuber,1999 年)和其他一些限制情景的方式,但是这是一个很危险的领域。这里有怪物! BBC 电台《是,部长》电视连续剧的热心观众将意识到,把不同的学科纳入一个共同(经常是经济)的框架来预测不现实的社会经济行为是一种“无畏的”尝试。

在所有的情况下,建模者和政策制定者都是找寻滞后效应的先期预兆——在可预测的景观变化中没有恢复之路。我们已经了解了一些这样的效果,众所周知的一个概念是湖泊和三角洲营养物荷载的门槛值(Harris,1997 年;Scheffer,1998 年)。只要超过这种门槛值,富营养化作用将导致水生生态系统发生不可逆的变化,重新恢复几乎是不可能的。集成评价和模拟、地球系统模型探寻的是在地区和全球尺度上一些不能恢复的相似问题。温室效应带来的是缓慢但稳定的变暖,但将来会发生令我们惊愕的事吗? 在生物圈中不可预料的反馈作用会导致相似的不可逆现象吗? 很明显,如果可能的话,避免发生这样的情形就很重要。

## 6 集成评价和模拟与地球系统模型——未来的科学?

集成评价是一种系统思考的方式,是尝试平衡生态、经济和社会“三底线”的一种方法。尽管有人认为生态可持续发展是一种矛盾修饰语,我们实际上已处于“管理的持续性当中,但我们必须坚持生态可持续性,我们别无选择。我们正在尝试在大的尺度上恢复生态(Schrope,2001 年),这是一种新的社会背景下的科学——以软的方式进行的科学。毕竟不是我们在作决策,而是整个社会。因此,科学家必须意识到社区信任和行动的绝对重要性。

在澳大利亚,我们在关爱土地运动中吸取了很深的教训。关爱土地运动是一个由乡村社区发起的运动,参与者修复受到损伤的土地并在当地传播自然资源管理方法。现在我们已经清楚地认识到我们所面对的自然资源管理问题有多大,这不是当地志愿者单独所能解决的。我们需要在科学、政府和工业间有一个新的协议,以便处理在乡村土地上的景观破坏、生物多样性损失和生态系统服务的问题(Daily,2001 年)。需要更多的人意识到经济确实是完全由环境支撑的,如果空气不能呼吸,水不能饮用,新的信息技术革命和经济繁荣还有什么价值呢?

我们需要进一步阐明社会过程并深入理解生物圈层的运行规律,以便形成生态可持续发展。必须记住我们自己很多的局限性都是来自自己混乱的思考和根深的文化偏差,在很多情况下这些文化偏差都源于北半球。这不是一种批评,而是提醒我们,我们背负的历史文化包袱并不总是帮助我们面对现实。人类所具有的独特体型和生命期限使我们在认知某些类型的问题时要优于其他类型的问题。经常真相就在我们面前,但是由于人独特的自身原因,我们却对其视而不见。集成评价和模拟与地球系统模型也不例外,它们都是利用 20 世纪末出现的工具和技术,在独特的人文背景下解决复杂全球问题的一种尝试。随着知识和技术的扩展,将会有其他新的方法出现。

全球各国的政府都在讨论贸易体制,激励工具和其他市场工具的得失。以调节为手段来达到相同目的的日子已经一去不复返了。我们只是试图全面而认真地思考目前的知识在政策方面的意义,却没有意识到使用的这些知识曾被片面地在现代科学和政策发展中筛选过。这是一个不稳定而多变的世界。科学就是要不断地揭示目前知识的局限性,以及行为、动机和政策的局限性。科学是社会的一部分,更是变革的动因,但科学和社会的紧密结合并不容易。

针对整个新尺度的自然资源管理问题——区域的可持续性和景观管理方面的问题,这里有新的科学、新经济学和新的政策。科学工作者必须记住人类的行为具有道义和伦理双重性。使用经济工具和所有权市场是最符合伦理和道义的管理生物圈的方法吗? 科学本身的应用总是能够产生出最符合道义和伦理的结果吗? 二者的答案都一定是“不!”。我们讨论的是环境管理,或者说是环境服务,我倾向于用带情感的这一词语(环境服务),在处理许多其他的事情时也是这样。

科学家应当记住,科学是最终合理的论点。我们经常忘记自己所生活的世界经常拒绝理性主义和实证论——我们生活在一个有着极端怀疑和武断的时代。风险和报酬,贪婪与恐惧等诸多现象充斥着我们的生活。现在需要将人类的本性和科学进行最佳组合来建造一个新的影像,这需要科学与社会结合。集成评价、集成评价和模拟、地球系统模型和生态可持续发展所涉及的就是努力为我们建立一个可持续的未来,这包括最好的可能结果,包含道义和伦理的考虑和“三底线”规则。集成评价是全球未来最关键的问题,极具挑战性,也是最基本的问题。集成评价绝不是科学的尽头,我们所进行的科学研究在许多重要的方面将有所不同。这是新千年的一个壮丽景象。

# 参考文献


[1] Bailey P D. IEA, a new methodology for environmental policy? Environ. Impact Assess. Rev,1997,17: 221～226

[2] Bland W L. Toward integrated assessment in agriculture. Agric. Syst, 1999,60:157～167

[3] Chapin Ⅲ F S, Zavaleta E S,Eviner V T, et al.. Consequences of changing biodiversity. Nature, 2000, 405: 234～242

[4] Costanza R, d'Arge R,de Groot R,et al.. The value of the world's ecosystem services and natural capital. Nature, 1997,387: 253～260. See http://www. floriplantscom/news/article. htm

[5] Daily G C. Ecological forecasts. Nature, 2001,411:245

[6] De Soysa I, Gleditsch N P. To Cultivate Peace: Agriculture in a World of Conflict. PRIO report 1/99 (International Peace Research Institute, Oslo),1999, pp. 90

[7] Dixon B. What is Science for? (Pelican Books, London), 1973,pp. 284

[8] Dowlatabadi H. Integrated assessment models of climate change. Energy Policy, 1995,23:289～296

[9] Forscher B. K. Chaos in the brickyard. Science, 1963,142:339

[10] Gibbons M, Limoges C, Nowotny H,et al.. The New Production of Knowledge (Sage Publications, London), 1994,pp. 179

[11] Harris G P. Algal biomass and biogeochemistry in catchments and aquatic ecosystems: scaling of processes, models and empirical tests. Hydrobiology, 1997,349: 19～26

[12] Harris G P. This is not the end of limnology (or of science): the word may well be a lot simpler than we think. Freshw. Biol,1999,42: 689～706

[13] Holland J H. Emergence: From Chaos to Order (Addison－Wesley, Reading, MA), 1998,pp. 258

[14] Horgan J. The End of Science (Abacus, Little Brown and Co. , London), 1996,pp. 324

[15] Janssen M A ,de Vries B. The battle of perspectives: a multi－agent model with adaptive responses to climate change. Ecol. Econ,1998,26: 43～65

[16] Janssen M A, Walker B H, Langridge J,et al.. An adaptive agent model for analysing coevolution of management and policies in a complex rangeland system. Ecol. Model, 2000,131: 249～268

[17] Mobbs C,Dovers S. Social, economic, legal, policy and institutional R&D for natural resource management: issues and direction for LWRRDC. Occasional Paper 01/99 (Land and Water Research and Development Corporation, Canberra ACT),1999

[18] Parson E A. Integrated assessment and environmental policy making. Energy Policy, 1995,23:463～475

[19] Ravetz J R. Integrated assessment for sustainability appraisal in cities and regions. Environ. Impact Assess. Rev, 2000,20:31～64

[20] Reganold J P, Glover J D,Andrews P K,et al.. Sustainability of three apple production systems. Nature, 2001,410: 926～930

[21] Scheffer M. Ecology of Shallow Lakes (Chapman and Hall, London), 1998,pp. 357

[22] Schellnhuber H J. "Earth system" analysis and the second Copernican revolution. Nature, 1999,402 (6 761) Supplement: C19～C23

[23] Schopp W, Amann M, Cofala J, et al.. Integrated assessment of European air pollution control strate-

gies. Environ. Softw. Model, 1999,14:1～9

[24] Schrope M. Save our swamp. Nature, 2001,409:128～130

[25] Syme G J, Nancarrow B E, McCreddin J A. Defining the components of fairness in the allocation of water to environmental and human uses. J. Environ. Manag,1999,57: 51～70

[26] Tilman D G. The greening of the green revolution. Nature, 1998,396:211～212

[27] United Nations Development Program, United Nations Environment Program, World Bank and World Resources Institute. World Resources 2000～2001:People and Ecosystems: The Fraying Web of Life (World Resources Institute, Washington, D.C.),2000,pp.400

[28] Velinga P. European forum on Integrated Environmental Assessment (EFIEA). Glob. Environ. Chang, 1998,9:1～3

[29] Vitousek P M, Aber J D, Howarth R W,et al.. Human alteration of the global nitrogen cycle: sources and consequences. Ecol. Appl, 1997,7:737～750

[30] Walker G, Gilfedder M, Williams J. Effectiveness of Current Farming Systems in the Control of Dryland Salinity (CSIRO Land and Water, Canberra, ACT) ,1999,pp.16

# 第二章 集成评价和模拟解决环境问题的潜力:设想、能力和方向[1]

**摘要:**为了理解21世纪的环境问题,研究人员需要一起工作,建立集成工具来分析、描绘正在进行的已知过程。环境问题是由自然系统和人类系统之间复杂的交互作用引起的,需要的分析技术超越了单一学科所拥有的分析技巧。集成评价与模拟(IAM)可以应用在全球范围内(如气候变化模型),也可以在局部/区域范围内(如流域模型)。作为环境变化的驱动器,人类决策和行为的中心作用在新的IAM方法中得到了公认。本章讨论了IAM的各种定义,并且辨明了有效解决环境问题所必需的五种不同类型的集成,以乐观的和悲观的两种简单的情景描述了未来。简单回顾了IAM的发展和现状,并且鉴别了近来的研究案例。引入集成评价是对更好的可持续性指标需求的反应。集成评价中的复杂性和有效性问题比传统学科方法中的更为复杂。其中相互交流是一个中心问题,不仅包括团队成员之间的内部交流,还包括与决策者、利益团体和其他科学家的外部交流。同时认识到与其他研究组交流的意义和确定了共享兴趣的意义。最终得出,集成评价和模拟的过程与其他任何特别的工程产品一样重要。通过学习如何共同工作并认识到所有成员的贡献,我们有充分的理由相信,在阐述21世纪环境问题时,我们会拥有坚实的科学和社会基础。

## 1 引言

21世纪的环境问题极其复杂,是由自然和人类系统之间复杂的交互作用引起的,需要的分析技术超越了单一学科所拥有的分析技巧。为了更全面地理解这些问题,研究人员需要一起工作,建立集成工具来分析、描述正在进行的已知过程。人们着手研究环境问题的模型已经几十年了,但是随着21世纪环境问题范围的扩大和严重性的进一步恶化,人们对集成评价和模拟(IAM)的需要进一步增加。IAM的研究尺度并不像气候变化模型那样仅限于全球尺度,还包括环境问题的局地和区域模型。作为环境变化的驱动器,人类决策和行为的中心作用在新的IAM方法中得到了公认。系统模型的早期形式被新的集成模型所取代,这些新模型融合了人文成分,从而增强了情景生成的分析和决策支持的

[1] 作者:P. Parker, R. Letcher, A. Jakeman, with M B Beck, G. Harris, R M Argent, M. Hare, C. Pahl－Wostl, A. Voinov, M. Janssen, P. Sullivan, M. Scoccimarro, A. Friend, M. Sonnenshein, D. Barker, L. Matejicek, D. Odulaja, P. Deadman, K. Lim, G. larocque, P. Tarikhi, C. Fletcher, A. Put, T. Maxwell, A. Charles, H. Breeze, N. Nakatani, S. Mudgal, W. Naito, O. Osidele, I. Eriksson, U. Kautsky, E. Kautsky, B. Naeslund, L. Kumblad, R. Park, S. Maltagliati, P. Girardin, A. Rizzoli, D. Mauriello, R. Hoch, D. Pelletier, J. Reilly, R. Olafsdottir, S. Bin。

功能。本章呈现了来自非洲、亚洲、澳大利亚、欧洲和北美洲的45位科学家的观点,这些科学家都直接涉及或关注未来环境研究的方向。关于IAM在研究、应用和交流方面的未来发展方向,他们共同的观念和建议可促进有关工具的进一步发展,从而帮助解决未来的环境问题。但是,在这次讨论中,并没有在所有问题上都达成共识。本章也同时介绍那些具有不同观点的问题,可以相信对这些问题的争论会持续下去。

本章讨论了IAM的各种定义,在辨明有效解决环境问题所必需的五种不同类型集成的基础上,以乐观的和悲观的两种简单的情景描述了未来。简单回顾了IAM的发展和现状,并且鉴别了近来的研究案例。集成评价是作为一种方法引入的,反映了对更好的可持续性指标的需求。集成评价中的复杂性和有效性问题比传统学科方法的更为复杂。其中相互交流是一个中心问题,不仅包括团队成员之间的内部交流,还包括与决策者、利益团体和其他科学家的外部交流。同时通过与其他研究组之间的相互交流,确定了共享兴趣的意义。最终得出,集成评价和模拟的过程和其他任何特别的工程产品一样重要。通过学习如何共同工作并认识到所有成员的贡献,我们有充分的理由相信,在阐述21世纪环境问题时,我们会拥有更坚实的科学和社会基础。

## 2 集成

尽管我们广泛地接受对环境评估和模型以及更普通的环境管理需要采用集成的方法,但对于什么构成了集成的定义,或者更明确地说,什么是IAM,却没有达成共识,这有点令人惊讶。Risbey等(1996年)认为:计算机模拟中自然和社会系统的不同构成要素在数学表达上的联系是集成的一个途径。更广义地说,模型是现实世界的简化。人们以模型的方式思考和交流,这些模型可能包括以下内容:

(1)表征测量和实验的数据模型;

(2)对系统和过程进行语言或视觉描述的定性、概念模型;

(3)量化定性模型的定量数字模型;

(4)用来分析数字模型和解释结果的数学方法和模型;

(5)将价值与知识转换为行动的决策模型。

在IAM过程中,我们试图在一个透明的和交互式的框架下集成各种各样的模型,并让利益团体参与到整个过程中。这个框架提供了一种方法以便在不同尺度上集成各利益团体的单个模型,通过帮助利益团体在理解、价值和关注的问题上进行交流,将利益团体的社团组织起来。其中最重要的不是已经开发的独一无二的模型的运作,而是正在进行的集成评估过程。正如Risbey等(1996年)强调的那样,IAM不仅是一个建模练习,它也是一种提高我们对不同时空尺度范围内环境问题洞察力的方法。

强调集成评价模型过程的重要性,而不仅局限于建模方面的观点得到了普遍认同。Rotmans和Van Asselt(1996年)提供了IAM的一个定义,“集成评价是一个交叉学科的参与过程,它将不同学科的知识进行结合、解释和交流,以更好地理解复杂的现象”。他们强调将集成评价模型作为框架来组织现今学科研究的重要性,并提出IAM的明确目标是为政策提供信息和辅助决策。他们认为以直觉为基础过程的IAM并不新颖,并且总结认为 IAM 中的新成分是对如概念框架或以计算机为基础的模拟模型这类集成框架的应用。最终,他们提出 IAM 的理想状态是调查和建议的反复迭代过程,并强调交流的重要性。交流的不仅有科学家提供给决策者的建议,而且也有决策者将自己吸取的经验教训反馈给科学家,以及利益团体给科学家反映的有关社会设想和观点。

Margerum 和 Born (1995 年) 在关于集成环境管理的讨论中提出: 虽然集成化是我们努力的目标, 但在实践中从没有真正实现过这个目标。这对 IAM 是非常重要的短评, 在这一点上, IAM 的理想状态极难实现, 或者说几乎不可能实现, 而专注于 IAM 过程则能学到重要的经验。对于 IAM 而言, 在许多方面最重要的是过程而不是结果。

为了迎合运用集成化或集成科学研究来阐述环境问题的需要,使用的集成化的不同定义应该在 IAM 的多维形式内组合起来。不同作者描述集成化的不同形式时,他们经常运用“集成”这个词,如与 GIS(地理信息系统)的连接模型,集成软件,甚至包括 IAM 过程中利益团体的参与。在 IAM 内,至少可以确定五种不同类型的集成,图 2-1 列出了这些集成类型。争论的议题是集成的中心要点,这是因为 IAM 要避免传统科学采取的不完整方法,并且认识到环境问题之间存在诸多联系而应将其视为研究的一部分。当将多个利益团体作为研究过程的一部分集成的时候,不同问题间的集成得到加强。反过来,设计用来描述局地尺度的过程模型在大的尺度范围内可能并不合适。不同学科侧重于不同的尺度,这对不同来源的模块集成提出了挑战。

需要进行不同学科间的集成来了解复杂过程。IAM 研究经常设计在某一个尺度上进行研究(如全球气候变化),同时在其他尺度(如地方和盆地尺度)上的决策支持又必不可少。因此,尺度问题相当重要。决策支持需要在应用上发展,为了满足决策者的要求,通常的科学模型都嵌于到“对用户友好的”应用模式中。模型的集成或离散模块的连接是IAM 中普遍采用的方法。图 2-1 展示了集成环境管理问题时, IAM 将各种各样的利益团体、尺度、学科和模型集成在一起。在许多情况下,图 2-1 都被认为是 IAM 的理想状态。然而在实践中,常常有好的理由忽视这些集成形式中的一个或多个。在有些情况下,执业者甚至争论模型是否应该作为 IAM 的一部分,也就是争论非模型基础的集成评价的作用。在综合形式中,IAM 包含着集成的五个元素。

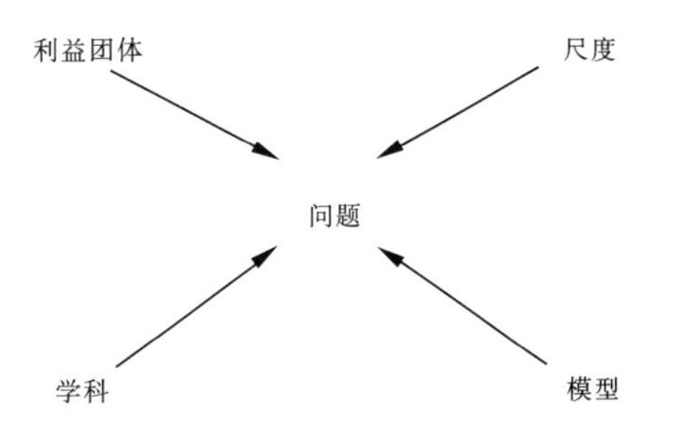

**图 2-1 说明环境问题的集成种类**

更广义地说,在环境管理的文献中,“集成的”这个术语经常与其他类似的词相互替换使用。Downs 等(1991 年)回顾了在论及集成江河盆地管理时所使用的词汇,发现综合的、集成的、生态系统和整体的这四个词在某种程度是交替使用的,尽管他们的含义有一些微小的差别。我们接受这些词汇意义上的重叠,并且断言在解决环境问题时,IAM 希望能实现多种形式的集成。

# 3 将来的设想

运用IAM工具解决未来的环境问题有多种途径。为了说明未来环境的可能范围,现在介绍两种简略的情景:乐观的观点和悲观的观点。

## 3.1 乐观的观点

乐观的观点预测新的IAM工具可更好地管理我们星球的环境。新工具成功地集成了从自然和社会科学中获得的深刻认识。未来的知识经济使得研究队伍能利用他们的脑力将科学家开发的模型集成起来,并将科学模型转换为决策者实际应用的软件包。从模型和替代情景测试中得到的结果可用来描述超越当前经验范围的情景,从而支持评估极端事例,开发合适的环境和资源管理政策。将这些结果与政治家、决策者和社会参与者进行有效的交流,使他们能将这些发现运用到未来的行动决策当中。整个模式是集成模型、集成应用、集成交流和集成决策中的一种。集成科学教育是这种集成方法的新基石。在集成科学教育中,并不孤立一门学科的见解和技巧,而是将其设置于更广阔的、对整体模式更有影响的其他学科和过程的背景之中。环境科学以真实的环境问题的复杂性为基础,因此它是发展新型集成科学教育的基础,这种新型集成科学教育将核心特征融合起来,而不是孤立地考虑它们。期望的结果就是获得改善的未来环境。

## 3.2 悲观的观点

悲观的观点预测IAM工具不能影响地球环境管理政策的制定,占主导地位的仍是残缺不全的、零碎的或单一目标的决策。悲观的观点不是预期的结果,在这里得到新技术加强的收获技术却引起了收获的不可持续,种群崩溃和生态系统急速变化。许多独立决策的累计影响在一定尺度和强度上产生了单一决策所始料不及的环境问题。按照这种模式,在社会离开以经济增长为主导的范式之前,将发生重大的环境灾难,以危机为基础的反应并不足以处理所引起的复杂问题。在一些情况下,一些物种、生态系统或资源可能会丢失。因此,也就不能进行任何形式的评价和管理。支离破碎方法的失败使人们逐渐认识到需要集成反应,在向集成方法转变时,已经浪费了宝贵的时间,环境问题也已经进一步恶化。结果是人们在认识到集成方法的必要性时,环境已经遭受了极大的破坏,环境的自然资本也已经被逐渐侵蚀掉了。

为避免第二种情形(悲观的观点)的环境破坏,我们需要查明那些存在于我们当前的全球系统之内,阻碍达到第一种情形(乐观的观点)的一些障碍因素。这些障碍包括以下内容:

(1)不同学科科学家之间的脱节;

(2)科学家与应用建模人员之间的脱节;

(3)应用建模者和软件界面设计者之间的脱节;

(4)科学家和决策者之间的脱节;

(5)科学家和社会之间的脱节;

(6)教育上的学科分割。

在每一种情况中,集成都是作为一种克服脱节和残缺的方法提出的。一个核心问题是如何教育下一代科学家,让他们避免现在残缺的状况。人们认可了多学科教育的必要性,这种多学科教育着眼于相互协作,并且接受了将设想未来的责任作为价值基础。占支配地位的社会价值和福利目标确定了科学的内容和目标。因此,需要倡导一种开放和诚实的方法来理解科学和社会之间的联系。举例来说,通过改变社会价值,环境政策的目标可从 X 物种可持续性的最大产出转变为对栖息地 Y 中物种多样性的维护。工作组成员就在 21 世纪论述环境问题时需要采用集成的方法达成了共识。但关于开发集成工具的时机和优先性还未达成共识。为了明白集成模型和评估方法发展的背景,现在简单回顾一下 IAM 的发展历程。

## 4 IAM 的发展

从所采取的方法和模型构造的关键驱动者角度来看,集成评价和模拟在最近几十年一直在变化。几代人之前,人类就已经认识到了自己对环境的影响,20 世纪 50 年代起这种影响增幅明显,到 20 世纪 60 年代和 70 年代,这些影响已经为一些科学家所认识,如 Forester, Meadows 和其他科学家建立了地球系统模型(ESM)或开展了集成应用系统分析(IASA)以表明连续增长、消费污染对地球的影响。人们可以对全球系统进行复杂描述,并且从宏观角度开出避免预测到的灾难的处方。

这些早期的模型主要是被建立它们的科学家利用经验数据在全球和大陆尺度上运用。这些模型描述了汇总模式,尽管也开出了处方,但不能给地区和国家尺度上的决策者提供具体的操作工具和手段。因此,这些早期模型所发现的结果并没有引起人们的重视。人口和消费状态继续上升,对物质和环境的需求继续增加。这些早期模型在改变社会行为方面的失败可归结于它们缺少明确的问题定位的目标。

建模方法的变化可部分归因于可获得财务资助的变化。政府资金的优先使用权和机制开始变化,资金将投给最终使用者认为重要的项目,而不是投给那些独立的科学家所申请的项目。

那些面临着分配决策和需要管理特殊资源(水、森林、栖息地等)的决策者们发现全球模型对他们没有一点作用,他们要求科学家们设计一种针对他们自己特殊资源的模型。20 世纪 80 年代和 90 年代见证了许多模型的开发,这些模型将许多决策者所面对的特殊资源问题的构成要素集成起来,产生了直接针对特殊资源管理者需要的众多模型。在这一时期,政策制定者是最主要的建模方法变化推动者,他们支持了针对他们特殊需求的研究。在这一时期,科学家们发现他们是对满足这些特殊客户最大经济利益的资源分配问题做出反应,而不是解决更好地理解系统这类具有科学重要性的问题。更重要的是,专注于特殊资源的分配,通常会回避生态持续性的问题,做出的特殊资源分配决策可以迎合利益团体的目标,但不符合更广泛的可持续性目标。

许多人认为对狭隘问题的强调太过分,忽略了更广泛的环境和社会系统的一些重要联系。甚至当多数人的利益得到认同时,通常人们听到的是来自有钱有势一方的“大”呼声，而不是没有经济来源的“小”呼声。

人们呼唤将来实行一种新型的伙伴关系以进行有效的集成评价和模拟。在论述环境问题时，科学家和资源管理者都不应控制模型的设计和优先权，需要的是一种更广泛的合作伙伴关系。通过探寻现今已经开发的集成模型，可以发现更广泛的伙伴关系的例子。在探讨这些特殊案例前，我们先介绍 IAM 研究的当前状况。

## 5 IAM 当前的状况：同意的论点

政策制定者和科学家之间缺少充分的联系，加上从多学科角度解释结果的困难，这些都在历史上阻碍了对环境系统进行有效管理(Palmer, 1992 年; Syme 等, 1994 年; Park 和 Seaton, 1996 年)。集成评价和模拟(IAM)作为解决这些问题的方法，可促进决策者和科学家之间进一步联系，并且提供了将跨越学科界线的结果传达到政策决策者的联系框架(Park 和 Seaton, 1996 年)。更广泛地说，IAM 是一个普遍的应用工具，Born 和 Sonzogni(1995 年)将集成环境管理看做是拓宽管理目的的机会，看做是克服以前方法中所存在的只针对环境系统中的一部分并不断应用的问题。Rotmans 和 Van Assett(1996 年)看到了 IAM 两种截然不同的作用。首先，它能够透视如何将众多谜图组合在一起，因此也就具有为相对狭隘的学科指出优先研究方向的好处；其次，提供了建立一个既考虑多目标决策又辨明可能的政策准则的一致框架的机会。

Rotmans 和 Van Assett(1996 年)强调了 IAM 的两个主要目的：与从单学科研究中得到的见识相比，它应该有增加的价值，同时它应该为决策者提供有用的信息。国际地球科学信息网络学会(CIESIN)总结认为，集成评估有许多益处，包括回答这个问题如何重要以及评估对这个问题的潜在反应的能力。CIESIN 建议把集成评价作为一个框架来使用，以帮助统观整个问题并且协助寻求可能的反应。他们认为，这个框架也为知识的组装、组织和交流新知识提供了一个综合的框架，也有助于将不确定性和灵敏性纳入框架进行综合分析。

从以上讨论可以得出，IAM 在现阶段有几个独特的特征。IAM 现在是一个以问题为中心的研究范围，而研究则通常以项目为基础，并且是需求拉动或者以利益团体的需要为基础进行的。IAM 项目在执行时，强调特定的可持续性或管理问题，这一点与以前的系统模型相反。以前的系统模型的研究经常是由科学驱动的，着重为决策者提供复杂的系统描述和处理方法。IAM 的目标是响应包括客户组、政府和决策人员、社会成员和组织的不同利益团体。它将自然和社会科学结合起来，对分析系统本身以及为改进管理和排除可持续性的阻碍因素提供了一个更广泛的视角，并且希望能够提高研究人员和利益团体以及 IAM 参与者之间的联系。

尽管 IAM 在现阶段被赋予了新的技术，但我们都认为 IAM 背后并不总是新的科学，IAM 是对以前科学和研究领域的组合，以新的、更全面的方法来考虑问题。除了在学科研究中已经遇到的问题外，这个新的、全局的科学方法引起了另外的问题，这些问题在 IAM 研究中是要解决和革新的核心问题。

我们认为在 IAM 方法中的一个主要问题是尺度问题，即如何解决不同的系统成分具有不同的尺度这个问题。全球系统模型和流域模型有很大的差异,在不同尺度的模型间建立联系仍然是一个巨大的挑战。甚至在流域模型中,水文方面的边界与尺度和社会经济方面的边界与尺度就具有很大的差别。在组合以不同的尺度和方法为基础的模块时,不确定性与误差估算也同样具有挑战性。

在执行 IAM 时没有一种简单的方法。过去一些成功的 IAM 研究依赖于一些共同特征。Janssen 和 Goldworthy(1996 年)讨论了多学科研究对自然资源管理的重要性,认为多学科研究队伍和研究努力是成功需要的属性之一。他们认为研究队伍开发一套自己的价值观和规范非常重要,尽管每一个成员在自己的学科中都持有各自的价值观和标准,单个成员重视其他学科成员的贡献,并将成员各自学科建设方面的能力看成是对共同目标的贡献。他们把多学科研究队伍共享的目标定位作为建立这些规范和价值的基础。他们推断:由于将严格的科学规范强加于多学科工作组存在困难,因此多学科工作组需要建立自己的优劣评判标准,从一些最基本的事情(如作报告)到更复杂的细节(如模块合成和误差估算)做出评判。虽然有关研究组成员资格的理想认证标准还没有很好地建立,Janssen 和 Goldworthy(1996 年)认为态度、交流技巧、受教育程度和经验都是重要的评价属性。

IAM 的另外一个重要方面就是利益团体参与整个工程的管理方式,这个方式也经常影响 IAM 的过程是否成功。Margenun 和 Born(1995 年)在他们关于集成环境管理(IEM)的讨论中,提出为了成功实施 IEM 中的集成化,“必须包括最广泛的参与者,因为这些参与者准确反映了公众所关注的诸多事情”。这段论述也同样可用于 IAM 中利益团体的参与。我们在这里主张 IAM,“要求参与者:采取一种将环境和人类系统一起考虑进来的包容观点;检查相互联系;确认共同目标;选择性地确定需要重点考虑的关键因素”。Morgan 和 Dowlatabadi(1996 年)描述了集成评价的一些标志性属性,它们包括:对不确定性特征的描述和以分析为中心的评估;迭代方法的应用;认可和包容那些没有任何信息、常规模型不合适而是利用如专家打分等方法来分析的问题。

## 6 案例研究

与 IAM 有关的研究文献在飞速增加,现在可以得到许多 IAM 的研究案例。表 2-1 中列出已挑选的案例及它们的模型构成要素和研究区域。

表 2-1 集成评价和模型(IAM)案例研究

| 作者 | 日期(年) | 构成要素 | 研究区域 |
| --- | --- | --- | --- |
| Grayson et al. | 1994 | 物理的、生物的 | Latrobe 河流盆地,澳大利亚 |
| Scoccimarro et al. | 1999 | 水文的、社会经济的、决策的 | 河流盆地,泰国 |
| Van Waveren | 1999 | 物理的、生物的 | 水管理,荷兰 |
| Voinov et al. | 1999 | 物理的、生物的、社会经济的 | Patuxent 河流域,美国 |

## 7 模型的复杂性

除非是在知识整体范围中的一个领域应用回归分析(大都是在不使用模型的前提下,应用集成评估方法),否则很难想像在集成评估中简单地采用开发和利用模型的形式就可以成功。在这里视前面讨论的将集成评估用于阐明复杂的情况为理所当然,因此为探索复杂状况所开发的 IAM 必须足够复杂,即模型是高阶的,拥有许多状态变量,并能反应这些状态变量之间强烈的相互作用关系。进一步说,集成评估的目标不是像 20 世纪 90 年代初 Santa Fe 研究所的议程中(Waldrop, 1992 年)所论述的那样去探寻复杂性的本质,而是在集成评估的过程中,采用对手头问题合适的方法来组装整个模型的构成部分和学科部分(沿着被称做"需求方"模型的路线)。这个目标不是以模型为最终产品结束(可转移用于其他许多类似情况),而是在集成评估过程中采用它,作为探索问题的手段,或者说模型是作为把相关科学知识传递给一个外行者的工具。其导致的复杂性是组成学科的复杂性(如弄清水生食物网的行为状态不是一件简单的事件)和利益团体对未来的希望、恐惧这类紧急事件的混合物。举例来说,即使不考虑与环境系统发生交互作用的人类作用,复杂的交互作用能够产生与直觉相反的结果,也需要采用比食物网模型本身更复杂的模型来调查病毒通过食物网的传播情况。我们必须在决策者愿意采取"治疗"行动前证明它们是有效的。

当描述过程时,尺度问题特别重要,在一些案列中采取适宜的尺度可以极大地减少问题的复杂性。如可以使用层次/模块的方法,特定块的复杂性就不会在较高的级别出现,这样就简化了分析过程和对结果的解释。

因此,真正的问题是:①我们是否能够理解我们利用模型做了些什么?是否能以科学家理解的方式解释这些结果,是否能与对科学一窍不通的利益团体成员进行交流?②在这个过程中产生的模型的有效性和可靠性有多大?

## 8 有效性

什么构成了模型的有效性?如果超出我们现在所知的范围,那么发现合适的定义是一个令人头疼的问题(OresKes,1998),这也是过去十年争论不休的问题。"历史匹配"和"同行评议"一度是过程的充分和必要的基石。但是随着对历史进行匹配在实际操作上困难不断增加,以及能够匹配的历史不断减少(部分原因是我们踏入了一个更广泛、更公开的多学科问题领域),人们不再满足于这些传统基础的充分性(Beck 等,1997 年; Beck 和 Chen,2000 年)。

通俗地说,在试图评价模型时,人们都愿意回答下面这样基本的问题:

(1)模型是否用人们所赞成的材料构成?也就是是否采用认可的假说(用科学术语)?

(2)模型的行为是否逼近真实系统中所观察到的结果?

(3)模型是否能正常运转?能完成指定任务,达到预期目标吗?

我们非常熟悉,"同行评议"是回答第一个问题的方法,而对于第二个问题则用"历史匹配”方法。当然第三个问题也是非常重要的，但是在阐述这个问题时，我们很少能够区别模型设计、构造和应用过程。而且，一个模型所设置的目标或许是多变的，如提供以下目标：

(1)贮存和取用现代知识的简单编码的档案；

(2)察看和检查不同数据集的校勘工具；

(3)增加理解所管理的系统和系统内存在的(如社会、经济和生物诸子系统之间)相互作用类型的工具；

(4)科学决策或政策形成的预报工具；

(5)科学概念和科学“门外汉”之间的交流工具；

(6)情景构成和发现我们忽略成分的探索手段。

很明显最后两个目标(对集成评价具有特殊意义)不是我们普遍期待的模型表现，至少不是在考虑如何设计时需要进行评估的。同样重要的是，上面论述中所包含的词汇(档案、工具、手段)使得模型具有一个工具的形象，而不是一种产生真理的理论。以此为基础，可以了解模型的设计是否满足设计的目标，增强我们对模型可信性的判断能力。(Beck 和 Chen，2000 年)。

评价 IAM 很少依赖于原先的“同行评议”和“历史匹配”的传统，更多地依赖于仍需要开发的协议和试验。这是因为从各自的定义来看，他们都是为满足外行的利益团体的需要服务的，或许更多的是为了在环境问题中融入人的因素。因此，可以预计“同行组”的构成与以前仅由模型建造者和模型使用者这类子组的构成有极大区别，子组中模型建造者和模型使用者多数埋头于职业培训和科学标准中。尽管单一学科的学者有机会评估模型中适当的部分，当模型在少数人连续考察下发展了多年后，将很少有醒悟的人有能力评价整个模型，更不会有人说这里不存在利益冲突。就此而论，可能会有部分模型，评估结果与部分历史不符，即使是针对一个简单的计算复杂体，得到“完整历史”来评估整个 IAM 根本不可能。即便在技术上给整个历史匹配一个模型可行，它也不切实际(Beck 和 Chen，2000 年)。

简单地说，就像 Ravetz(1997 年)清晰指出的那样，实现评估 IAM 的“良好实践”和集成评价本身的途径，更像是一个从事集成评价的社团必须首先构造自己本身。因此，尽管精确却很艰难。IAM 是一个过程，而不是集成评价的最终产品，在这个过程中需要对“良好实践”编码。因此，对有效性评价的协议比 IAM 的演替结构和内容需求更甚。纵然这种挑战存在困难和不足，但是我们现在用广泛的隐喻方法和类似分析方法武装了自己(工具设计和建造中的质量保证；分析实验程序控制中的质量保证；立法过程和 Ravetz(1997 年)提倡的学科历史分析)，运用这些可形成评估 IAM 的更广泛协议。

## 9 集成评价

为了集成评价社会现象和福利，除了以上所描述的集成模型，许多研究人员致力于开发更好的可持续性指标。社会福利最重要的指标是 GNP，它测量收入和我们购买商品和服务的能力。这个指标的优点是具有累加性，新活动是可以通过美元估价并加在一起的。

该指标的缺点已在生态经济文献和更广泛的范围内得到了确认(Costanza, 1991 年; Daly 和 Cobb,1989 年;Van den Bergh 等,2000 年)。对此,我们做出了两种类型的反应来开发更集成的评估工具。

首先,对 GNP 中的许多损害和负面作用进行社会经济度量,通常这些损害和负面作用因为具有刺激经济活动的作用都被计为 GNP 的副产品。真实进步指数(GPI)是这种方法的一个例子。它从总的经济活动中减去没有益处的经济活动成本,如交通阻塞,健康费用有关的污染、监狱成本、环境清洁支出等。这种方法首先在国家尺度上应用(Daly 和 Cobb,1989 年),现在正在地区尺度上用来评估社区可持续性(Charles 等, 2001 年; Charles, 2001 年)。

其次,通过对社会经济活动的环境后果进行生物物理评价来反驳由 GNP 提供的经济评估。生态足迹是这方面的一个典型例子。它使用土地作为基本的度量单位,将人类社会对商品和服务的需求转换为对生产这些商品和服务的土地面积的需求(Wakernagel 和 Rees, 1996 年)。这些研究得出的结论是:多数国家(总的全球经济)的需求超出了他们国土的生态承载能力,为维持当前经济产出和消费,环境自然资本日益枯竭(Parker, 1998 年;Wackernagel 等, 1997 年)。显然经济活动的生态后果需要集成到社会福利的评估中,而不是简单地依赖于 GDP 这样的单个经济指标。

与单个的聚合指标(GDP、GPI、EF 等)相比,许多研究开发出了系列的可持续性指标。这些指标覆盖了可持续性的几个方面:生态的、社会经济的、社区的、制度的、参与/交流的。每类指标的功能和它对于其阈值的灵敏性与整个度量同样重要,因为如果某类指标(如生态指标)不能维持,那么整个系统都不能维持(Charles 等, 2001 年; Charles, 2001 年)。

## 10 基于代理人的模型

认识到在环境政策研究和当代 IAM 模型中人类所起的中心作用,人们开始重新审视在新古典经济模型中起奠基作用的行为假设(Van den Bergh 等, 2000 年)。这些行为假设是许多经济模型/模块中分配决策的基础,而且经常融合在 IAM 的案例研究中,因而非常重要。基于代理人的模型充分认识到利益团体的动机和可能采取的行为模式。举例来说,Hare 和 Pahl - Wostl(2002 年)在地下水决策模型中舍弃了传统的完美信息和效用最大化假设,而是以一种更现实的方式将农民作为代理人进行了刻画,将农民描述为不完全相同,拥有部分信息,具有准理性的代理人。

代理人也受文化背景的影响,不是假定模型在任何背景下都可以应用,模型需要修改来反映当地的偏好及选择和相互作用的变化。IAM 过程经常强调模型和参与者之间的联系。正式指定代理者偏好是这样一种方法,其中 Delphi 技术、专家会议和重要的情报员/代理人的参与经常作为不太正式的一种集成。在所有的例子中,交流都被认为是最重要的。

## 11 交流

小组会议参加者一致认为交流是集成研究成败与否的关键因素。要实现环境管理集成化、模型集成化、评估集成或知识集成化,交流是必需的。科学队伍成员之间的交流与建模者、利益团体之间的交流同样重要(和具有挑战性)。为提高集体共享知识的程度,鼓励评论和对话。因此科学界内部需要进行交流。

人们已不再接受交流就是将结果展示给大众这样的旧思想。人们需要通过对话确保各个团体之间信息畅通。传统上假定首席学者有更高的学识，只需要简单地将他们的结论呈献出来的方法如今也不再为人们所接受，人们需要提高倾听能力的新技术。为了增进信息交流和在合作伙伴间建立可靠的关系，人们强调反复对话的必要性。从最初的项目说明到结论和决策支持的最终开发，交流在所有阶段都是非常重要的。

不同的团体或许要求和使用不同形式的交流方式,这取决于不同团体执行功能的范围。举例来说,科学家可能从事直接将模型传送给决策者的工作,或者他们拥有专门从事界面设计的软件设计者,承担了设计工具的工作,这种工具可以促使决策者使用科学家的模型。当许多任务由不同团体承担时,为了确保不牺牲模型的整体性,保证最终产品实现了最初的目标,交流是必需的。

设计的交流工具需要能将复杂的模型简化为简单的指标,以方便公众和政策制定者理解。图表介绍能够有效概括大量的信息。在每一个例子中,做出的决策都需要适合与大众(科学人士、决策者或普通大众)交流。

## 12 模型中的价值

在模型中需要确认众多利益团体的不同价值,并且要清楚地包括在模型之中。以前的模型经常基于固有的价值选择做出分配,将来模型的价值选择将是开放的和透明的。在这一点上,价值变换的效果可以从分配情景中看出。

文化相对论是一个继续引起争议的问题。工作组中的多数人提倡公开、透明地鉴定,纳入模型的价值,另外一些人则认为模型是客观的。下面的论述就清楚地表明了这两种观点。

- 所有的模型自始至终都贯穿价值观念。人文因素渗透了所有事物,没有不含主观意见的纯科学,通常我们对保留什么和去掉什么要做出选择。
- 模型的产品像其他社会产品一样具有文化界限。

在工作组会议期间,人们也可以听到反对的论点:

- “不！文化相对论是有限的,物理名词具有常数。”
- “我们构建同行(科学家)和利益团体(公众等)观察和评估的合理(客观)模型”。

除了关注对价值系统的挑战外,工作组还同时关注与特殊变量数值有关的冲突和争论。

- “现在任何东西都被挑战,甚至大气扩散系数也被挑战。”

为了保持科学的完整性，工作的重点应该放在透明化上，容许对模型、选择的变量和使用的价值进行批评，把环境服务和对人类而言重要的特征解释清楚。这样可以产生正当的结束点，也是关键政策的结束点。在这种结束点上，人们可以检查灵敏度，开发情景和为决策者提供信息。这样，决策者就会对模型充满信心，知道哪些部分建立在坚实的知识上，哪些部分依存于特殊的价值。

## 13 IAM 的未来

IAM 的未来建立在过去筛选出的最好因素上面，采用包含式伙伴关系来阐述新的环境问题。参加会议的科学家的共识是：模型和整个模型过程需要公开、诚实和透明。交流是所有阶段过程的一个整体特征，因为每个人都以不同的方式观察世界。模型的开发从故事叙述或初始模型开始，应该包括定性和定量的因素在内，需要采取迭代的方法来确保模型随着人们研究过程中理解的不断改进而改进。失败是学习过程中的一个重要部分，它可以帮助改进模型并且使研究朝着认可（正确）的方向前进。特别是参与者同意 IAM 需要一个有效的过程和结果，而不是严格地拘泥于模型的输出。可以看出，实现这个目标的第一步是开发指导方针和代表 IAM 最佳实践的标准。

集成需要新的工具，但构成的要素可能会随环境问题的变化而发生变化。集成模型经常包括生物物理成分和社会经济成分，其中的一些还具有决策支持功能。但是，生物物理成分本身就是一个集成模块，如集成物理水文模块和生物模块，社会经济成分集成经济模块和心理模块、社会模块。这些特殊的组合依赖于正在调查的环境问题，如盆地内水的分配、渔业、森林功能、湿地、核废物贮存等。

日益受到关注的并被视为挑战成分的一个例子是代理人基础模型。由于人们普遍质疑偏离以金钱价值为基础的简单优化。因此，研究人员普遍认同代理人及其决策对模型结果的重要性。基于代理人基础的模型将社会知识和心理学知识集成起来，以便模拟产生社会中观察得到的更现实的行为模式。由于代理人的动机比我们传统上所设想的更为复杂，研究人员于是设计了新的分配程序并研究了结果。

研究人员设计了第二套集成评估技术来提供可持续性指标，用一个集成了生态的、社会经济的、社会的和制度的可持续性的指标来代替 GNP（国内生产总值）这种简单度量。真实进步指数（GPI）作为一个集成了这些因素的指标正在开发。诸如 EF（生态足迹）或 TMR（总物质需求）的生物物理测量法已经开发出来，用做评估人类消费对环境的总需求。近年来的工作希望能将生态足迹分析作为将来 GPI 测量的一部分。这样，与其有一个无论生产或消费发生时都是简单增长的指标（GDP），还不如用一个新指标在环境和社会商品/废物间作出区分，并且当污染产生健康成本或者当自然资源存量枯竭时，这个新指标能反映出所创造福利的下降。由于过程是非线性的，即使在系统没有历史记录能够提供作参考的数据点时，仍都需要确定系统对阈值的灵敏性因此集成评价方法和集成模拟方法所面临的挑战是相似的。情景产生方法能够用来对超出历史记录的地方进行插值，来探究可能的结果及评估替代的决策途径。

## 14 与其他组的联系

集成评估和模型研究组认识到了他们与其他生态峰会小组具有相同的兴趣。事实上,因为这些研究主题的相互重叠和参与者自己希望为多个方面作出贡献,一些成员选择在不同的组间流动。所有的研究小组都提出了一些模型,模型都是问题驱动的。因此,当我们着手对问题模型化的时候,我们必须融合其他组的研究进展。将来的模型必须结合新科学,这是否是机械模型时代的结束尚需商榷。同样,有人质疑了 Santa Fe 组的新模型。总之,不论人们接受哪种新模型,人们一致认为,不同组间的交流和交换意见的确是必不可少的。

复杂适应性等级系统组,与 IAM 组研究相同的环境问题,差别只是前者主要开发部模型和新方法,他们的工作有大量的重叠部分。由于所有组的科学家都提供了新模型为社团使用,因此希望处理复杂性的模型间能够相互交换。危险程度以及如何确定阈值临界点是需要更好地表述的新挑战,在这个临界点上,系统可以从一种状态跳到另一种完全不同、完全不连续的状态。新模型对从物理系统到生物系统的转换提出了挑战。但是,在模型中有许多新发展,显示了对复杂系统的进一步理解、预测、控制和预报的潜力。这些包括灾变理论、混沌理论、人工神经网络和广义的人工智能领域。值得一提的是结构动力学模型(Jørgensen, 1999 年)。这些模型运用目标函数来反映模型的生物构成要素特性的变化,反映生物构成要素对优势状态的适应造成的变化。通过联合调查这些问题和相关问题,IAM 组和复杂适应性等级系统组的研究进程将继续向前推进。

生态系统服务组专注于融合了技术变化的生态工程研究,这种技术变化使生态系统服务或者由自然资产提供,或者由人造资产提供。不同类型资产替代的争论是“强”可持续性目标争论的中心,并且它还影响着反映在集成模型中的转化过程。

科学和决策组专注于交流问题,IAM 组也认为交流问题最重要。只有科学知识和模型结果能够被交流和应用,它们才是有效的。让利益团体参与进来理解模型和结果非常重要,这是现今 IAM 过程的中心点,也是早期模型工作的缺点所在。

生态系统健康和人类健康组强调生态系统和人类之间的复杂交互作用。IAM 组持相同的观点,并且希望通过帮助开发集成评价技术和感兴趣的过程模型来支持这个领域的研究。

生命质量组强调价值系统,这种价值系统决定 IAM 研究人员选择研究的问题。IAM 中价值的角色约束于不同参与者的不同观点,但是,共同的认识或许可以通过进一步调查得到。在集成评估和可持续性指标范畴内我们发现存在很大的重叠。每一组都认识到需要超出传统方法(如 GDP),并且为将来的运用给出了更好的测量方法。总之,希望通过研究组共同工作,能够使当代和后代更好地理解和改进环境政策。

## 15 结论

集成在论述将来的环境问题时是至关重要的。集成超出了 IAM 的内涵,它包括科学、知识以及我们对未来理解的集成。过去的描述性系统模型被集成模型所代替,这些集成模型是针对特殊管理问题所设计的。人类作为决策者的管理作用和环境变化的驱动影响因素,已经成了新模型的一个不可缺少的部分。下一个挑战是改进现有的模块,把每一个模块都与更广泛的生态可持续性相关联。21 世纪的环境问题不能孤立地考虑 ,必须把它们放置在更广阔的可持续性背景内加以考虑。

乐观的观察家希望在危机来临之前,IAM 能够用于解决环境危机;悲观的观察家则预言,在获得资源,以便在更广阔的范围内实施 IAM 取得生态可持续性的目标之前,环境灾难就已经发生了。IAM 需要着重于超越单一的问题向前发展,以提高更广义的生态可持续性、提高政策制定水平、从自然科学和社会科学方面集成知识、寻求 IAM 过程的合理化以及维护整体性和严格性,这些任务的完成需要在执行过程中保持公开、透明和诚实。

IAM 研究人员与其他许多研究组分享着一些共同的目标,并且希望继续交流知识和观点。研究复杂适应性等级系统、生态服务、科学和政策制定、生态健康和人类健康、生命质量的研究人员们面对着相似的挑战。在一个领域获得的知识,传送给相关领域并且帮助指导相关领域的工作,这是非常重要的。总之,人们有一种强烈的愿望,希望能够作为团队的一部分与其他成员共同工作来应对环境的挑战。一种集成方法、一个参与过程、一个多学科队伍和一个执行起来具有整体性和可信度的看得见的研究程序,都是一个框架内组合的重要成分。交流将在这个框架下一直继续下去。

集成科学是从问题的集成开始的。21 世纪的环境问题是大家共同的问题,而不是哪一家独揽的,它们影响着地球生态系统和所有的居住者。将介质、投入或产出向量分离是不合适的。集成科学也意味着产生集成的知识。我们投入时间和精力,希望创建一个共享的知识和思想库,这只有通过集成科学的努力才能实现。为了拥有一个集成的未来,而不是一个学科上互不衔接的未来,人们倡议将集成环境科学作为其基础。不要再为课程表上的学科构成争论不休,现在该是采取行动的时候了。除非我们采取集成行动,否则目标是不会实现的。IAM 不局限于特定模式,而是强调过程的重要性。我们希望通过将散乱的数据和利益团体集中到一块,以便增进彼此对问题的理解,为我们的后代取得较好的环境质量做贡献。

## 参 考 文 献


[1] Beck M B ,Chen J. Assuring the quality of models designed for predictive tasks. In:Saltelli A, Chan K and Scott E M (Editors), Mathematical and Statistical Methods for Sensitivity Analysis (Wiley, Chichester), 2000,pp. 401～420

[2] Beck M B, Ravetz J R, Mulkey L A, et al.. On the problem of model validation for predictive exposure assessments, Stoch. Hydrol. Hydraul,1997,11(3): 229～254

[3] Born S M ,Sonzogni W C. Integrated environmental management: strengthening the conceptualization, Environ. Manag, 1995,19(2): 167～181

[4] Charles A T. Sustainable Fishery Systems (Blackwell Science, Oxford), 2001,pp. 384

[5] Charles A T, Lavers A, Benjamin C, et al.. Fisheries and Marine Environment Account: A Preliminary Set of Ecological, Socioeconomic and Institutional Indicators for Nova Scotia's Fisheries and Marine En-

vironment (GPI Atlantic, Tantallon, Canada.),2001
[6] Consortium for International Earth Science Information Network (CIESIN). Thematic Guide to Integrated Assessment Modeling of Climate Change (University Center, Mich), 1995
[7] Costanza R (Editor). Ecological Economics: The Science and Management of Sustainability (Columbia University Press, New York),1991,pp.525
[8] Daly H E ,Cobb J B. For the Common Good: Redirecting the Economy Toward Community, the Environment, and a Sustainable Future (Beacon Press, Boston, MA),1989,pp.82
[9] Downs P W, Gregory K J ,Brookes A. How integrated is river basin management? Environ. Manag, 1991,15(3): 299～309
[10] Grayson R B, Doolan J M,Blake T. Application of AEAM (Adaptive Environmental Assessment and Management) to water quality in the Latrobe River catchment. J. Environ. Manag, 1994, 41: 245～258
[11] Hare M ,Pahl－Wostl C. Stakeholders' stakeholder categorisations: an empirical study. Integr. Assess. submitted,2002
[12] Janssen W, Goldworthy P. Multidisciplinary research for natural resource management conceptual and practical implications. Agric. Syst, 1996,51: 259～279
[13] Jørgensen S E. State－of－the art of ecological modelling with emphasis on development of structural dynamic models. Ecol. Model, 1999,120: 75～96
[14] Jørgensen S E. Recent trends in environmental and ecological modelling. An. Acad. Bras Ci, 1999,71: 1017～1035
[15] Margerum R D,Born S M. Integrated environmental management: moving from theory to practice. J. Environ. Plan. Manag, 1995,38(3): 371～391
[16] Morgan M G,Dowlatabadi H. Learning from integrated assessment of climate change. Clim. Chang, 1996,34:337～368
[17] Oreskes N. Evaluation (not validation) of quantitative models for assessing the effects of environmental lead exposure. Environ. Health Perspect, 1998,106 (Suppl. 6): 1453～1460
[18] Palmer D. Methods for analysing development and conservation issues: the Resource Assessment Commission's experience, Research Paper Number 7 (Resource Assessment Commission, December),1992
[19] Park J,Seaton R A F. Integrative research and sustainable agriculture. Agric. Syst, 1996,50: 81～100
[20] Parker P. An environmental measure of Japan's economic development: The ecological footprint. Geograph. Z, 1998,86: 106～119
[21] Ravetz J R. Integrated Environmental Assessment Forum: Developing Guidelines for 'Good Practice', Working Paper WP－97－1,ULYSSES Programme (Darmstadt University of Technology, Darmstadt, Germany),1997
[22] Risbey J, Kandlikar M, Patwardhan A. Assessing integrated assessments. Clim. Chang,1996,34: 369～395
[23] Rotmans J,Van Asselt M. Integrated assessment: growing child on its way to maturity. An editorial essay. Clim. Chang, 1996,34: 327～336
[24] Scocimarro M, Walker A, Dietrich C, et al.. A framework for integrated catchment assessment in northern Thailand. Environ. Model. Softw,1999,18: 567～577
[25] Syme G J, Butterworth J E,Nancarrow B E. National whole catchment management: a review and analysis of processes, Occasional Paper 1/94 (LWRRDC, Canberra),1994

[26] Van den Bergh J, Ferrer－i－Carbonell A, Munda G. Alternative models of individual behaviour and implications for environmental policy. Ecol. Econ, 2000, 32: 43～61
[27] Van Waveren R. Application of models in water management in the Netherlands: past, present and future. Water Sci. Technol, 1999, 39:13～20
[28] Voinov A, Costanza R, Wainger L, et al.. Patuxent landscape model: integrated ecological economic modeling of a watershed. J. Ecosyst. Model. Softw, 1999, 14: 473～491
[29] Wackernagel M, Rees W. Our Ecological Footprint: Reducing Human Impact on Earth (New Society Publishers, Gabriola Island, B.C., Canada), 1996, pp.160
[30] Wackernagel M, Onisto L, Linares A, et al.. Ecological Footprints of Nations: How much do they use? How much nature do they have? "Rio+5 Forum" study, Earth Council－ San Jose, Costa Rica, 1997.
[31] Waldrop M M. Complexity: the Emerging Science at the Edge of Order and Chaos (Touchstone, New York), 1992, pp.380

# 第三章 复杂的适应性等级系统[1]

**摘要：**随着人类对其生存环境影响的日益加剧，为了环境和我们自己，我们迫切需要采取一些措施来调节这种影响。但当我们越来越清醒地认识到环境和我们自身极为复杂时，我们该如何调节和控制这种影响呢？实际上，在面对过量的各种信息时，我们也正试图做出一些合理的决策。随着我们对可持续性和生态系统健康等概念的逐步认识，整个社会正在适应这种新状况。

在复杂的适应性等级系统（CAHS）系统分析原则下可以发现一些对这些调节潜在有力的指导。本章全面介绍了到处出现的复杂系统知识及其在环境方面的应用。首先，在CAHS分析中尤其需要对系统的组织复杂性进行有用的测算。令人欣慰的是可以将这些方法集成到一个更加统一的CAHS系统理论体系中。本章中谈到的第二个需要是开发一种更严密和协调的模型方法来应用和理解CAHS。最后一个需要是以社会学习、多中心的集成评价、合理资源分配为形式来尝试补救和开发更全球化的"生态伦理"，将人类伦理—社会—政治—经济系统直接集成到决策过程中，这些利用的形式超越了对环境和我们自身纯简化的调节。

## 1 新的观点冲撞——整个复杂生物圈

从月球上拍摄的地球图像是当代最有影响力的图像之一，这个图像改变了我们看待自身和考虑我们与环境之间关系的方式。当我们看"太空地球"时，就会感到这个由复杂的自然和人文社会紧密交织在一起的有组织的整体——生物圈的存在。尽管这个复杂的整体与生俱来难以驾驭，但是科学已经准备来理解和管理整个复杂的生物圈。这确实是我们这个时代来令人瞩目的挑战。

当然在某一特定时代和特定地域存在一些受到特别关注的特定子系统。例如，我们就特别关注环境、经济、文化、家庭和我们自身。我们有时关注长期性的全球环境变化趋势，有时则对短期的、局部的社会经济问题感兴趣。不论子系统或时空尺度，我们普遍关心的是居住在行星生态圈内的生命系统整体上的生存能力和可持续性。直觉告诉我们整体和部分有非常大的差异，人类的生存和健康状况依赖于对这种差异的认识程度。

随着可持续发展的概念在环境政策研讨中的日益流行，采用合适的指标来监测活力和可持续性的需求也不断提高（Harger和Meyer，1996年；Deville和Turpin，1996年；

---

[1] 作者：B C Patten，B D Fath，J S Choi，S Bastianoni，S R Borrett，S Brandt－Williams，M Debeljak，J Fonseca，W E Grant，D Karnawati，J C Marques，A Moser，F Müller，C Pahl－Wostl，R Seppelt，W H Steinborn，Y M Svirezhev。

Schultink,1992 年;Mithcell,1996 年;Rees,1996 年;Suter,1993 年;Gilbert,1996 年;Munasinghe 和 Shearer,1995 年;Wynne,1992 年)。可持续性发展,一种矛盾修饰语(Choi 和 Patten,2002 年),代表经济发展的利益(以 GNP 表示)和生物保护利益(以生物多样性表示)之间非常不易的耦合。建立环境指标的目的是将基于毒理学测量方法监测的潜在环境污染物状况拓展到更广的范围上监测环境健康。通常,一个系统的可持续性指标不能简化为一套独立的环境指标(Gallopin,1997 年),不能简化为独立的经济或社会指标,也不能从一套似乎特别有用的单个指标经数学运算推导而来。真正的可持续性指标是内在相关的,用于监测那些保持系统整体性的成员之间交换的匀称性。

应用普通的系统理论探讨整体系统的行为或其他特征,有助于阐明有关可持续性指标的问题。CAHS 理论是系统理论的一个特殊的分支,它尽可能恰当地以整体的和简化的观点来解释在一个拥挤的、复杂的但又保持整体化的生态圈中人与环境之间的一些至关重要问题。系统理论是以所有系统都具有以下 4 个性质为前提的:①整体性和有序性(系统的或状态的性质 S);②内在的和相互间的系统等级性(子整体性质 H;Laszlo,1972 年);③适应性自我稳定(系统控制论Ⅰ);④适应性自组织(系统控制论Ⅱ——适应性的技术基础 A)。或者更简单地描述为:自然系统是①不能削减的整体,②在自然的总体等级中可相互合作(协调),③维持一定的稳定性,④在不断变化的和自组织背景下能适应性地创造出新的组织模式(Laszlo,1996 年)。作为确定自然和人类活力、它们共同生存和相互支撑、环境健康状况等可靠指标的基础,这些系统的深层属性需要很好地理解。

这样的复杂体系是怎样显现出来的?这个体系的特征行为是什么?与它们的组织和结构有什么关系?怎样有效地和有用地描述这样的复杂系统?在这样镶嵌的系统中可持续性意味着什么?作为嵌入这一复杂体系中的人类群体将如何促进自身以及整个生物圈的可持续性?这些都是在研究 CAHS 系统时自然产生的问题。然而分析复杂性存在着许多问题,如主要由这样的系统中相互之间非常重要的关系(大量的组成元素,间接的因果关系,非线性的函数关系,分布的影响及跨尺度的相互作用和控制问题)造成的:①如何描述;②如何测量;③如何理解问题。

下面将概括介绍当前对复杂性及其与等级系统组织和适应能力之间相互关系的理解。特别强调的是测定 CAHS 系统复杂性的方法(1.1 和 1.2);它们在研究和理解 CAHS 系统进化/适应性方面的延伸(1.2 和 2.6);以及在处理人类因素时涉及的新方法论和方法(1.3)。为方便读者理解,在可能的地方都尽可能给出了研究案例。

## 1.1 复杂性

复杂性是 CAHS 系统的第一个特征,在许多情况下这是 CAHS 系统的定义性特征。复杂性也是一个难以捉摸的概念。正如 Casti(1986 年)所描述的那样,我们对复杂性有回避形式的本能理解。对形式的回避可归于下面的两个原因:①在评论复杂性时存在主观的和演绎的因素;②在描述复杂性时方法太多。

本节简要介绍这两个原因,一是提供 CAHS 系统的背景知识,二是使读者知晓,现行的方法正尝试跨越这些限制因素以便找到测量 CAHS 系统组织复杂性的更有效的、更综合的方法。在开发出能广为接受的客观测量方法(Bosserman,1982 年)之前,复杂性概念注定是模糊不清的,尤其是与 CAHS 系统有关时。

### 1.1.1 复杂性的主观和客观因素

是什么使一个系统变得复杂? Flood(1987 年)从检验一个直觉的假设开始分析:“通常,我们似乎总是将复杂性与任何我们难以理解的东西联系在一起。”由此他得出复杂性必定与人和事有关的结论。与人相关是由词语“我们”得出的,与事相关是由词语“任何东西”得出的。因此,在 CAHS 系统中的复杂性有两个来源,一是与观察者有关的主观性,另一个是系统本身特性的繁衍。

系统复杂性的主观性特点与一个观察者与系统如何作用相关(Rosen,1977 年;Klir,1985、1991 年)。作用的方式越多,系统越复杂。这意味着观察者的知识、技能、信仰和兴趣将影响对一个系统是简单还是复杂的判断(与观察者有关)。Ashby(1973 年)提供了这类复杂性的一个好例子,Klir(1993 年)引用如下:

“对于神经生理学家来讲,大脑作为纤维的感观组织和酶的混合体系当然是复杂的,同样地,详细描述它的传播也需相当长的时间。但对于一个屠夫来讲,大脑就是简单的,因为他只需要区分约三十块不同的‘肉’……”

Rosen(1977 年)在主观方向上认为“复杂性不是系统的本质特征”。这里不能接受这种极端的观点,虽然系统复杂性的某些方面与观察者和系统的相互作用明显有关,但在观察者的眼下仍存在一个真实的系统。如果接受 Rosen 的论点,任何事物都与观察者有关的“后现代”整体观将使关于系统复杂性的进展停滞不前。按“后现代”整体观,由于观察者无法接近系统,则要么没有真实的系统,要么就是真实的系统不重要。

本文不采用这种极端的观点,而是采用一定的方式进行推理。如果隐含的真实系统本质上是简单的,则一个观察者和系统相互作用的方式就比较少,如果系统本质上是比较复杂的,则观察者和系统相互作用的可能方式将成比例地增加。因此,系统也一定存在一些促成系统复杂性的内在特征。

### 1.1.2 复杂性的参数

大量的特征可以将一个系统划分为复杂的系统。这些特征被分为相关的两类:结构特征和行为/功能特征(有时也分别称为静态和动态复杂性,Casti,1979 年)。这些特征的一部分列于表 3-1(Flood 和 Carson,1988 年)。

表 3-1 复杂系统的一些特征

| 结构特征 | 行为特征 |
|---|---|
| 大量的组成元素 | 非线性 |
| 大量的连接 | 混沌 |
| 组成元素和连接的高度多样性 | 灾难性 |
| 非对称性 | 自组织 |
| 强烈的相互作用 | 多种稳定状态 |
| 等级组织 | 适应性 |

关于结构特征,传统的分析系统复杂性的方法是枚举组成元件,具有较多元件的系统

通常就比较复杂,同样的方法可用于测量直接连接的数目。这里存在两种类型,能量—物质转换守恒和不守恒的(耗散的)信息关系(Fath 和 Patten,1998 年)。可能的直接连接数量按组成元件数目($n$)的平方增加($n^2$)。如果一个系统中元件或相互关系的种类越多样,则系统就越复杂(Casti,1979 年; Holland,1995 年),如一个有 10 个不同元件的系统要比一个有 10 个相同元件的系统复杂。结构不对称也增加复杂性,这一点在胚胎的发育过程中表现的很清楚,早期细胞的分裂产生了对称的多个细胞;然而为了发育生长成一个成熟的生物体,胚胎需要不对称的细胞生长。系统组成元件之间相互作用的强度也影响系统的复杂性(Casti,1979 年),相互作用强度的不对称模式将会产生一个更加复杂的系统。最后,如果一个系统是等级的组织,则这个系统更复杂(Simon,1962 年;Casti,1986 年;Kay 等,1999 年)。

一个系统在它的行为上也可能是复杂的。众所周知,非线性、混沌和突变等行为类型具有复杂性。非线性行为不满足输入—输出的叠加关系(Patten,1997 年),也就是输入元素的线性组合并不能产生输出元素的同样组合。Patten(1997 年)给出了一个例子,如果太阳辐射是绿色叶片的惟一能量投入,当太阳辐射能量加倍时,如果叶片是一个线性系统,应该可以观察到双倍的光合作用产出量。如果观察不到,那么这个系统就是非线性的,并且在一定程度上是复杂的。如果光合作用生产需要多种投入要素(如光、水分、营养等),对于线性系统而言,如果要观察到双倍的光合作用产出,则所有的投入要素都需要加倍。如果观察不到,则系统就一定是非线性的。Patten(1983 年)称这种情形为“伪非线性”,并且认为在自然界中这种现象比真正的非线性更加常见。由于复杂性遮掩了真正的输入—输出关系,这种现象从来不能被确定。混沌是非线性(从不是伪非线性)系统的不规则行为。突变性行为包括动力学,例如分岔、跳跃和漂移等稳定态镶嵌模式(Key 等,1991 年)。分岔是指系统动态分为两个方向的某一些点。跳跃是指有行为间断的那些点。系统行为漂移态镶嵌模式的一个例子是 Holling 的有关生长、成熟、衰老和再生的“Lazy—8”循环。当系统轨迹上存在多个稳定状态时,系统复杂性在一定程度上也增加,Key 等(1999 年)将这种状态描述为“在给定情形下未必存在惟一的首选系统状态”。其他使得系统趋于更加复杂的特征包括系统的自我组织能力和适应新状态的能力。

有许多内生变量能使一个系统复杂化。表 3-1 中基于系统结构和行为方面的考虑所列的一些变量是不全面的。复杂的系统将部分具有这些特征,也可能有其他特征。总体来说仅靠它们中的一个或许不足以将一个系统归类为复杂的系统。

## 1.2 适应性和等级制

CAHS 系统概念的第二个特征是适应性,第三个特征是等级制。适应性和等级制是两个有内在联系的特征。如果一种适应性反应是由一些刺激引起的,则刺激的因果关系在许多空间、时间和组织尺度上都存在。以昆虫对杀虫剂的简单适应性反应为例,以化学杀虫剂为形式的刺激导致昆虫在生理、行为、遗传、种群动态和外部形态等方面发生改变,这些变化反过来对人类(人口、工业、经济、疾病、行为),以及其他有机体和整体环境都有反馈作用。

适应性作为对环境激励的一些基因型(genotypic)/表征型(phenotypic)反应是很容易

被接受的。适应性概念中隐含着目标的概念,在生物体水平上,这个目标通常指达尔文论述中的生存和繁殖(更通俗地讲,生存就是为了繁衍后代)。将适应性概念延伸到整个CAHS系统中需要扩展适应性的概念,这是因为人们对信息传递机制的了解不如像生物体中遗传物质的传递那样清楚。由于热动力学原则在所有已知的科学原理中是惟一考虑时间方向的,而且是以对物质和能量流进行信号处理的方式来概括信息转换,适应性概念的扩展常常参考热动力学原则。

扩展CAHS系统适应性概念的第一步是建立理论健全的、实际有用的CAHS系统组织复杂性指标(第2节)。应用这些指标是绝对必要的,否则不可能得到对这种高维系统明确的认识(因为伪非线性和真非线性的现象)。实际上,人类系统的所有部分(sectors)在试图处理和适应现实的复杂性时都以多种方式经历了"信息超载",现在这种经历正驱使我们寻找一种CAHS系统方法。虽然这种努力在过去曾受到批评和嘲笑,但CAHS系统方法代表了一个方向,这个方向现在似乎提供了一种接近和处理复杂系统内在复杂属性的一致方法。

为了将这个方法传播到更普通的科学、工程、政策和管理团体,下面详细介绍近年来有关这方面的一些十分鼓舞人心的尝试和结果。特别值得注意的是,这些来自于不同历史背景的、以各种各样形式表现的指标包括信息可放能、能量可放能、能值、能值功率、转换效率、耗散、降解、信息熵、物质熵、循环、穿透流,它们和许多其他方法一起作为明显的补充指标来描述CAHS系统空间、时间和组织的复杂性。这种认识部分是来源于第2.5节中强调的Patten,Fath和同事间的网状形式体系。

### 1.2.1 组织的等级

用最朴实的话说,适应代表了一个系统在偏离热动力学平衡态时仍能连续地维持其存在。在存在各种各样相互作用(刺激、干扰、胁迫等)情况下能达到这种连续性的系统是一个已适应的或适应性系统(即一些热动力学准稳定状态)。

在上文中必须强调的词语是"连续性"。也就是说,它是在偏离热动力学平衡态下的维持而不是简单的无约束增长(例如在现行的人类/经济模式中)。无约束增长是以其他形式的组织和有用的可放能为代价的,不能代表一个适应性状态(请参阅Patten的AWFUL理论,Patten,1997年)。由于下面两个原因,无约束增长对增长的系统本身是极其有害的。一是这些影响对增长系统的反馈作用;二是动态和结构的不稳定性越来越背离热动力学平衡态。因此,我们必须关注这个准稳定状态,并且需要明白是什么确定这个"已适应的",因而是持续不变的或可持续不变的状态。

这种平衡状态可以简单地看做系统内部环境的"局部"趋势(参考词汇表或者2.5中的在组织的一个特殊状态下运作的目标函数)与限制和制约这些局部趋势的"整体"趋势(Koestler,1969年;参考词汇表或者2.5中的在组织的所有其他状态下运作的目标函数)之间的平衡(Choi和patten,2002年)。这种平衡状态代表热力学上通过"广义的热力学反馈模型"(见词汇表)实现的准稳定状态。

与这种最适状态相伴的是新陈代谢活动强度的"常态"区间(Choi等,1999年)。偏离这种"常态"区间就代表一个不稳定或不适应状态。Koestler(1969年)将这种不平衡称为"病态"状态。当新陈代谢活动强度高出"常态"范围时,表示外部环境(也就是局部的无序—扰动或干扰)占了优势,而强度低于“常态”范围时,则表示内部环境占了优势(也就是局部有序—增长)。通过下面的例子我们可以强调一下上面的内容,与医生监测病人体温来判断他是否健康一样,通过简单监测系统新陈代谢活动的强度,得到的一个简单指标即能直接衡量子整体(生态系统)的健康状态(Choi 和 Patten,2002 年)。

比上述直接应用更吸引人的是:与一个特定子系统局部趋势占相对优势相关联的是在子系统内部降解步骤的大小和数量都增加(也就是在最后分解前可放能利用的相对效率)。事实上,有人发现越接近热动力平衡态,局部的可逆性和能量相互作用的效率就越高。非常复杂的生化系统能达到高效率的运行看起来需要许多中间步骤,以保证每个降解步骤都尽可能小,从而使其具有热力学的高效性(Spanner,1964 年)。生态系统的情况与此相似,以有机体的大量数目及多样性表征的结构升级同样也增加了降解(摄取食物的)步骤的数量,因而也增加了相关的能量转移的热力学效率。当存在协调机制时,这种行为控制(如在酶系统中,环境约束经常被严格控制)带来了更大的效率,但是这需要以功率输出为代价。

Odum 和 Pinkerton(1955 年)以特有的远见对此进行了评论,认为有效功率输出与过程效率存在一种简单的关系,并且许多开放系统都有一个趋势,即系统的运行并不是以系统过程最高效的配置进行,而是以提供最大功率输出的配置进行(有时接近 50% 的效率)。也许我们可以重新理解这种经验观察到的运行状况,它不是目标“选择”的,而是通过适应性过程调节达到的。也就是说,因为 CAHS 系统不会也不能完全或主动地控制它们的环境,因而总是试图尽可能地变成可适应的系统(即红女王假说,van valen,1976 年)。

因此,可推测出能量降解的最小步骤受子系统的结构和机理约束,也就是说,一个系统的效率与维持系统本身及在周期性的大灾难爆发下生存下来(在协调平衡之内或超出一定协调平衡规模)这些约束条件有关,在一个可放能降解步骤的最大量范围内,能维持事物的整体性,不会因为强烈的非线性活动的快速自我催化而对结构或构件部分造成损害。降解步骤大小与这些步骤的数量负相关。降解步骤数量越大,过程越有效,但属于预测的部分和控制的环境约束也越大。为了增大步骤的效率将需要增加过程的可逆性,只有当这些步骤真正紧密结合时才有可能。在一种扰乱之后,经连续不断的“改良”,“微调”(适应)或“协调”达到一些新的平衡,系统将采取一种持续衰减的方式达到稳定状态。

这种最适状态能否等同于最可持续的/健康的状态这样一个虚幻概念? 这个问题相当有意思,值得我们努力研究和仔细考虑,以便更好地理解可持续发展及生态和环境健康。

### 1.2.2 空间等级制度

自然界中在许多不同的尺度上都存在明显的空间格局,而且随系统的演替和干扰而不断变化。这些模式是适应性等级制度留下的痕迹(Cousins,1993 年; Milne,1991 年; Turner 等, 1991 年),是等级制度较低层的推动功能(生产的力量)与等级制度较高层的控制功能(约束性)创造的格局(Milne,1991 年)。这个低层次和高层次过程的并行在不连续的等级尺度上创造了一个可辨别的模式(Turner 等, 1991 年)。

在自然系统中有几种空间等级结构是很明显的(Cousins,1993 年; Merriam 等, 1991

年; Noss,1990 年)。适应白天和微地貌资源的个体或群体驱动了生态系统或群落层次上的过程,群落产生了具有连通性和斑块状的格局,并且在较大的景观尺度内产生了相汇合的格局。在比地质时间还长的时间框架下创造的景观和全球过程,实际上约束着低层次的格局。这种三层的等级结构在环境系统中到处可见。

在景观上发生人类活动时出现了一个比较复杂的等级格局(Brandt - Williams, 1999 年; Odum, 1994 年; Cousins, 1993 年)。景观格局在群落尺度上最明显,群落尺度上的过程组织形成可辨认的生态系统。大气和地质的风化过程产生了明显的流域格局,小的径流汇集到大的溪流再向更大一级的水流汇集。这两种等级层次(生态系统和流域)左右着下一个等级层次,即人类资源、能源(商业和信息),通过服务业、信息和生活材料的汇集,集中在景观内形成了城市。交换产生了空间格局,大的中心城市被一些小城市、较多数量的小城镇,甚至成片的村庄所包围(Chrustakker, 1966 年),点缀其中的农业和自然系统提供支持和环境服务。较小的城镇运送货物到城市,而城市通过返回指导信息、服务和生产要求反过来调控城镇。在两个较低等级层次上具有高能源的地区,例如在肥沃河谷的深海湾,它们汇集而成的城市能创造可重复的格局,到处都能发现人类调控较低等级层次的生态系统和流域的证据。像深层地热和海洋循环这类全球性过程则属于第四个(或更高)层次,他们通过板块构造和洋流形成了结构。

这些空间等级层次是由能量级别所决定的,当能量经过许多小过程汇集并被转换产生较大尺度的过程时,能量的级别就升高了(Odum,1994 年)。能量级别决定了空间和时间尺度,在这些尺度上,系统的调控得到实现(Odum,1994 年;salthe,1985 年;Allen 和 Starr,1982 年)。更多能量转移和汇集的结果是形成大的实体,并且能对较低的实体(更容易扩散能量储蓄)施加影响。具有较大景观和储量的实体控制具有很快的周转率(较低层次)的实体。因此,就像通过食物网进行的物质和能量流动等级汇集一样,能量级别的途径同样也在空间和景观水平上形成汇集格局(Brandt - Williams,1999 年;Lambert,1999 年;Huang,1998 年;Odum,1994 年;Cousins,1993 年)。较大的能量流产生了较大的空间结构(Odum,1994 年),例如在城市中心和高山上,构建的结构依赖于周围景观的输入物,构造的结构越多,需要的支持面积越大。

在每一等级层次内,都有源于不同形式的能量传递到景观而产生适应性空间格局。三种能量“形式”是点源、线源和面源(Odum,1994 年)。大多数景观都从几种不同的来源接受能量,但最高、最强的能量将决定空间格局的形状(Odum,1994 年)。点源,如沙漠里的泉水和高度集中的稀有元素,形成反映能量驱动系统的空间格局。繁茂的植被群落以接近圆形的趋势在泉水的四周呈集中度逐渐降低的方式生长,在可获得资源的邻近位置围绕的是林中空地和居留地,在这个地区没有其他居留地或植物斑块。线源,例如高速公路或海岸线在植被带或者开发区创造了线状格局。这些能量来源经常交错,形成了从空间上可以辨认的易变的格局。可提取资源经常以线源形式出现,在人类等级层次上的格局反映了商品贸易的线性特征。面源很难产生独特的景观特征,因为根据定义能源被平均地分配在较大的区域范围内。太阳能和它携带的介质,雨和风,是面状能源的例子。广阔的草原和沙漠是面状能源形状的空间例子。

当然,有一些景观没有明确可辨的适应性和等级格局,这种情形很可能是由几种不同性质的因素造成的。该区域可能位于不同尺度上具明显等级层次的地区之间(Turner等，1991年)。然而，从不同来源接受相等的能量也导致了景观格局的重叠(Odum，1994年)。最后，随着能量在生态系统和经济层次上的汇聚而产生重叠的等级层次，空间等级变得复杂。“噪音”可能模糊了较低层次上的能量或较大尺度(较低的分辨率)上的明显识别标志，就像不同的时间尺度在模拟时也会产生噪音一样。

土地特征产生了所有陆地过程都适应的约束。当我们认识到人类活动引起的不断变化的景观过程与全球过程对景观和经济的逆向控制之间的联系时，理解复杂适应性空间等级的理论将成为一个有用的管理工具。

### 1.2.3 时间等级——CAHS系统的数学异质性和Petri网络方法

等级/总体等级的一种重要形式来源于不同的“自然时间”，CAHS系统的各个部分都在这不同的“自然时间”中运行。例如，人类活动的环境影响评价需要对工业和生态系统进行综合分析。在经典的生态系统模型中，人类的影响是作为环境协变量或间接通过模型参数进入系统的(Steppelt，1999年)。技术性的系统模型基本是针对过程控制和优化设计，至多提供发射率的数量级。实际上，工业和生态系统是密切交错的，且至少在较大尺度上应该被看做一个整体，Schellnhuber(1998年)基于系统理论，以微分方程的形式提出全球尺度的通用概念框架。

因为不同动力性质的过程相互作用，在联系CAHS系统和工业与自然组成成分时产生了一个概念上的困难。技术系统的动态在时间上是趋于离散的，而且与离散空间结构密切相关，而许多环境过程在时间和空间上是连续的。整个CAHS系统的混合体可以从结构上分为时间离散的和时间连续两类。一个例子是作物生产，这里连续的生物学过程例如作物生长或水土运移被嵌在时间离散的农业技术管理程序中。

数学上讲连续系统可用微分方程来描述，然而离散系统，如生产线，是用条件—事件系统或矩阵方程来描述，这就是遇到的数学异质性问题。因此，通常不可能在单一的数学理论框架下(如单常微分方程)模拟集成的CAHS系统。

Petri网络理论提供了处理具有数学异质性的CAHS系统的一般框架。如前文所述(1.1)，该框架组合了复杂的结构和行为特征，可以按照各种扩展形式进行处理，如时间权重，随机转换，微分方程的积分，这些网络被称做混合低层次的Petri网络。已经设计出一个结合数学异质性的模拟工具，它允许对Petri网络进行图解示意(图3-1)。具有这种延伸特性的网络能够模拟数学异质性系统的动态，它由网络拓扑所形成，是分析拓扑性质和有效模拟复杂的集成技术——生态系统的理论基础。一个主要的改进是增加了在单一的框架下将基于事件的动态物质和信息流一起处理的能力。

以上事实被几个研究事例所证明(Seppelt和Temme，2001年)。第一个事例是在加拉帕哥斯半岛上一个生物种集合种群模型。网状结构是由地理信息系统衍生出的，包括在生境结构内时间上离散的迁移过程以及生境内连续的生长和灭绝过程。第二个研究集中在一个金属镁组成的汽车部件的生命周期评价，在这个例子中，车门生产过程的生命周期分析是在混合低层次Petri网络框架中集成大气扩散模型及环境影响评价模型完成的。第三个例子关注的是农业生产，在这个例子中，Petri网用于结合生物学模型来模拟作物生长(物质流)，进行生理阶段估计(基于事件的模拟)，结合技术模型考察耕地、播种等的能量消耗，评价最优施肥策略(图 3-1)。

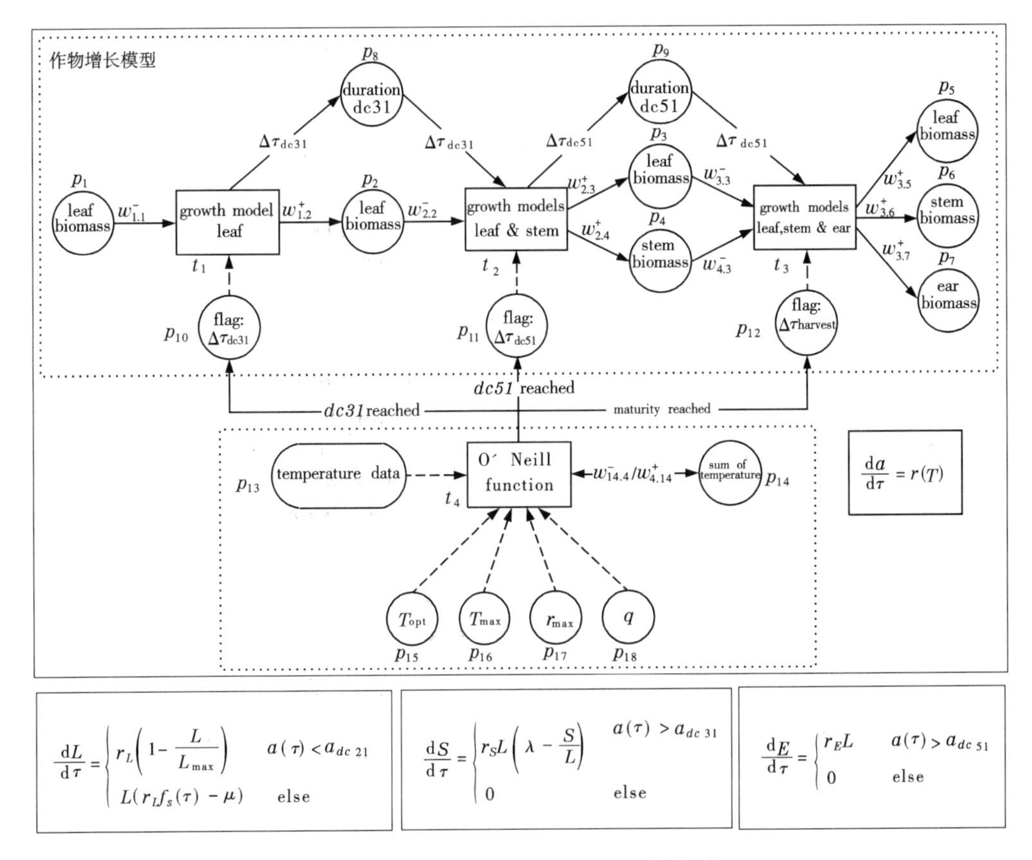


**图 3-1　生物学模型的 Petri 网络集成**

# 2　衡量 CAHS 系统的组织复杂性

下文阐述了衡量等级组织系统组织复杂性的方法。这些方法太多因而不能穷尽，在这里也有许多重叠。这些方法在所强调的方向上有差异，主要是由于不同学派思想的影响和 CAHS 系统应用尺度上的不同所造成。

在 CAHS 系统研究中常见的是反复应用热力学原理。尽管有历史的成分，热力学理论用来研究 CAHS 系统有两个主要原因：①热力学理论是惟一具有时间方向的物理法则，时间方向是 CAHS 系统共有的；②系统被看做是一个复杂的整体而不是简单的许多部分。第二个共同点通常在观点的汇集中发现，尤其是涉及到各种学派的相互关系时更易发现(2.4 和 2.5)。

这里有术语方面的困难，尤其是涉及名词“exergy”，它有许多不同的应用方式，从物理学上解释的“有用的可放能”到信息内容的其他解释。关于这些歧义，需要读者的耐心，尽管是不完全地拼凑，但希望读者能看到这些术语广泛的共同性质(建议使用本章附录的词汇表)。

## 2.1 测量基因组和生物体的复杂性——生物复杂性

### 2.1.1 基因组和生物体的复杂性

系统的复杂性可解释为描述系统状态或行为所需的信息量。为便于比较,复杂性的测定必须转变为更正规(数学的)的名词(Badii 和 Politi,1997 年;Vilela Mendes,1998 年)。在这种转变过程中会产生很大的困难。

关于生物体的复杂性,有人认为基因组(定义为基因片段中单倍体 DNA 的数量)含有很多生理设计和功能所需要的信息。因此,在 DNA 序列中所含的信息量上限可以做为(虽然非常接近)生物体复杂性的估计值。这可与增加的用基因组表示长度联系起来,虽然只是在一些场合较长的 DNA 才能说明生物体变得更复杂(Bar - Yam,1997 年)。

基因组信息量的确定非常困难。虽然真核生物基因组比原核生物基因组复杂得多,但高等生物的基因组似乎含有更多的 DNA。很难清楚地得出与生物体复杂性相关的基因组长度系统的增长趋势(Li,1997 年;Futuyma,1998 年)。在生物体水平,对原核生物来说,基因组长度是一个可接受的内在的有效复杂性测量指标,但对于真核生物出现的有效复杂性(如人类的文化复杂性),可能不再适合用有效基因组的复杂性(长度)来衡量。考虑总的基因组长度,小的遗传变化允许复杂的适应性生物体在它们进化的特定时期产生新水平上的有效复杂性,增加了它们在那一时间段内潜在的复杂性(Gell - Mann,1994 年)。在基因组水平,DNA 序列是不同类型和水平上的信息来源。如:一个分子可编码氨基酸的序列、蛋白质、tRNA、rRNA、mRNA、末端转移酶 RNA、其他 RNA 的序列以及蛋白质的结合位点。此外,DNA 也编码构筑结构信息,例如内在的 DNA 弯曲、核小体选位、转录初始位点、复制起始点和变异的“异变点”(Lewin,1994 年)。所有这些都增加了评价基因组信息量的困难,从而也就增加了评价复杂的适应性等级生物体复杂性的难度。

### 2.1.2 可放能作为生物复杂性的一种评价方法

生态系统,像其他 CAHS 系统一样,有生命的或无生命的体系,都从有序和无序中表现出不同的级别水平(Schrödinger,1944 年)。在某一时刻,这些系统的复杂性并不是直接衡量将来可能达到的复杂性水平。生态系统由许多复杂的元素组成,每一种元素的演化格局都涉及其他元素的行为,因而最终生态系统不可能达到静止状态(Gell - mann,1994 年)。然而,在发展过程中,热力学原则将决定许多以能量作为驱动因子的过程方向(Schneider 和 Key, 1994 年; Jørgensen, 1992 年)。因此,能量—物质平衡和生态系统的结构被期望进化到远离平衡态的优化的热力学平稳状态。该热力学平衡系统具有如下特征,可获取能源的最优贮存,为维持生物量和复杂性水平而不断增加的耗散性(Jørgensen, 1992 年; Schneider 和 Key, 1994 年、1995 年; marques 和 Nielsen, 1998 年; Jørgensen, 等, 2000 年)。

可放能在生态学中被用于衡量复杂性,在数学定义中包含守恒的(能量和物质)和非守恒的(信息的)两个术语。生态系统的复杂性与更复杂的生物体有联系,大体上与较高的信息含量和远离热力学平衡状态相一致(Marques 和 Nielsen, 1998 年),也与为补偿以 DNA、RNA 和蛋白质序列为形式的贮存和加工较高信息级别而增加的食物和其他资源的利用(暗含能量耗散)相一致。生物量的可放能含量(“生态可放能”)可用“权重因子”(∃)

来评价。对于系统的每一个分室,相应的权重因子与生物量含量的乘积可作为其结构复杂性的函数,用以区分生物量中所含的信息。

为了评价生物分室部分的权重因子。有人建议采用:①与“基因组维数”(基因的数目)相关的概率(Jørgensen 等, 1995 年);②总基因组长度表达的“全部编码能力”(从 c - 值估计)作为一个最高上限(Marques 等,1997 年; Fonseca 等,2000 年)来评价基因组的信息含量。建议①受限于缺少不同物种有关基因数目的资料,建议②从总的 DNA 含量评估信息量将会由于“c - 值矛盾”而产生很大的偏差,仅能作为一种初步的方法(Fonseca 等, 2000 年)。“c - 值”代表了每一个细胞核的 DNA 总量,它是物种的特征值。“c - 值”对应单倍体细胞核的 DNA 总量,而“2c - 值”对应双倍体细胞核的 DNA 总量。与每个细胞核的 DNA 总量相关的矛盾由以下事实产生:一方面,相似的生物体(在复杂性上相似)可能具有差别很大的核 DNA 含量;另一方面,一些比哺乳动物表现较小形态复杂性的生物可能具有较大的“c - 值”(Futuyma,1998 年)。在某些门类中,c - 值的范围可以很窄,也可以很宽(lewin,1994 年)。这些发现本质上是在真核基因组中 DNA 序列重复出现的结果(Li,1997 年),强化了“c - 值矛盾”的概念(Cavalier - Smith, 1978 年; Futuyma,1998 年)。

关于 DNA 重组动力学研究已经辨明了基因组 DNA 的三种动力学类型。分为快的、中间的和慢的三种,分别对应于高度重复 DNA、中度重复 DNA 和单一拷贝的 DNA。杂交试验表明,为 mRNA 类型编码的大多数基因属于单拷贝类型。假定复杂性与不同序列的总长度相对应,那么慢的或单拷贝基因组成分能更好地估计基因组的大小和复杂性(Lewin,1994 年)。研究者应该开发利用基因组单拷贝比例的数据来确定可放能测量中权重因子(ヨ)的方法。

### 2.1.3 事例研究:孟德高三角洲

上面讨论的“生态可放能”的概念已经用来分析在孟德高三角洲南部海湾对大型海底动物群落按照港湾的富营养作用梯度周期性采样得到的资料。增加的营养物排泄和封闭的状态造成了富营养作用的空间梯度。这个梯度由接近海湾入口处影响较小的区域开始,在这里,大型植物群落被发现,延伸到一个高度受影响的区域,绿色大型藻类周期性生长繁茂。沿着这个梯度,大型植物群落逐渐被自由漂流的、快速生长的种类所代替。初级生产者的这种转换对这些地区的群落结构产生了影响,体现为种类组成和群落生产量上的变化(Pardal,1998 年;Marques 等, 1997 年; Lopes 等,2000 年; Pardal 等, 2000 年)。

参考 Fonseca 等(2000 年)计算说明的生物量中的可放能含量确定了前面介绍的权重因子,用有机体的生物量估算可放能(生态可放能和物种可放能)。在两个不同结构的水平上进行了分析:①每个地区的总生物量;②按营养类别(草食动物、滤食动物、腐食动物、肉食动物和杂食动物)归类的各类生物体的生物量。生态可放能的变化密切地反映了相应地区生物量的变化,都表现出相同的季节变化模式。另一方面,物种可放能的评估描述了一种不同的情况。在受富营养作用影响较低的地区发现,结构可放能指数的平均值较低(没有富营养作用影响的地区为 451 ± 29.8 可放能/克生物量;中等富营养作用地区为 559 ± 75.2 可放能/克生物量;高富营养作用地区为 496 ± 100.3 可放能/克生物量。其中结构可放能单位以单位生物量的腐质当量来表示)。为了进行较深层次的分析,我们评估了按营养级别归类的次级消费者对结构可放能指标的影响。中等富营养化地区的物种可放能表现为在非富营养化和高富营养化地区的可放能值之间摆动的模式。沿环境影响的空间梯度,富营养化影响较小和较大的地区,采样地区可能对应于两个不同的发展方向或两个相反水平的相对稳定状态之间的一个中间状态。

虽然这些结果是初步的,当将大个体动物生物量归为营养级别时,可放能指标似乎能提供一个关于群落变化的明显指示。例如,在富营养程度高的地区滤食动物和腐食动物对物种可放能有较大的贡献作用。

## 2.2 在一个自然森林中的以可放能为基础的定向度量

### 2.2.1 背景

普通系统理论(Von Bertalanffy,1968 年)、不可逆过程的热力学(Prigogine,1967 年;Prigogine 和 Stengers,1984 年)及系统生态学(Odum,1983 年)的结合形成了研究生态系统的整体方法论。现已发现生态系统能够在个体和整体系统水平上以各种各样的调节过程来适应外界因子的变化。由系统复杂性产生的这些特点,它允许选择发展的方向和自组织的结构来适应外界的变化。如 CAHS 系统的演化反映物种适应性和生态系统作为一个整体尽可能向远离热力学平衡态的方向移动。

在无限的发展方向中最终惟一被选择的方向是最能适应外界变化的、最优的进化方向。这个方向是能被定向度量(orientors)所描述(Müller 和 Leupelt,1998 年)。Bossel(1998 年)定义定向度量为描述和评价一个系统发展阶段的指标,包括系统的方向、概念、特性或维数。

定向度量方法的中心观点是指在没有外界因子的直接调控影响下,能以开放系统中非结构性的大量微观无序和同质元素分布建立起梯度和宏观结构的自我组织过程。在这样一个耗散结构中,自组织过程的顺序原则上产生可比较的许多格局,这些格局能由某些出露的或集体特征观察到。因此,可在不同的环境中观察到某些属性相似的变化。利用这些属性,系统的发展方向似乎被定位朝向状态空间中某一特定的点或区域进行,用于阐述这些动态过程的状态或其他变量就是"定向度量"。它们在模型中的对应部分就是目标函数(Müller 和 Fath, 1998 年)。

一种研究生态系统复杂性的复合方法导致了许多不同定向因素的出现——最大上升性、生物量、宿存的有机物质、能值、能值流、储存可放能、耗散可放能和间接影响,以及最不确定的可放能耗散和以信息为基础的概念,例如在后面 2.3 中提出的最小最大原则。因为定向因素都强调生态系统的发展,Jørgensen(1994 年)和 Patten(1995 年)观察了不同定向因素之间的关系,发现它们之间存在很高的相关性,这个作用引发了为形成新的生态系统理论而统一定向因素的诸多尝试。依照这些尝试,在斯洛文尼亚的 Rajhenavski Rog 地区天然(未开垦)森林的生长和开发中,可放能储存和耗散被扩充为定向因素。

Jørgensen 和 Mejer(1977、1979 年)提出可放能储存作为一个定向度量。他们假设在给定可得到基因库的环境中,生态系统向达到最高的可放能储存的方向变化。储存的可放能表示了距热力学平衡态的距离,并反映了组织结构的大小和热力学信息的内容。

Schneider 和 Kay(1995 年)提出一个关于可放能耗散的竞争假设。这个假设认为生态系统朝着系统地增加自己降解太阳可放能的方向上发展(Kay,1984 年;Schneider 和 kay, 1994 年)。这意味着生态系统的发展是朝着在最短的时间内尽可能地降解可放能的方向发展。这个穿过生态系统的可放能与生态系统捕获的太阳能和生态系统辐射或反射的热能之间的黑体("black - body")温度差异有关。如果一些生态系统接受相同的太阳暴晒,Schneider 和 Kay 推测最成熟的系统将以最低可放能水平再辐射它的能量。降解最多接受可放能的生态系统将具有最低的黑体温度。

储存和耗散假设初看是互相矛盾的,然而它们能被融合进一个新的假说里(Pattern 建议,Jørgensen 等,2000 年),其内容是一个接受可放能输入的系统将用所有可得到的方法尽可能完全和快速地降解输入的可放能,但通过这一操作和产生的结构递推,以超过耗散的速度来最大化自己的储存,使系统的储存/耗散比(种的耗散储存或转化时间)趋于最大。相反,储存耗散或转化率将趋于最小(Choi 等,1999 年; Fath 等, 2001 年)。

### 2.2.2 试验方法

上面所论述的假设已被用于对斯洛文尼亚 Rajhenavsdi Rog 天然森林(未采伐的)系统的 5 个发展阶段进行评价。这些阶段是连续的,从早期向后期发展,被区分为空隙地段、新生长的植物、成熟植物群丛、再生植物群丛及前 4 个阶段混合的第 5 个阶段。共抽取 60 个样点(35m×35m),每一发展阶段 12 个样点。每一个采样点都是随机选择,并采用下面的属性描述:

(1)地上部分死树的量(吨干物质/公顷);

(2)活树的量(吨干物质/公顷);

(3)维管植物组成样方上每种植物的覆盖率;

(4)1998 年的夏至日,无云无风的正午时的表面温度。

研究还包括了一个位于原始森林附近牧场上的一块抽样地,以此抽样地作为因人类干扰而远离天然条件的人造系统的例子。它与其他森林阶段相比是一个简单的系统,因此作为一个极端的例子来使用。

可放能储存量按照 Bendoricchio 和 Jørgensen(1997 年)及 Fonseca 等(2000 年)的方法计算。因为需要了解基因组的大小(见 2.1),因而采用流动细胞计量法(flow cytometry)来测量采样块中出现的所有物种的基因组大小(Dolezal 等, 1998 年)。

可放能耗散由研究块的表面温度直接确定。不幸的是,由于可用的热能照相机方面技术的限制,不能获得树冠层的温度。作为代替,森林表面的温度是用某一时间在所有研究样地接受同样太阳辐射的人工单位(1~255)表示的。再辐射能量(表面温度)的差异与不同的发展阶段相关。

### 2.2.3 结果和结论

可放能储存量计算的结果总结在图 3-2 中。该图展示了与早期验证可放能储存和生态系统发展研究中观测到的格局相同(Jørgensen,1986 年;Herendeen,1989 年;Jørgensen,1997 年):

(1)具有最高有机物质集中度的发展阶段具有最大的可放能储存量。这些阶段是成熟和混合的发展阶段,也是该试验森林中最主要和时间最长的阶段,它们符合最大储存量假设。

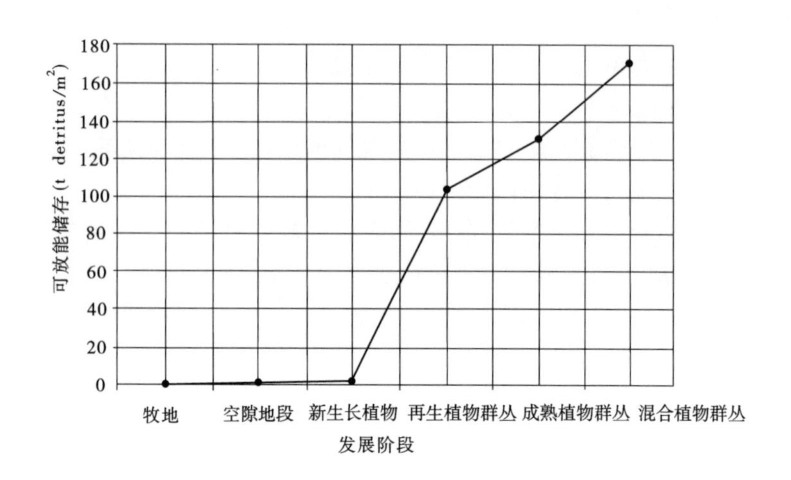


**图 3-2　不同发展阶段的可放能储存量**

不同演替阶段的平均温度排序如图 3-3 所示,并加入了牧地作为参考。逐渐下降的曲线表明温度逐渐变冷。

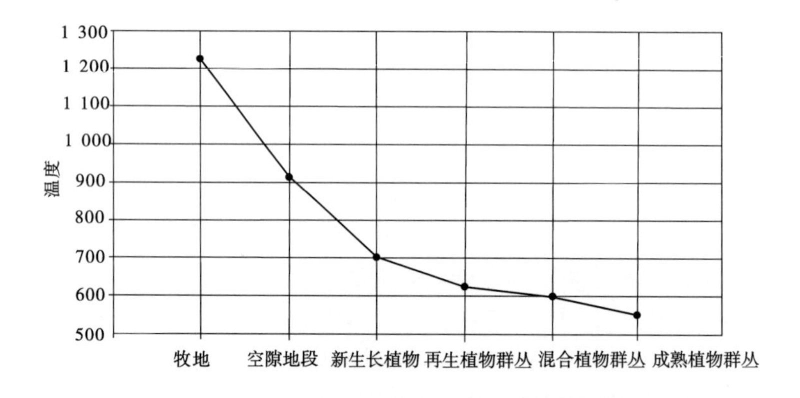


**图 3-3　不同发展阶段的平均表面温度排序**

在其他变量维持常数的情况下,Luvallt 和 Holbo(1989、1991 年)发现,发展程度越高的生态系统表面温度越低,反映了再辐射能量降低得越多。图 3-3 证实了这个结果,Kay(2000 年)引证了相似研究的结果并得出相似的结论。

(2)发展程度越高的生态系统越凉,意味着与较不发达的系统相比,它们在非辐射过程中转化了更多的入射辐射,这与最大耗散量假设一致。

第三个假设,最大耗散量的储存量,对前两个假设进行了组合。如果以可放能储存量作为横坐标,可放能耗散量为纵坐标绘制成曲线(图 3-4),这条曲线表现出了Jørgensen等(2000 年)的讨论相同的特征。

这些结果与第三个假设一致。因此,可得到第 3 个结论。

(3)可放能耗散在演替中快速地增至它的最大量,表明这个定向度量可应用于具有简单结构和低生物量的早期阶段。另一方面,可放能储存适合于具有复杂结构和高生物量

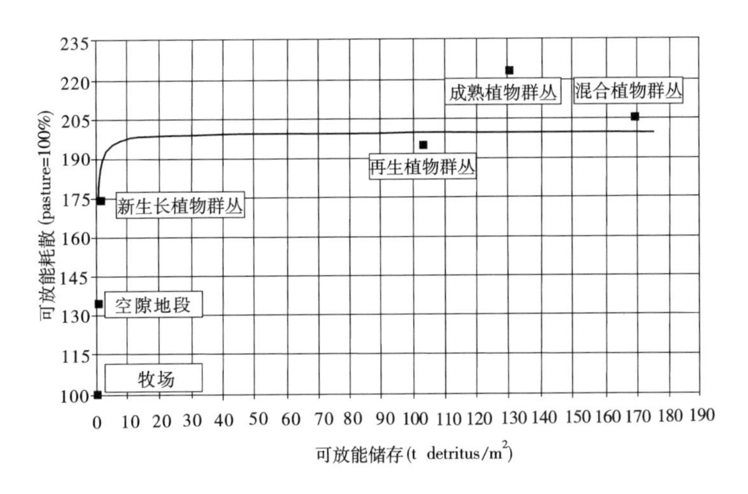


**图 3-4 可放能耗散与可放能储存**

浓度的较成熟演替阶段。

该组合在演替发展的各系列中都最大化特定耗散量的储存。

呈现的数据与这三种关于生态系统增长和发展的假说是一致的。它们也与下节中继续讨论的信息发展是一致的。至此,可以认为定向度量引导了天然森林生态系统中增长和发展的模式。

## 2.3 太阳辐射的可放能和信息

### 2.3.1 引言

不同植被覆盖类型上的辐射平衡给出了有关该植被转换入射太阳辐射的信息。利用热力学第一定理(能量守恒)可以计算辐射平衡的动态。然而,要将植被作为热力学机器来全面描述,除了能量守恒定律外,还需要应用与熵概念相关的一些定理。包括热力学第二定理、普里高津(Prigogine)的耗散理论和可放能概念(Jørgensen,1992 年)。这里我们提出了信息含量,尤其是指 Kullback 信息,与系统可放能之间的一个关系。

Kullback(1959 年)信息测量从一个参考状态过渡到当前状态的信息的增量,并且能表现出与可放能测度的联系。同样因为可放能和熵概念之间的联系,能对自然过程形成可放能的概念,例如太阳辐射和一个表面(如土壤、海洋、植被等)间的相互作用,其中以能量单位表示的信息增量即是可放能。按这种方式,可以将 Jørgensen 的可放能概念应用到太阳辐射与一个可反射、转移和吸收的表面之间的交互作用过程中。

### 2.3.2 可放能和信息计算

利用 Kullback 信息公式测量信息的增量,我们将可放能改写成:

$$E_X = E^{出} K + E^{出} \ln \frac{E^{出}}{E^{入}} + R$$

式中,$E^{出}$是向外流出的能量;$K$ 是信息;$E^{入}$是流入的能量;$R$ 是表面吸收的入射太阳能部分。当我们讲辐射的能量(射入或射出)时,我们暗含了一个能量的通量。因此,辐射可放能指可放能的通量。因为 $E^{出} = E^{入} - R$,因此可放能可以表示成两个独立变量($K$ 和

$R$)与一个外界参数($E^{入}$)的函数。对一固定的 $E^{入}$,函数 $E_x = E_x(R,K)$随 $K$ 的增加而单调增加。

现在我们引入两个新定义,比值 $\eta_R = R/E^{入}$称做辐射效率系数。辐射效率系数描述了总能量中被表面吸收的比例。类似地,比值 $\eta E_X = E_X/E^{入}$称做可放能效率系数。因为可放能是一个系统能运行的有用工作的度量,因而我们可以说 $\eta E_X$ 是一些辐射性机器,即我们的活动表面的一个效能系数。这台机器的工作过程是入射辐射与活动表面之间的相互作用。

这里将表面看成两部分,一部分作为传统的热力学机器进行运作,主要执行机械的或化学的工作,另一部分作为信息机器进行运作,主要提供信息。如果辐射(能量)平衡是测量热力学机器的机械工作的方法,那么 Kullback 的测度值 $K$ 可以作为测量信息工作的方法。在一种极端情况下,系统仅像一个传统的热力学机器进行工作,另一种极端情况下,它具有非古典的信息分支,作为一个产生无限信息的纯粹信息机器而工作。实际上,活动表面是由这两种理想机器组成的,它可进行机械(或化学)工作以及信息工作。

当系统接近一个理想的经典热力学机器时,可放能效率系数随辐射效率系数降低而增加,也就是,随着活动表面吸收的能量降低而增加。在一定范围内,当吸收能量趋于零时,可放能效益系数趋于一个非零值,并与 $K$ 值相等。初看起来,这是个矛盾的结果,但如果记得任何信息的能量含量都非常低(Volkenstein,1988 年),尤其与经典热力学过程相比时,就不足为奇了。相反,可放能效率系数值并不依赖于 $K$ 值,因为一台传统机器的主要性能是进行机械工作而不是产生信息。

### 2.3.3 可放能和可放能平衡的季节性动态

下面我们考虑能量平衡、可放能、辐射效率系数等计算和观测参数的季节性动态和一个特定例子中研究的 Kullback 测量。原则上讲,所有参数都遵守年度的辐射平衡动态,但也有差异,可用于描述不同地点的特定行为特征,就像 2.2 中对可放能处理那样。例如,在季节性动态变化过程中,可放能明显高于能量平衡,但在夏季,当植物的生产量最高时,这种差异变得较小。

所调查研究的例子表明,农作物用地的所有参数值都稍低于森林区的参数值。调查可放能和能量平衡,可以看出两个参数间的差异在森林中较高。这意味着森林不仅从太阳辐射中吸收了较多的能量,而且它还有较高的可放能流量。这一趋势在夏季变得尤其显著。农作物用地的低效率值可能是由于长波辐射的较大散发量,这同样是较高温度的结果。薄层植被通常蒸发较少,因此具有低的降温能力(Herbst,1997 年)。农作物用地中对接收能量的散发达不到森林那样的程度,田间可放能较低的另一个原因是作物的反射率较高,因而可利用的能量值较低。因此,森林能更有效地利用入射的太阳辐射,对每一个单位的吸收能量,更多的可放能可被散发,而且吸收的能量值也变高。可放能效率比能量效率高,但在夏季,它们的值几乎相等。对于田地,这些参数的值稍微低一点。所有这些结果使得我们形成了如下假说:

(1)植被在几乎整年中都作为一台信息机器工作。

(2)当植被的生产力达到最大时(通常在 6～7 月),可放能($E_X$)、能量平衡($R$)和信息增长量($K$)也达到最大,对于可放能和辐射效率系数也有相同的结论。

在形成第三个假设之前,需要记住可放能效率系数是两个独立变量(能量效率系数和信息量)的函数。当 $\eta E_X$ 在生产力增长的过程中增加时,意味着是两个独立过程之和的增加。第一个过程是 $\eta E_X$ 随$K$ 的增加而增加,第二个过程是 $\eta E_X$ 随着 $\eta_R$ 的增加而降低。采用博弈论的术语,就是为了在给定约束下最大化生产策略,植被用了一个"最小最大"策略最大化生产力。

据此可以形成第三个假说:

(3)在生产力最大化过程中,植被遵循了一个"最小最大"模式,涉及辐射效率系数使可放能效率系数最小化,而当涉及信息增量时则使可放能效率系数最大化。

这个假说与前面章节的结果一致,尽管只应用到一个事例如太阳辐射与植被间关系当中可认为是 Jørgensen(1992 年)可放能最大法则的一个概括。如果第三个假说是一个"最小最大"可放能法则,那么我们在一些最初无关联的量值间就能建立一种关系,例如 Kullback 测量中的 $K$ 值和辐射系数$R$ 值之间的相互关系。如果活动表面对于入射辐射是被动的话,那么可以很自然地假设这些量值间是相互独立的。然而,如果活动表面真的是活动的,也就是活动表面部分利用辐射能量转变它的波谱(像一个植被表面)来与入射辐射相互作用,那么这些量值将是相关的。

## 2.4 能值和可放能

### 2.4.1 *初步的观察*

作为网络组织的一种测量方法,能值(见词汇表)可被用来评价环境和经济过程。能值考虑一个具有较大边界范围的系统,包括形成一种产品的所有输入量,其中包括的环境服务在能量分析时经常被认为是"免费"的。能值解释了产生一种指定产品或物流所需要的自然"劳动"。在一个过程中反映的可再生能值与不可再生能值或进口的能值之比可作为有用的可持续发展比例来使用(Brown 和 Ulgiati, 1997 年; Ulgiati 等, 1994、1996 年)。

能值汇聚的空间区域,例如城市拥有一个比森林区域要高的能值和能值流(Odum, 1996 年)。能值密度表示了单位陆地和水面的能值。单位面积的能值与城市规划者使用的发展密度及由 wackernagel 等(1999 年)提出的生态足迹概念相似。这种区域的能值流(参见词汇表)在确认能量等级中心和量化环境支持程度中相当有用。

能值(sej)和能值流(sej/t)与可用能量(可放能,$J_{ex}$)和可放能通量($J_{ex}$/t)相关,因为它们监测了一个系统中能量(J)和流通量(J/t)的历史,而可放能($J_{ex}$)和可放能通量($J_{ex}$/t)指定了在边界输入能量已经流过的点上的可用部分。为了用可放能进行能值分析,需要测量一个系统中可用能而不是总能量储存量和流通量。两种度量在数值上将有明显的差异。经常需要要做能值流计算,并且通常对季节性震荡以年度为基础(sej/y)进行平滑。当一个 CAHS 系统遵从选择和组织过程时,可放能和能值流在时间维($T$)上的比值 $J_{ex}$/(sej/t),从所需时间的角度表示了能量利用效率(Bastianoni 和 Marchettini, 1997 年),可放能通量和能值流的比值($J_{ex}$/t)/(sej/t),给出了一个转化新的可利用投入的信息和组织的无维度量。这些比例越高,系统在将可用能量转变为结构和组织时的效率就越高。

时间维上的可放能与能值流的比值 $J_{ex}/(sej/t)$ 是否可作为以最小化生产一种产品所需的时间为目标的定向度量？总体上讲，假定能值和可放能都作为定向度量，那么 CAHS 系统首先使能值流($S_{ej}$)增至最大，结果它们的内部组织将反映出较高的可放能与能量的比值($J_{ex}/J$)。这两个定向度量是一致的，最优化过程能在一个负反馈圈中继续进行。因此，可放能/能值流和可放能/能量两个比值预期将在任何一个发展过程的早期较低，随着系统适应和“学习”有效利用资源而建立起越来越多的组织过程而不断增大。

### 2.4.2 应用：流域组织和管理的含义

流域是盆地中物质向坡下流动，主要反映一个自发形成的、多步的、一连串治理的过程。当物质和能量流从景观水平向一个流域的焦点汇合时就形成了一个天然的能量等级。流域也是一个伴有经济和信息集中的人类聚居地。发达地区以径流及其成分的形式循环物质到流域，其间天然陆地系统在营养流向流域汇聚循环过程中扣留部分营养物。如果这些处理过程消失或减少，则流域中的过程循环是短循环，在湖内形成脉动同时增加了物质和能量的汇聚。

随着流域内人类活动的不断增加，不透水地表面积也在增加。因此造成水保持能力降低，这不仅是指暴雨径流在随时间增加，而且水传输方式也在改变，造成了与土壤母质不相符合的、更加复杂的网状系统。在物质和能量流动模式中出现有许多汇聚点，但是，对某一特定物质而言，能值转换率(边界投入对每一种内部流的比例，参考词汇表)要高于平常值的情况仅发生在流域的某些交叉点处(Brandt - Williams，1999 年)。这些交叉点适于进行干涉和模拟分析，展示了它们将湖泊荷载量降低到发展前水平的效果。

由于人类活动的影响，流域网状系统的发展不仅比在流域最早的组织中占主要地位的地质过程快得多，也比在拦截径流营养物中发挥作用的陆地过程要快，更易导致表面水的富营养化。然而，在流域较长期的组织中，集中交叉点将适于利用额外的可利用能量，建立能保持营养和使整个流域的总能量流增至最大的结构，而不是只在焦点处。

Fox(1995 年)在讨论能量驱动的系统时指出，“能值流是物质存活的必要条件而不是充分条件……像存活状态是能量流动的结果一样，它也是特殊物质和它们所有表现出的特性的结果。”在进化构建基质的生产中，作为物质和能量变换器的磷，是一种特殊物质，它具有突出的特征去满足发生的进化(Fox，1985 年)。通常在淡水中磷具有有限的生产能力，水向下流动提供了将磷带入湖泊中所需的动能。然而，单独的物质数量经常掩饰系统中物质之间相互作用所产生的实际能力。磷经常是一种有限的营养元素，是以克来衡量的，而水是以立方米，沉积物以吨度量，这使用简单的时间模型解释湖泊的整体功能相当困难。

能值较好地定义了磷的实际能力，由于包含将磷迁移至初级生产者可利用浓度的能量，最终对磷提供了一个较高的排序(Brandt - Williams，1999 年)。当径流通过流域向下移动时，径流组分的实际浓度或许不会有很大的变化。然而，水和磷的空间浓度增加，并且在移至集中点的过程中利用了所有径流和成分的能值，包括流域坡度的地势能值。

能值等级在流域的变化模式可用于开发适应性策略(Brandt - Williams，1999 年)。绘制磷转移曲线可以产生高浓度的小或中等区域等级，可用来确定陆地的保留区域，类似于佛罗里达流域中的湿地自然等级划分(Brown 和 Sullivan，1987 年)。无疑这是一个从发展前期改进的网状系统,说明了一种将适应性空间等级组织的生态学原理结合到流域管理中的方法。

### 2.4.3 应用:可放能/能值流比值

可放能和能值流的比值已经在许多不同类型的水生生态系统中应用:

(1)用于进行比较的两个水域在美国北卡罗莱纳州,是为净化城市废水而设计建造的相似系统中的一部分。在Morehead城市附近的六个池塘中,三个是用做"对照",接受河口水和从当地污水处理厂流出的净化水;另三个是废池塘,接受混有较重污染的、富营养化的废水和河口水。将植物和动物引入池塘,周围的陆地通过自然选择建立新的生态系统。在两种类型的池塘中,不同的条件产生了非常不同的生态系统,废池塘中浮游植物和甲壳动物流行起来,而在对照池塘中则是非常繁茂的水生大型植物。

(2)第三个用于比较的水体是意大利Circeo国家公园边缘的Caprolace湖。这是一个古老的天然湖主要接受雨水补给,湖内含有附近农田渗入的丰富的N、P、K。人类的影响很小,每年可捕捞鱼的数量很稳定。

(3)第四个生态系统是在Umbria的Trasimeno湖,是意大利最大的湖之一。它尽管不是国家公园,但由于周围环境未被过度开发而得到相当好的保护。

(4)第五个分析系统是威尼斯礁湖南部的水产业盆地。渔场盆地由被河堤包围的礁湖的外围区域组成,其中养殖着当地的鱼种和甲壳动物。水闸和排水沟调节来自海洋的盐水和来自运河与河流中的淡水。作为古老传统的一部分,水位、盐分的控制措施,朝向大海的排水系统已成为经济和文化遗产。人们学会如何掌握一些鱼类的本能,这些鱼类是被丰富的食物和平静的水域吸引到礁湖、三角洲和海岸池塘中的。在春季,幼鱼和成年鱼从大海中来到这里。传统上,它们被成群地驱赶进盆地中,在富有营养的浅水中快速生长。今天尽管仍采用相同的原则,但盆地已被人工饲养的鱼苗储满。在秋季,鱼类受温暖的水域吸引自然地返回大海进行繁殖。现在,它们被引入像圈套似的能调节水流的专门结构中,在那儿,它们被按照大小和类型接受挑选。

表3-2表示了5个例子中能值流和可放能密度值以及它们的比值。密度被用来进行不同维的生态系统之间的比较。Figheri盆地是一个人工生态系统,但具有许多自然系统的典型特征。这部分依赖在威尼斯礁湖的渔场盆地中长期形成的养鱼传统,因为它选择了最好的管理实践。

**表**3-2　　**5种样例生态系统的可放能/能值比值**

| 量 | 对照池塘 | 废水池塘 | Caprolace湖泊 | Trasimeno湖泊 | Figheri盆地 |
|---|---|---|---|---|---|
| 能值流密度(sej/年)/L | $20.1\times10^8$ | $1.6\times10^8$ | $0.9\times10^8$ | $0.3\times10^8$ | $12.2\times10^8$ |
| 可放能密度($J_{ex}$/L) | $1.6\times10^9$ | $0.6\times10^9$ | $4.1\times10^9$ | $1.0\times10^9$ | $71.2\times10^9$ |
| 可放能/能值流($J_{ex}$/(sej/年)) | 0.8 | 3.75* | 44.3 | 30.6 | 58.5 |

* 原著是0.2疑有错误。

表3-2表明由于高的可放能密度和较低的能值流密度,自然湖(Caprolace)有比对照和废池塘高的可放能/能值流比。这些观察被Perugia大学的研究小组对Trasimeno进行的研究所证实。在自然系统中,选择作用如在一个很长的时间内不受干扰,则可放能/能

值流比较高,但随着人工压力因素的增加而降低。人类在 Figheri 盆地的贡献显示的是一个比在自然系统中高的能值流密度。然而可放能密度则有一个明显的差异,该盆地具有比在其他任何系统中都高得多的值。Figheri 是一个稳定生态系统的事实使得这个结果更加令人感兴趣和有意义。

## 2.5 定向度量的集成

### 2.5.1 引言

CAHS 系统的一个定义性特征就是系统的适应性。在本章 1.2.1 中,适应性指系统维持偏离热力学平衡态的特性,但提出了适应什么目的(1.2.1 中的术语,什么是"局地趋势")的问题。适应性的真正本质意味着向着或至少离开某一事物去发展,也即有一种方向、力量或组织原则使得系统向着或离开某一状态移动。这个问题又变成了以下的问题:当一个系统发生适应性变化时,它将向哪个方向发展?是否有一个能解释、模拟甚至预测这个方向的总模式或组织原则?在生物进化理论中,一个普遍的定向因素被用到:适宜度。在生态学中个体生物水平之上,研究应用于适应性的组织原则已提供很多能源"定向度量"指标(Müller 和 Leupelt,1998 年),这如前面所讨论的一样(2.2 和 2.4 中)。

作为讨论定向度量的先驱,Odum(1969 年)假设生态系统发展中预期的趋势。在这个对以后发展有巨大影响的工作中,Odum 提出了几种表示生态进化方向的度量标准。其中的许多指标,例如增加的生物量、循环、内部组织作用,而且居留时间和信息等已被作为潜在的生态系统定向度量进行扩展和研究。最近这种定向作用在生态系统中被用热力学原理(如那些在前面章节讨论的理论)来描述。特别是 Bendoricchio 和 Jørgensen(1997 年)认为初级生态系统的目标函数是可放能的储存,Schneider 和 Kay(1994 年)提出了可放能降解。Bastianoni(1998 年)及 Bastianoni 和 Marchettini(1997 年)提出最小能值流和可放能的比值作为初级生态系统的目标函数。Johnson(1981、1994 年),Choi 等(1999 年)及 Jørgensen 等(2000 年)建议将特有的耗散作为在生长现象中观察到的基本模式。

每一种目标函数对它所应用的系统来说都有一个特定目的,而且同时能给出对应用系统有用的信息。然而目标函数的丰富性也会导致一些混乱,尤其是对那些没有直接接触过这项研究的人员。其他找寻如何度量生态系统组织原则的人主要感觉到的是,为了在各种生态系统中得到使用而出现的混乱的、竞争激烈的对各种目标函数的宣传。与其专注于目标函数的差异,还不如指明它们的相似性、用途以及应用性,这样会对其他人员有借鉴作用。近来,对不同方法之间的相似性研究已成了一个研究的焦点。

### 2.5.2 集成作用

在生态学理论中有一个共识是,提出的许多目标函数是一致的,尽管有一些轻微差异,但是在关于生态系统的发展趋势方面信息是相互补充的。对这些相似性目前已有研究,Jørgensen(1992、1994 年)发现它们中几个函数间存在密切相关,并提出或许它们的相互集成可能导致只需要考虑其中的一个。Patten(1995 年)指出许多目标函数在有关系统的路径结构和相关的微观系统动态方面有一个共同的基础。在 2.2.1 中,斯洛文尼亚森林的试验数据说明可放能储存和可放能耗散如何被综合到一个新的假说中。系统尽快且尽可能地充分降解可放能的输入,并同时最大化储存可放能。这些结果有助于解决耗散至最大程度(Scheider－Key)和储存至最大程度(Jørgensen－Mejer)的拥护者之间的分歧。Fath等(2001年)采用了网络分析方法得出可以给这两种观点提供一个共同的基础理论,该理论支持总系统储存的不确定性发展是通过增加组织来进行,反对受以前获得的能量和利用效率约束的耗散。这个理论与Debel jak的实际工作结果一致。

Fath等(2001年)用网状系统分析演示了十个目标函数的一致性。这些函数包括最大动力(Lotka,1922年;Odum和Pinkerton,1955年)、最大储存量(Jørgensen和Mejer,1979、1981年)、最大能值流和能值(Odum,1988年)、最大上升性(Ulanowicz,1986、1997年)、最大可放能降解(Schneider和Key, 1994、1995、1996年)、最大循环(Morowitz,1968年)、最大保留时间(Cheslak和Lamarra, 1981年)、最小特定耗散量(Onsager, 1931年;Prigogine,1955年)和最小能值流与可放能之比值(Bastianoni和Marchettini, 1997年)。两个基本的系统特性,总系统产出(功率)和总系统储存(可放能)被作为其他分析建立的参考条件。这些结果表明这些看起来似乎无联系的极值都是相互联系的,表现了生态系统发展的一个共同模式。这里不是为了重提集成作用的细节,而是为了强调它在CAHS系统中的重要性。

上面讨论的十种能量组织原则都是基于增加的边界流量和三个基本的内在特征:初级通道流量、循环和保留时间。边界流量,随同初级通道流量和循环流量,对增加总系统产出都有作用。边界流量由外界输入引起,初级通道流量由内部转移引起。循环是系统连接度,系统组织和系统效率的一个函数。保留时间依赖于循环和系统结构,因为这些机制延迟和储存流量,因此增加了保留时间。一个层次上的循环可以在另一个水平上作为结构储存出现。对基本网状系统构造的信任增加了热力学特性的一致性。十种可放能组织原则不仅都与这些基本特性——输入量、初级通道流量、循环和保留时间一致,而且它们也相互依赖。例如,最大耗散和最大循环都对最大总系统流量起作用,最大流量对最大总系统储存起作用,反过来考虑也如此。使用复杂的目标函数是理所当然的,因为每一种组织原则都反映了稍微不同的系统功能。下一步是了解这些定向度量在生态系统发展的不同阶段如何被赋予优先重要地位(Jørgensen等,2002)。

### 2.5.3 结论

这个工作组的目的是建立通往其他学科的桥梁。因为我们之间有冲突的信息,通常将目标函数的信息混在一起。现在逐渐有了多的同意意见,尽管不是共识,即关于生态系统理论产生的许多不同的热力学定向度量实际上是相互统一、相互补充的。所有的详细情况仍未了解清楚,而且总会保留小的差别、喜好或偏爱、竞争或优先权。这在本章前言部分已经指出,理解CAHS系统到能对指导它们的行为或组织原则有一个明确的表述之前,它可能已普遍地进入本世纪。但是,集成生态目标函数为建立一个可验证和可应用的生态系统发展理论提供了共同的基础和有力的根基。现在我们或许可以接受这样一个观念,就是生态系统发展确实是趋于按照一个自然的、热力学基础的模式进行,而且有一套度量标准用于测量系统的发展方向和发展程度。将来的研究包括发现更好的实验方法来获取这些值、发现更佳和更一致的模拟这些系统的途径,以及更好的方式将人类(及其他预期的)系统纳入该理论。类似的项目将继续发展并检验定向度量理论。拥有这样一个生态系统发展理论的主要原因是,希望能提高我们的能力以便认识自然和人类系统组合在一起的行为模式。人类系统可能不会精确地遵循相同的定向度量或发展模式，但最终它们也受基本的热力学约束的限制。尤其是，我们希望能评价这些系统的发展方向和程度是否是可持续的。对此定向度量方法提供了一个潜在的非常有用的工具。

## 2.6 适应性和等级制度

绝大多数 CAHS 系统并没有完全按照上面提到的组织原则定向发展。这似乎有许多原因，但其中的两类解释尤其值得注意。一是历史的，涉及 CAHS 系统组织过程中存在结构和功能的约束和惰性。例如，在生化的、基因的、形态结构的和其相互作用中存在进化上的约束和惰性来阻碍生物学 CAHS 系统充分优化。第二类是非历史性的，涉及组织原则自身作用及其相互作用。所有 CAHS 系统都受到许多不同方向的推力和拉力作用。因而，必然存在将 CAHS 系统维持在一定非平衡态的一种平衡或准平衡力(也就是一些准稳定状态，与 Bak (1996 年)的沙堆或 Choi 等(1999 年)的大小和丰富度之间的关系非常相像)。上述目标函数的集成表示了目标函数之间的一致性，然而，这个一致性不排除在不同时间、空间和组织水平上各函数之间的相互作用或它们显示的相对强度的变化(Choi 和 Patten，2002 年)。

当它们在一个类似于 Sewall Wright(1988 年)的“适应性适度景观”的框架中被重新理解时，这些历史的和非历史的事实就融合到了一起。在这样的框架中，CAHS 系统的组织原则代表了众所周知的进化生物学适应度函数的不同维。适应性景观的形式反映了 CAHS 系统与其内部和外部环境之间的相互作用。通过指定景观的形式，历史的约束或惰性只允许在景观中存在有限的动态过程。这些系统在自然的和有上下联系的景观中随着系统的活动而发生运行变化，改变了系统发生作用的景观。任何定向的努力都被不断变化的景观所延迟或遮蔽，这是红女王效应(参考词汇)，讲的是一个人跑得再快仅是为了停在同一地方。这可能解释了为什么系统没有总定在一个固定位置。同时，星球的长期进化妨碍了实现这样的固定位置。目标函数特性能被用于确定适应性可能的方向，但它们不能暗示系统一定达到它们最终的“定位”状态。

# 3 系统性

对作为一个相互作用、适应和变化的整体来说，CAHS 系统是“系统的”。整体性是 CAHS 系统组织的本质。为理解 CAHS 系统结构、过程和动力学状态，分解是必需的——传统科学方法可十分有效地实现这一点。同样，为理解 CAHS 系统的整体性，集成是必需的。模型是一种将理论、经验知识和科学的严谨性集成在一起的有效方法。必须搞清模型和建造模型之间的区别。前者是产品而后者是过程。使用建造模型方法对帮助理解和“管理”(控制、预测力)整个 CAHS 系统具有很好的前景。

务实的挑战是以一种最优的方式将模型与建造模型过程集成到参与式评价的研究中。

在下文中，着重阐述了三种像 CAHS 系统这样处理的镶嵌系统的方法。第一种是关于将全球系统作为一个整体的处理方法，并且提出了一个问题，怎样才能以一种一致的方式与 CAHS 系统的巨大复杂性和平共处并发生相互作用？第二小节是关于人类社会、经济和政治系统与环境的相互作用，提出了一个问题，怎样交互式地商议达成一种新的，可持续的平衡？最后一小节讨论了一个在景观组织水平上的集成评价和资源分配的方法，并提出了下面的问题：怎样最好地处理在无数时空水平上都存在相互作用的动态过程系统（如 1.2.3 中的 Petri 网络方法和 1.2 中介绍的方法）。

## 3.1 生态—人类 CAHS 系统

### 3.1.1 复杂性：生态人类圈的混合

"作为一个整体的世界"需要在生态学原理的基础上将人类圈和生态圈组分集成为 CAHS 系统的一种情形。人类圈有几个重要的部分，既有客观的也有主观的。

(1)"真实的"——科学、技术、经济；

(2)"正确的"——道德、宗教、神学；

(3)"美丽的"——美学、艺术、文学、音乐；

(4)"整体的"——社会公共物、"bonum 群体"。

生态圈在另一方面是另一个"整体"。CAHS 系统理论的实际目标是为了充分协调经济和生态从而将生态圈和人类圈集成起来。

具有更大复杂性和异质性的集成生态——人类圈具有许多显著特征：①大量具有不明相互依赖作用的变量导致了相互依赖的模型参数；②在无明显因果关系的情况下，需要整体描述的复杂网状系统规律表现出伪的和真的非线性关系；③试验的定量化做到最好也有不确定性，最坏则不可能完成；④主观和定性方面难以用传统模型去验证；⑤初始和边界条件大部分是不明确的，几乎不能定量。

由于全球 CAHS 系统的难以捉摸的复杂性，基于大量"宏观"定向因子或目标函数，已建立了一种反映人类可持续性的方法。这需要将土壤的生态活动表面区域作为一种保护性的而不是枯竭的"通货"，通常形成了一种"生态—社会产品"来代替国内生产总值作为反映可持续性的一个整体指数。定向度量包括：①作为生态"安全性"度量的人类圈/生态圈的比值；②作为经济生存能力度量的单位面积人类圈获得的金钱数量；③作为社会公平性度量的人类圈单位面积工作岗位比。后两个指标指的是针对具有一定生态活动土壤面积和给定人口数量的地区。

### 3.1.2 一个集成的方法

在 20 世纪，哲学家如 Teilhard de Chartin，系统科学家如 L. von Bertalanffy，U. Maturana 和 J. F. Varela 等强调了一个关于"整体"的方法，但几乎没有做任何实际工作。为了充分管理"作为一个整体的世界"，提出了一种两阶段的集成方法。

(1)"深科学"方法——在认识上通过①提出假设，经常以数学方式；②寻找试验或经验；③比较上述两种情况，否定或确认假设，将科学整体上理解为一个向前进行的过程。

(2)"宏观格局"分析——由于不可能采用还原的、机械的和微观的等传统科学方法，"整体的智慧"需要通过分析生态圈、经济、社会、政治、哲学和可持续性中的宏观格局来阐述。运用"深科学"方法的概念，理解这个宏观格局方法的要点是，主要的焦点变为"整体的图画"，而且观看时不能带有以前的偏见和理论。一个例子是自然界的宏观格局，其中组成成分的高度多样性和自组织的相互作用导致了持续性,进化和美丽。由于现实结构太复杂,所以我们经常仅能在类似的或者甚至是拟合数据的武断的数学函数基础上来描述“整体”模型。这些模型可能不能代表现实,但它们必须符合试验数据(同量子力学中一样)——“反映真实”。为了处理巨大的未知因素,“生态原则”成为建立模型的基础,而不是作为推测因果关系的基础。因此,集成的基础从因果关系转移到合理性上。

这里重要的创新不仅在于运用合理的思考,而且还在于运用“右脑”的感觉和想像。考虑到了人类现实的精神、感情和审美方面,形成一个反映客观全球现状的整体模型。

这里必须考虑的有 4 种“生态原则”:

(1)“充分”——地球上任何事物都是有限的;

(2)“效率”——将自然和人类资产限制在一定范围内;

(3)“镶嵌”——表示一种集成的趋势,以至于地球上任何事物都是相互联系的;

(4)“非侵入性”——基于人类受到生态圈(生命的产生、同化、进化等)和人类圈(人的健康、基本需要、工作等)承载力限制的认识,来取得全面的镶嵌,反对武断。

这些生态原则可以为重建生态人类圈提供各个方面的指南:①生态社会经济,经济价值和内部的行为自组织格局具有生态的和社会的约束;②生态社会产值(ESP)取代GNP;③生态技术,受到自然力的限制并能适应自然力;④生态思想(ecosophy),基于自然智慧的“新”哲学思想;⑤生态社会伦理文学,在非侵入性基础上的整体伦理学;⑥生态文学,在“整体”地球基础上的新教育系统;⑦生态宗教理论,也是建立在“整体”基础上的新信仰系统;⑧包括宏观方法的“深科学”;⑨在普遍共享的精神价值基础上的“深层艺术”。

可预见的这种新方法的两个明显成就是:①一种较高的解决问题的能力,②导致一个平衡的生态人类圈的“深度可持续能力”。其特征是通过地区生态技术实现经济安全,通过在生态社会经济中提供工作岗位实现社会安全性,基于上面的 ESP(生态社会生产)支撑它的健康演化。

## 3.2 集成评价的一种多中心方法

朝可持续性转变需要当今的社会经济系统发生大的改变。这些改变不能由传统的政治措施带来。我们倡导一种新的关于政策制定的多中心理解方法,政策制定以不同层次社会组织的社会知识为行动依据(Minsch 等,1998 年; Paul - Wostl,2002 年)。这样基于人类—环境系统的方法是 CAHS 系统的思想。

多中心的概念与人类选择的不同层次和地理范围有关,地理范围包含局地—区域—国家—全球这一序列。它包括在不同的社会组织层次上结合理解不同类型的选择(例如法律规则、税收、补助金、地方采取的行动)。在不同的组织层次上理解变化多样的“全球变化现象”的影响,将成为制度理论家研究全球变化过程的中心任务之一。

在这里定义社会学习为所涉及群体相互的期望调整。期望的调整依赖于制度,制度可以广泛地定义为人类行为共同遵守的规则。一个人在路上驾车行驶,则期望其他司机遇到红灯能停止通行。没有这样的行为规范,社会生活将不可能保持正常秩序。一些制度(法律)是通过立法强制执行(例如交通规则)的。其他的一些制度(风俗)需要社会成员共同遵守,并在一定的社会背景中进化和变化(如握手表示欢迎)。规则能使一个人形成考虑其他人行为的期望。改变是克服锁定状态,在锁定状态下相互依赖的期望被互相稳固下来。一个重要的研究课题是开发反映在社会化过程和个人认识间、个性和社会网络中的独立性与共同性,及相互关系的制度变化的概念和模型。

集体选择过程的模型将理论研究和应用研究联系起来,也将集中在代理人(复杂个人)和系统行为(社会网络中的相互作用)的方法联系起来。关注复杂的代理人,承认认识是不确定性甚至是不明确性的来源,这些认识都是相当新的。认知心理学本身对此提供了重要的见解。合理性约束在微观经济意义上的主观可能性仅依赖于信息的状态,认为两个具有相同知识背景的演员具有同样的主观可能性。在更高级的情形中,信息的处理具有固有的主观性。个人价值观、以前的经历及在社会网络中扮演的角色决定了一个人对信息接受和处理的过程。在这里运用动态信仰网络的概念是最合适的。

社会学习模型方法的培养过程应该与图 3-5 中所示的参与过程紧密联系起来。

图 3-5 表示了不同研究活动与不同模型类型间的关系,衍生出一种新的用于改进对人类—环境系统的理解和寻找在参与背景下解决共同问题方法的研究议程。

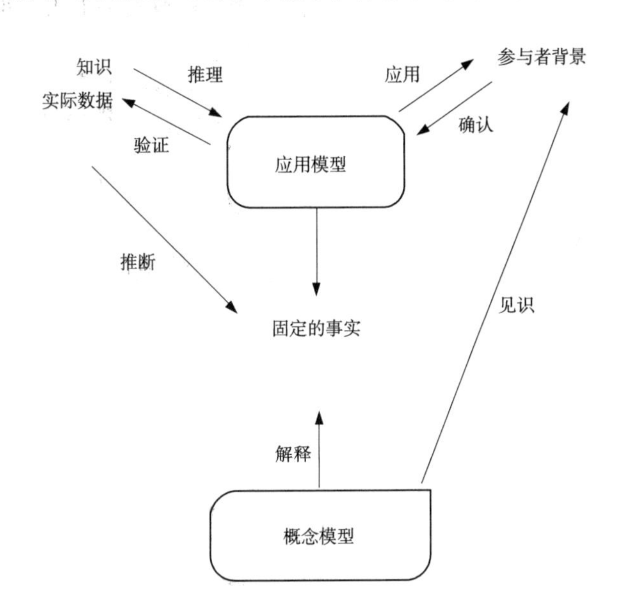


**图 3-5 社会学习模型与参与过程之间的联系**

为了培育社会学习过程和在具体的决策过程中提供帮助,代理人基础的模型可能尤其适合在参与背景中运用。

模型和参与方法之间的紧密联系暗示,对一个人怎样才能以参与方式建立模型和怎样在参与背景中运用,我们需要改善自己的理解。基于代理人的应用模型是建立在该领域专家和试验资料所衍生的实际知识的基础上。参与背景中的有效性是建立在它们的潜力,以及关于怎样组织、集成实际的和当地的知识这个问题的讨论基础上。

## 3.3 对位于印度尼西亚 Yogyakarta 的可持续沿海发展的生态地质学评价——观察和分析 CAHS 系统的尺度调整

### 3.3.1 引言

生态地质系统是自然系统,其中地质现象可控制所有过程(物理的、生物的、社会的和经济的),并且明显地限制了它们之间的相互作用。正如 UNESCO(1998 年)所讨论的,生态地质系统是复杂的和不稳定的,变化是规律,不是例外,而令人吃惊的事也是常见的。这些系统很少保持长时间的平衡,因为它们为适应新的条件不断地调整,例如气候、水文学和海平面。有些变化是突然的,灾难性的和值得报道的,同时也有一些连续的小规模变化值得注意,这些变化随时间的累积影响可能更大。在地质生态系统中,并不是所有的环境变化都是人类造成的。

需要发现观察和分析这种多变系统的方法。观察和分析通常集中在固定系统的特征变化、人类的影响以及他们之间的相互作用上。为了能观察和分析这些作用,关键是通过调整空间和时间尺度进行简化。某些变化可能反映全球的趋势,但不需要将所有的局地和区域变化都概括总结到全球水平上,这一点非常重要。例如,并非所有海平面的局部增加都是全球海平面上升的必然的指示。

### 3.3.2 从属系统和方法学

印度尼西亚 Yogyakarta 的南海岸是一个景观尺度上的 CAHS 系统。它有两种有特色的地形,海岸高地和海岸低凹地。由于特有的地质作用,海岸是动态变化的,包括火山、河流、风成和海洋过程之间的相互作用以及喀斯特地区石灰岩的溶解过程。这些相互作用制约地形的变化,也影响当地的人口。

为减少和缓解社会和环境的矛盾冲突、社会内部矛盾及社会之间的矛盾冲突和自然系统的退化,建立可持续的海岸地带土地利用管理计划时必须考虑人类和自然的复杂性。这种倡导和采用的方法涉及了空间和时间尺度的调整。

为了观察一个地区的生态地质现象,观察和分析必须首先在一个区域尺度上进行。当等级制组织建立时,仅有一些相对较少的选择组分比较重要。在基本指标的基础上,为了能在较小尺度上进一步进行区分,某些影响人口的局部区域和独特过程的指标在后来被挑选出来。因此,观察和分析的第一个阶段的目的在于概观整个系统,随后再进行一些较精细的调查。

区域景观复杂性在一个包括许多地质要素在内的大的空间尺度(1:50 000)上被观察到:

(1)地貌学,具有亚构成地貌、地形条件、侵蚀和沉积等外部过程;

(2)地质学,具有亚构成岩石类型和它们的分布;

(3)地质动力学,具有包括火山、河流、海洋和风成过程的子成分;

(4)水文地质学,具有亚构成的含水层特点和它们的分布以及水文地质动力学;

(5)环境地质学,具有亚构成的地质资源,如矿物沉积,土壤资源、水资源和滑坡、海岸侵蚀和洪水等地质灾害。

根据上面所述,将一个地区的地貌条件、地质条件、地质动力学条件、水文地理条件和环境—地质条件综合起来就得到了与可持续海岸管理紧密相关的全面概括。

图 3-6 中展示了沿自然可分解线的分区和聚类系统,该系统简化了确定每一生态地质单位的限制性资源和约束条件的过程来辅助管理。像这样,分区有助于缩小和限制冲突过程,有助于达到在系统内部及其子系统间的资源平衡和可持续利用。在海岸系统中,

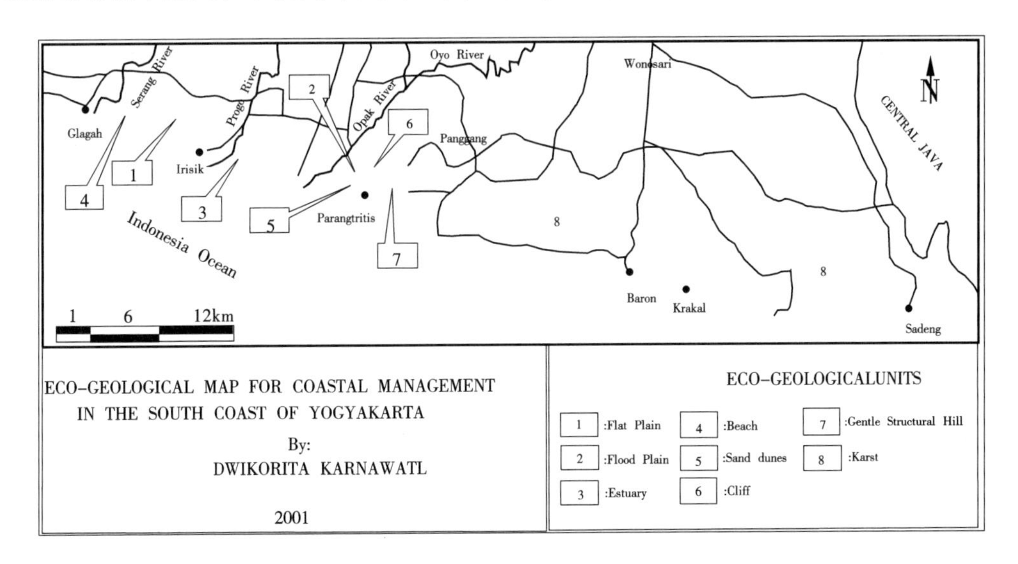


| Symbol | Units | Characteristics | Potential Resources | Potential Limitations/Constrains | Present Landuse | Proposed Landused Management |
|---|---|---|---|---|---|---|
| 1 | Flat plain | Flat topography:silty sand & fairly fertile soil | Shallow groundwater-table(4 to 5 m depth) | Flood | Agriculture(seasonal): Paddy ticlds trice. chilly,onion,soya | No permanent settlements;maintain the development of agriculture |
| 2 | Flood plain | Flat topography;silty sand with high permeability | Shallow fresh groundwater table (3 to 4 m depth) | Flood (in particular in carly rainy season) | Agriculture(seasonal): chilly,onion,soya | No permanent of structures: periodically provide through-flow channel to drain water through sandpits into the estuary occan;maintain development of agriculture |
| 3 | Estuary | Sand(point bar)deposits; fluctuating stream-flow;river shitting towards the west | Magnificent view for tourism & good potential fishery | Flood | No landusc(unutilized) | Eco-tourism:no permanent settlements;Fishery,agriculture & sand mining |
| 4 | Beach | Fine to coarse sand:flat to moderately steep slope(2° to 15° )extending along the beach with 4 to 40 mwidth | Magniticent view for tourism | Coastal abrasion,tsunami, backwash of sea waves, flood around the mouth of main rivers,low quality of groundwater | Tourism | Coastal zone protection from permanent structures & sand mining Eco-tourism |
| 5 | Sand dunes | Barcbans & transversal dunes (unvegetated);fine frained sand | Shallow,fresh, groundwatwe table (2m to 3m depth) | Dry & un-fertile soil; migration of dunes covers some structures & vegetation | No landuse (unutilized),very few settlements | Natural laboratory of sand dunes; Eco-tourism |
| 6 | Cliff | Steep slope(20° ~35° )& Cliff formed by jointed (fiactured) andesite & andesitic dreccia | Relatively fertile soil | Unstable slope (susccptible for rock falls & landslides);intensive erosion:deep water table (more than 15m) | Dry agriculture | Eco-tourism(tracking area): Conservatory forest;dry agrilture; cliff protection zone should be established |
| 7 | Gentle structural hills | Gentle slops(5° ~15° ) Formed by limestone | Relatively fertile soil | Unstable slope (susccptible for rock falls & landslides);deep water table(more than 10m) | Villas,settlements | Minimize the development of structures & settlements;Conservatory forset;Eco-tourism |
| 8 | Karst | Limestone with conical hills, tower karst,dolina,& sinkholes | Un-fertile soil: limestone mining; magniticent view for tourism | Deep water table(more than 20m) | Mining;non-irrigated agriculture fields; Settlements | Natural laboratory of karst; Conservatory forest;isolate & minimize the mining of limestone; Eco-tuurism |

**图 3-6 印度尼西亚 Yogyakarta 南海岸海岸管理的生态地质图(Karnawati 等, 2001),基于区域观测和分析(比例尺 1:50 000)**

挑选最发达部分中的两个区域来做更详细的空间尺度上的研究，它可以辨明驱使生态地质系统的关键过程：Parangtritis 海岸悬崖的不稳定和 Baron 海岸的海岸线侵蚀。

Parangtritis 海岸的地貌、地质、地质动态、水文地理和环境地质是在 1:25 000 的比例尺上观察的。根据相似性和差异性将这个地区分区、聚类为小的系统，在更小的尺度上观察(图 3-7)。在这些更小的尺度上观察到的最重要的矛盾是人类活动和环境的结构稳定性之间的冲突，即人类结构的发展极大地损害了毗邻海岸的悬崖稳定性。悬崖稳定性的数字模型(采用有限差分分析)是在空间尺度(1:400)上进行的，可以评价悬崖如何在现有

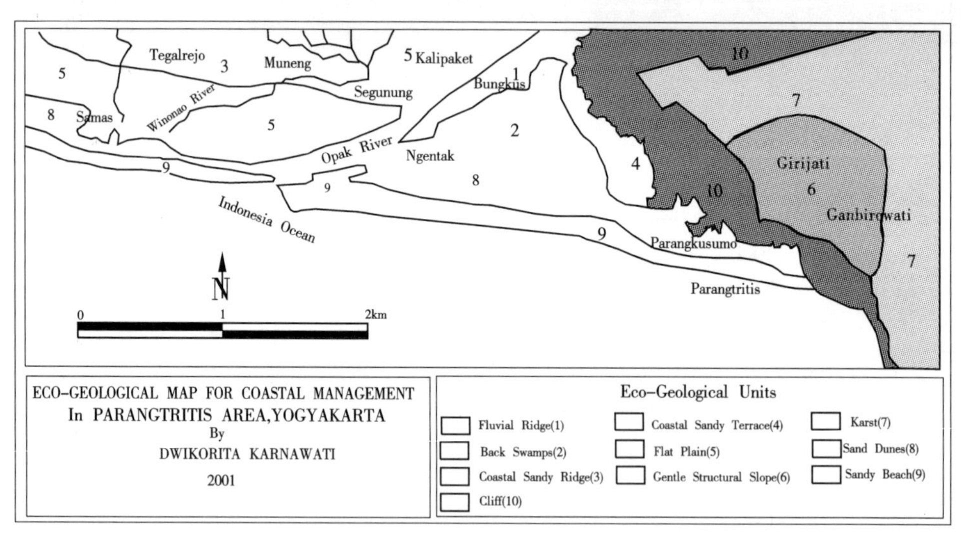


| Symbol | Units | Characteristics | Potential Resources | Potential Limitations/ Constrains | Present Landuse | Proposed Landuse Management |
|---|---|---|---|---|---|---|
| 1 | Fluvial Ridge | Clayey sand;good permeability | Shallow,fresh groundwater table (3 to 4m) | Flood | Settlements | Development of flood protection syspem (vegetated system no concrete)structure; establishment of river protection zone |
| 2 | Back swamps | Flat topography;black silty soil;low soil permeability | Shallow groundwater table(4 to 5m);soil with high fertility | Flood | Agriculture(seasonal; paddy field & vegetables (chilly,onion,soya beans) | No permanent settlements;maintain the development of agriculture;development of drainage system to overcome flood |
| 3 | Coastal sandy ridge | fine to medium sand; vegetated;stable(ununigrated) | Shallow,fresh, groundwater table (2 to 3m depth) | Soil with low frrtility | Settlements | Agriculture(plantation of vegetation for cattle' s food) |
| 4 | Coastal sandy terrace | Flat to gentle topography; gravelly sand | Relatively fertile soil | Poor drainage for agriculture | Un-utilized(undeveloped land) | Agriculure(with drainage improverment) |
| 5 | Flat plain | Flat topography; silty sand;high permeability | Shallow,fresh groundwater tahie (3mto 4m deoth) | Flood (in particular in early rainy season) | Agriculture(seasonal): chilly,onion,soya beans | No development of structrues,periodicolly provide through-flow channel to drain water through sand pits into the estuary/ocean; maintain the development agriculture |
| 6 | Gentle structural slope | Gentle slope(5°~15°)with cliff at the southern part formed by limestone | Relativ fertilesoil | Unstable slope(landslides & rockfalls);deep water table(>10m) | Villas;settlements | Minimize the development of structures & settlements;Conservatory forest; establishment of slope protection zone; Eco-tourism |
| 7 | Karst | Limestone with conical hills, fower karsat,dolina & sinkholes | Un-fertile soil; limestone mining; magnificent views for tourism | Deep water table(>20m) | Mining:non-irrigated agriculture fields; settlement | Natural laboratory of Karst;conservatory forst;isolate & mininmize the mining of limestone;Eco-tourism |
| 8 | Sand dunes | Barchan & transversal dunes (Un-vegetated);fine grained sand | Shallow,fresh groundwater table (2 to 3m) | Dry & un-fertile soil Migration of dunes covers some structures & Vegetation | No landuse(unutilized)& few settlement | Natural laboratory of sand dunes; Eco-tourism |
| 9 | Sandy beach | Fine to coarse sand;flat to gentle slope(2° ~15° );4m to 40m width | Magnificent view for tourism | Coastal abrasion,tsunami | Tourism | Coastal zone protection from permanent structure; Eco-tourism |
| 10 | Cliff | Steep slope(20° ~35°);formed by jointed or fractured andesite & andesitic breccia | Relatively fertile soil | Unstable slope(rockfalls & landslides);erosion; deep water table(>15m) | Dry agriculture | Eco-tourism(tracking area):Conservatory forest;establishment of cliff protection zone;dry agriculture |

图 3-7　印度尼西亚 Yogyakarta 的 Parangtritis 地区海岸管理的生态地质图(Karnawati 等，2001)，基于当地的观测和分析开发(比例尺 1:25 000)

的结构下达到稳定并且预测这个地区未来发展带来的影响。因此,时间尺度也进入评价系统。结论是在距悬崖边缘 50～300m (由坡度决定)的缓冲地带能有效地减小进一步的破坏。不允许在缓冲地区再建立其他的建筑,在缓冲区外最大允许的结构负载是 1 $kg/m^2$。

另一个有趣地带是 Baron 海岸,在这儿观察到的独特过程是海岸线侵蚀。同样地,按照时间和空间尺度开展的详细研究被用来评价悬崖对侵蚀的抵抗力和预测侵蚀的速度。多个时期的地形图和航片被用于分析和预测。发现侵蚀的速度大约是每年 13cm,根据这个结论,要用于悬崖保护的地带大约为 50m(Karnawati 等,2000 年)。

### 3.3.3 结论

上述例子的研究表明,景观复杂性不仅体现在自然组成部分和它们之间相互作用所表征的特征和行为上,而且也发生在人类的影响和管理方面。显而易见,将景观看做 CAHS 系统进行观察和分析时,需要对空间和时间尺度给予特别的关注。

## 4 结语

追求对 CAHS 系统的理解能服务于实用的目标——清晰地理解可持续发展和环境健康,尤其要研究下面与环境相关的问题。

(1)怎样得到和定量化那些描述和评价 CAHS 系统的指标?

(2)实现经济、生态和社会(子)系统的可持续发展和环境健康策略,需要满足哪些基本需要? 这些部分如何在不同的等级下集成起来?

(3)在可持续管理体系中,制度的特定作用是什么? 制度应该怎样处理与社会—生态复合体的共同进化?

(4)在把制度组织为可持续发展和环境健康的动因过程中,模型的结果和建模过程的作用是什么?

这里关于 CAHS 系统的一些最新进展不能将这些问题和议题都确切地回答出来,但开始出现一些一致的看法,这些将在随后的章节中提到。

附录

# 词汇表

**适应性**——过程或状态变得适合一个新的用途、新的需要或新的情形(Hornby,1974年);连续性刺激导致的有机体的感官兴奋性的变化(Begon等,1990年);有机体生命中作为对环境刺激的反应而产生的形态或行为的改变(Begon等,1990年);通过自然选择逐渐形成的一系列有机体的特征,从而紧密匹配了环境的特征(Begon等,1990年);生物系统对它所在环境的一种反应,以便于适应环境条件的约束和较大地利用环境的益处(Allen和Starr,1982年)。

**局部趋势**——经验上观察的子整体自我维护的、竞争的、分离的、优势的、个体化的等倾向,从而提高了它们自治的、组合的、独立的本质(Koestler,1969年)。这类似于局域秩序或最小特定耗散原理(Choi和Patten, 2002年)。

**非对称的交互作用**——根据它们的时空尺度可作为主要特征或分类的信号。

**准则**——支配子整体活动的、可容许的一系列规则。从一系列的"策略"或习惯中区别这些规则。利用子整体同别的子整体和它们具有的规则之间的相互作用,来展示或"选择"适当的规则,以便达成各准则之间的平衡(Koestler,1969年;Regier和Kay,1996年)。

**复杂性**——那些复杂的、很难理解和解释的事物(Hornby,1974年)。一般来说,他们是系统元素之间多种相互作用的结果。随着作用单元数量和作用程度的增加,这种复杂性会增大(Nicolis,1986年)。在信息论中,它被表示为整体的特性,提供了描述系统所必要的长期信息,需要很长时间来形成(Salthe,1993年)。换另一种说法,需要最少量的信息描述系统的结构(Kolmogorov,1965年)或者系统中观察者不知的部分(Salthe,1993年)。它也曾被建议作为目标的逻辑深度(Bennett,1988年);或者说,不能再被简单化了(Chaitin,1975年)。复杂系统的范围跨越很大的等级尺度:从基因组到细胞和由它们组成的器官、有机体,到种群、群落、地系统与生物地理群落、生态系统和它们的综合体、景观、人类经济和社会的实体以及人与自然相互作用的系统。

**约束**——不能被过滤的,决定实体自由程度的信号。

**能值**——生产产品或服务所直接或间接消耗掉的可利用的能量。它的单位是嵌入焦耳[ej](Odum,1996年—"em"提示的是"嵌入的(embodied)"),它在质量($M$)—长度($L$)—时间($T$)系统中的物理量纲是能量的量纲[$ML^2T^{-2}$]。能值分析对所有能量形式采用了一个共同的基础,通常选择太阳能这种最基本的能量来源作为标准形式。太阳能值用太阳嵌入焦耳(sej)来表示,它可与其他能量形式相关联,这种关联是通过太阳能转换值而实现的。该值是一种无量纲的化学当量计算系数,用太阳嵌入焦耳/焦耳(sej/J)来表示。

**能值分析**——对以流动和储存为基础的能值、能值流和转换量的分析。是定量化和理解系统的历史嵌入和组织状态的一种能量定位分析方法。能值和能值流可看做定位基准点,从而可以测量能量形式和构造的复杂性。它们代表着来自外部嵌入到系统内部产品[$ML^2T^{-2}$]和过程[$ML^2T^{-3}$]中的不同能量形式，该系统是通过交换和转移能量来激发和组织的。尽管能值和能值流各有自己的能量量纲[$ML^2T^{-2}$]和功率量纲[$ML^2T^{-3}$]，这并不意味着像通常意义下的能量和物质那样可以被储存、流动或用完。它们是对系统组织的测量，可能比热量更能有效地测量做功的大小，因为热量仅能测量分子的运动。比如说，当我们考察整个 CAHS(比蒸汽机复杂得多)系统时，驱动它们运转的有多种形式各异的能量，从而形成多样的组织结构，这不能仅归结为是它们的热容量导致的。能值和能值流是根据共同的基准来测量系统中能量储备和流量的值。这个概念是捐赠者导向的，并不是接受者导向的。测量来源(捐赠者)能量的集合，在系统边缘流入产品[$ML^2T^{-2}$]和在系统内部的处理过程[$ML^2T^{-3}$]。有时候，也指“能量记忆”(Odum，1996年)——产品或过程中对来自远处能量的嵌入和包装。

**能值流**——一个与能值相关的概念，以能量流动[$ML^2T^{-3}$]而不是以储存的数量[$ML^2T^{-2}$]为基础。

**环境**——Patten(1978、1985 年)引用的一个术语，用来描述向上一级——向外部的、被开放系统的边缘所限制的子整体(见下页)的环境输入和输出，子整体是开放系统的组成部分。输入环境指系统中延伸到过去的传入交易网络，从系统边界投入到现在组成的等级子整体，而输出环境是指传出网络延伸到将来的，从现在组成的等级子整体到系统输出边界。所以，环境理论因此定义了系统中每个子整体相关的两个系统边界环境，数学上是经济投入产出分析的生态扩充。环境是跨越不同等级系统和整体组织的嵌套网络物。

**可放能**——给定过程中给定类型的那部分可用来做功的能量。在化学热力学术语中，它是自由能，作为能量，它有能量的单位和量纲。但是，它又不同于能量，可放能不能被储藏，因为系统中任一点上任何不能被利用的能量部分，总是可以被更有效或本质上不同的“技术”(过程)加以利用。

**广义的热力学反馈模型**——为了维持热力学稳定状态的通用现象反馈机制。任何在局域准稳定状态波动的热力学开放系统均经历着下面的状态循环。

(1)(+)梯度→(+)可放能降解率；

(2)(+)可放能降解率→(−)梯度；

(3)(−)梯度→(−)可放能降解率；

(4)(−)可放能降解率→(+)梯度→步骤(1)。

这里：→表示在概率、现象上的“引起”或“导致”；(+)表示“增加”，(−)表示“降低”。

步骤(1)表示波动情形的顺序。自身催化步骤(1)和(2)详述了“耗散结构”的构成。步骤(3)阐明了在下一循环的步骤(1)之前的“缓和”阶段。这个反馈机制作为 LeChatelier-Braun 原理得到 von Bertalanffy(1950 年)，Ulanowicz 和 Hannon(1987 年)，Schneider 和 Kay(1994 年)以及其他很多人的认同。这种系统可期望接近于一些局部的热力学准稳定状态。也就是说，总存在着线性近似的合适领域(Denbigh，1951 年；Spanner，1964 年；Katchalsky 和 Curran，1967 年；Choi 等，1999 年)来满足热力学的“运动方程”从而涉及只能由经验来检验其合适与否的最小特定耗散原理(Choi 和Patten，2002 年)。

**等级**——属于组织层次的术语，通常是指一种简化 CAHS 复杂性的认知属性。关于等级结构是否为“真实的”或仅仅是“思维构建”的问题通常被回避而未能得到解决。等级结构在能量水平上近乎离散的断点处可能有实际存在的基础,连接着几个系统(子整体)的能量(Simon,1973年)。等级结构模型在表示时空方面的“尺度”和“粒度”这些概念中所具有的基础地位,在生态学文献中(比如,Allen和Starr,1982年;O'Neill等,1986年)是广为人知的。“尺度”的等级结构是嵌套的(超集、集、子集……),而“控制”的等级结构(像军事中将军、团长、少校、副官……)就不是嵌套的。

**总体等级**——属于子整体的巢状结构的术语,像尺度分级结构里的一样,类似于术语“等级”,但从这里分离而创造了线性链式秩序的内涵,所以强调了更无政府主义或交叉尺度组织的多政府主义的本质(Regier和Kay,1996年)。

**子整体**——由Koestler(1969年)提出的术语,是由两个词合并的:holos(希腊语中的“整体”)和on(后缀表示微粒或部分,比如中子、质子)。子整体是具有“两面性”的开放系统,它既是一个整体(对于它的亚系统来说,往下和里面看的等级结构),又是一个部分(对于它的超系统来说,往上和向外)。

**信息输入过载**——这个概念归功于Ralph W. Gerard(精神健康研究所,Michigan大学,Ann Arbor;Patten,个人交流)和近来David B. Brown(动物学系,Toronto大学,加拿大;R. I. C. Hansell,个人交流)进化方面的研究。它描述了信息(比如不规则、不稳定或混合的环境信号或生物的相互影响)太饱和的系统现象,以至于不能一致地处理它。它不一致性地反应,或失灵,或根本就不反应。信息过载产生适应性的反应:当现有的不能生存时,将会产生另一类或全新的事物(比如显型和遗传型、行为、种)。

**整体趋向**——为了大整体的局部趋势,经验上观察的子整体结合、消失或抑制局部趋势,这里子整体作为部分。这类似于局域无序原理(即相互作用不确定性,或扰动影响。Choi和Patten,2002年)。

**最小特定耗散**——系统在接近某种局域准稳定状态时,熵产生强度随着时间而减少(Onsager,1931年;Prigogine,1955年)。这个数量有效地接近于呼吸强度与生物量的比率(即呼吸/生物量;Choi等,1999年),更广义的是作为从系统边界输出到系统储存库的比率(Fath等,2001年)。

**最适应状态**——局地和整体趋势之间的准平衡或平衡的(即局地稳定状态)存在指示着一个稳定的(或适应的)子整体。任何一个局域的不平衡(比如,局地和整体趋势的过分的夸张)都代表了“病态的”状态。当系统越来越偏离这个局域性的平衡时,就会增强它的动力学非线性特征,导致适应性地(或说“消极地”)达到一个新的平衡。这就是适应性的复合机制(Choi,2002年)。

**波动的顺序**——在可放能梯度面前,可放能密度的统计不对称/不均一性变为系统内部能量的一致流动,引起了有组织的结构(Glansdorff和Prigogine,1971年;Nicolis和Prigogine,1977年)。所以,内部能量流动从来都不会完全有效(比如第二定律),它们只是充当了梯度耗散结构。

**红女王假设**——在《爱丽丝仙境探险历》一书中,红女王说一个人要呆在一个地方,她必须不停地跑。在进化生物学中,这个“假设”指在生存中需要不停地适应不断变化的环境(van Valen,1976年;Choi等,1999年;Choi,2002年)。在相互影响的不断变化的背景下(如红女王的话),连续存在的可能性是一种均衡函数,即一方面为避免危险而精练其掌握信息的能力(专门能力),另一方面是稳健和灵活能力(概述能力),这样才能有机会利用新信息来应付信息量激烈的变化。

Soho **系统**——是一个取“自动调节开放等级体系秩序系统”英文首字母的缩写词(Koestler,1969 年;Regier 和 Kay,1996 年)。这个概念将子整体概念延伸到系统,明确地展现了物质/能量/信息交换(尽管在子整体的两面性里是含蓄的)。这个概念在 von Bertalanffy的普遍系统理论中(1950、1968 年)提到,与系统中自组织趋势的经验观察相合并。自组织性质普遍归因于薛定谔负熵概念(1944 年),近来表明其在处理耦合方面有规范的来源。

**转换值**——两种能量或能量流动的商,它是与所用数量有关的无量纲的化学当量计算系数。举例说,太阳能转换值是生产一种产品或服务所需要的太阳能值与产品或服务中真实能量的比率。转换值具有能值/能量的单位(sej/J)。一个产品的转换值是这样计算的,所有流入过程的能值加起来,再除以产品的能量。转换值是把不同类型来源的能量转换成同一类型的能值。这样,它也是“价值”的测量方法,其中的假设是,在最大能值原理作用下运行的系统所产生的产品,其刺激生产的过程至少与它们的成本一样多(Odum,1996 年)。转换值是针对系统的,因为不仅在数量和外部能量输入的类型上,而且在连接模式与它们内部转移路径的转换效率方面,系统都是变化的。(但是,像其他的强度因素(包括像原子质量的数值),平均值或者中值,在实践中是经常用到的。举例来说,电的转换值依赖于规则和产生它的过程,在 $9.0\times10^4$ 焦耳到 $2.0\times10^5$ 焦耳(sej/J)之间变化,但我们常用到它的平均值 $1.5\times10^5$ 焦耳)。因为能量储存和流动,有时候或者总是(分别地)趋向于随着各自的转移链而减少,转换值沿着链趋向于增加,进而引起能值和能值流也随着增加。这个随离开能量来源处而不断增加的值可用来表示系统在组织程度上的增加。从物质和能量路径图表可以认识到在能量流动顺序中的不同点上,能值在不断增加。比如说,从边界来源到生产者再到消费者,并且作为一个普通的规则,当能量沿着食物链消失时,转换值将增加。与能值文献中表示的相反,这并不意味着在能量网络中,能值通过转移路径在“流动”,也不意味着它被“用完了”,“消失了”,或“在转移中丢失了”。能值,尽管有能量的量纲,但不是一个守恒的数量。通过转换值来测量能值,反映了系统中一个成分对整个系统组织固有的本质的贡献。

## 参 考 文 献


[1] Allen T F H, Starr T B. Hierarchy: Perspectives for Ecological Complexity (University of Chicago Press, Chicago, IL),1982, pp.310

[2] Ashby W R. Some peculiarities of complex systems. Cybern. Med,1973,9 (2): 1~6

[3] Badii R, Politi A. Complexity: Hierarchical Structures and Scaling in Physics (Cambridge University Press, Cambridge),1997,pp.318

[4] Bak P. How Nature Works: The Science of Self-Organized Criticality (Copernicus Books, New York),1996,pp.223

[5] Bar-Yam Y. Dynamics of complex systems. In: R L Devaney(Editor), Studies in Nonlinearity (Addi-

son – Wesley Longman, Reading, MA), 1997, pp. 848
[6] Bastianoni S. A definition of "pollution" based on thermodynamic goal functions. Ecol. Model, 1998, 113: 163～166
[7] Bastianoni S, Marchettini N. Emergy / exergy ratio as a measure of the level of organization of systems. Ecol. Model, 1997, 99: 33～40
[8] Begon M, Harper J L, Townsend C R. Ecology: Individuals, Populations, and Communities (Blackwell Scientific Publications, Brookline, MA), 1990, pp. 945
[9] Bendoricchio G , Jørgensen S E. Exergy as goal function of ecosystem dynamics. Ecol. Model, 1997, 102: 5～15
[10] Bennett C H. Dissipation, information, computational complexity and the definition of organization. In: Pines D (Editor), Emerging Synthesis in Science, Proc. Founding Workshops of the Santa Fe Institute, Santa Fe, NM (Addison – Wesley, Rdewood City, CA), 1988, pp. 237
[11] Bossel H. Ecological orientors: emergence of basic orientors in evolutionary self organization. In: Muller F and Leupelt M (Editors), Eco Targets, Goal Functions, and Orientors (Springer, Berlin), 1998, 19～33
[12] Bosserman R W. Complexity measures for evaluation of ecosystem networks. ISEM (Int. Soc. Ecol. Model.) J, 1982, 4 (1, 2): 37～59
[13] Brandt – Williams S. Evaluation of watershed control of two Central Florida Lakes: Newnans Lake and Lake Weir, Dissertation Ph. D, Environmental Engineering Sciences (University of Florida, Gainesville, FL), 1999, pp. 257
[14] Brown M T, Sullivan M F. The value of wetlands on low relief landscapes. In: Hook D D (Editor), The Ecology & Management of Wetlands (Croom Helm, Beckenham, England), 1987, 133～145
[15] Brown M T, Ulgiati S. Emergy based indices and ratios to evaluate sustainability: monitoring technology and economies toward environmentally sound innovation. Ecol. Eng, 1997, 9: 51～69
[16] Casti J L. Connectivity, Complexity, and Catastrophe in Large – Scale Systems (Wiley, Chichester), 1979, pp. 203
[17] Casti J L. On system complexity: identification, measurement, and management. In: Casti J L and Karlqvist A (Editor), Complexity, Language, and Life: Mathematical Approaches (Springer, Berlin), 1986, 146～173
[18] Cavalier – Smith T. Nuclear volume control by nucleoskeletal DNA, selection for cell volume and cell growth rate, and the solution for the DNA c – value paradox. J. Cell Sci, 1978, 34: 247～278
[19] Chaitin C J. Randomness and mathematical proof. Sci. Am, 1975, 232: 47～52
[20] Cheslak E F, Lamarra V A. The residence time of energy as a measure of ecological organization. In: Mitsch W J, Bossermann R W and Klopatek J M (Editor), Energy and Ecological Modelling (Elsevier, Amsterdam), 1981, 591～600
[21] Choi J S. Dealing with uncertainty in a complicated thermodynamic world, Thesis Ph. D (Université de Montréal, Canada), 2002, 250
[22] Choi J S, Patten B C. Sustainable development: lessons from the paradox of enrichment. Ecosyst J. Health. In press, 2002
[23] Choi J S, Mazumder A , Hansell R I C. Measuring perturbation in a complicated, thermodynamic world. Ecol. Model, 1999, 117: 143～158
[24] Christaller W. Central Places in Southern Germany. Translated from Die zentralen Orte in

Süddeutschland by Baskin C W(Prentice-Hall, Englewood Cliffs, NJ),1966,pp.230
[25] Cousins S. Hierarchy in ecology: its relevance to landscape ecology and geographic information systems. In: Haines-Young R, Green D and Cousins S (Editor), Landscape Ecology and Geographic Information Systems (Taylor and Francis, London),1993,75~86
[26] Denbigh K G. The Thermodynamics of the Steady State (Wiley, New York),1951,103
[27] Deville A, Turpin T. Indicators of research relevance to ecologically sustainable development and their integration with other R&D indicators in the Asia-Pacific region. Chemosphere, 1996,33(9): 1777~1800
[28] Dolezal J, Greiluber J, Lucretti S, et al.. Plant genome size estimation by flow cytometry: inter-laboratory comparison. Ann. Bot,1998,82: 17~26
[29] Fath B D, Patten B C. Network synergism: emergence of positive relations in ecological systems. Ecol. Model,1998,107: 127~143
[30] Fath B D, Patten B C, Choi J S. Complementarity of ecological goal functions. Theor J. Biol,2001,208(4): 493~506
[31] Flood R L. Complexity: A definition by construction of a conceptual framework. Syst. Res,1987,4: 177~185
[32] Flood R L, Carson E R. Dealing with Complexity: An Introduction to the Theory and Application of Systems Science (Plenum Press, New York),1988,pp.289
[33] Fonseca J C, Marques J C, Paiva A A, et al.. Nuclear DNA in the determination of weighting factors to estimate exergy from organisms biomass. Ecol. Model, 2000,126: 179~189
[34] Fox R F. Energy and the Evolution of Life (Freeman, San Francisco, CA),1985,pp.182
[35] Futuyma D J. Evolutionary Biology (Sinauer Associates, Sunderland, MA),1998,pp.830
[36] Gallopin G G. Indicators and their use: information for decision-making. Part one-introduction. In: Moldan B and Billharz S (Editors), SCOPE 58 Sustainability Indicators: Report of the Project on Indicators for Sustainable Development (Wiley, Chichester),1997,pp.440
[37] Gell-Mann M. The Quark and the Jaguar-Adventures in the Simple and the Complex (Freeman, New York),1994,pp.400
[38] Gilbert A. Criteria for sustainability in the development of indicators for sustainable development. Chemosphere,1996,33 (9): 1739~1784
[39] Glansdorff P ,Prigogine I. Thermodynamic theory of structure, stability and fluctuations (Wiley, London),1971,pp.306
[40] Harger J R E, Meyer F M. Definition of indicators for environmentally sustainable development. Chemosphere,1996,33(9):1749~1775
[41] Herbst M. Die Bedeutung der Vegetation für den Wasserhaushalt ausgewählter Ökosysteme (University of Kiel),1997,pp.119
[42] Herendeen R. Energy intensity, residence time, exergy, and ascendency in dynamic ecosystems. Ecol. Model,1989,48: 19~44
[43] Holland J H. Hidden Order: How Adaptation Builds Complexity (Perseus Books, Reading, MA), 1995,pp.185
[44] Holling C S. The resilience of terrestrial ecosystems: local surprise and global change. In: Clark W C and Munn R E(Editors), Sustainable Development of the Biosphere (Cambridge University Press, Cambridge),1986,292~317

[45] Hornby A S. Oxford Advanced Learner's Dictionary of Current English (Oxford University Press, London), 1974, pp. 1055

[46] Huang S. Spatial hierarchy of urban energetic system, In: Ugiati S (Editor), Proc. Int. Workshop Advances in Energy Studies: Energy Flows in Ecology and Economy (MUSIS, Rome), 1998

[47] Johnson L. The thermodynamic origin of ecosystems. Can. J. Fish. Aquat. Sci, 1981, 38: 571~590

[48] Johnson L. Pattern and process in ecological systems: a step in the development of a general ecological theory. Can. J. Fish. Aquat. Sci, 1994, 51: 226~246

[49] Jørgensen S E. Structural dynamic model. Ecol. Model, 1986, 31: 1~9

[50] Jørgensen S E. Development of models able to account for changes in species composition. Ecol. Model, 1992a, 62: 195~209

[51] Jørgensen S E. Integration of Ecosystem Theories: A Pattern (Kluwer, Dordrecht), 1992b, pp. 383

[52] Jørgensen S E. Review and comparison of goal functions in systems ecology. Vie Milieu, 1994, 44: 11~20

[53] Jørgensen S E. Integration of Ecosystem Theories: A Pattern, 2nd edition (Kluwer, Dordrecht), 1997, pp. 39~88

[54] Jørgensen S E. The tentative fourth law of thermodynamics. In: Jϕrgensen S E and Müller F (Editors), Handbook of Ecosystem Theories and Management (Lewis Publishers, Orlando, FL), 2000, pp. 161~175

[55] Jørgensen S E, Mejer H. Ecological buffer capacity. Ecol. Model, 1997, 3: 39~61

[56] Jørgensen S E, Mejer H. A holistic approach to ecological modelling. Ecol. Model, 1979, 7: 169~189

[57] Jørgensen S E, Mejer H. Application of exergy in ecological models. In: Dubois D (Editor), Progress in Ecological Modelling (Editors CEBEDOC, Liège, Belgium), 1981, pp. 311~347

[58] Jørgensen S E, Nielsen S N, Mejer H. Emergy, environs, exergy and ecological modelling. Ecol. Model, 1995, 77: 99~109

[59] Jørgensen S E, Patten B C, Straskraba M. Ecosystems emerging: 4. Growth. Ecol. Model, 2000, 126: 249~284

[60] Jørgensen S E, Fath B D, Patten B C, et al.. Ecosystem growth and development. Submitted, 2002

[61] Karnawati D, Subagyo P, Sukandarrumidi, et al.. Towards sustainable coastal development in the south of Central Java: A geological assessment for coastal management, Roport on Graduate Team Research Grant Batch IV, University Research for Graduate Education (URGE) Project (Geological Engineering Department, Gadjah Mada University, Indonesia). Unpublished, 2000

[62] Karnawati D, Subagyo P, Sukandarrumidi, et al.. Eco-geological assessment towards sustainable coastal development; a case study at Yogyakarta South Coast, Indonesia. In: Prasetyo Utomo E, Anwar H Z and Murdohardono D (Editors), Proc. Third Asian Symp. on Engineering Geology and the Environment, Yogyakarta, Indonesia, September 3~6, 2001 (Research Center for Geotechnology, Indonesia Institute of Science, Bandung), 2001, 47~61

[63] Katchalsky A, Curran P F. Nonequilibrium Thermodynamics in Biophysics (Harvard University Press, Cambridge, MA), 1967, pp. 248

[64] Kay J J. Self-organisation in living systems, Ph. D, Thesis, Systems Design Engineering (University of Waterloo, Ontario, Canada), 1984, pp. 458

[65] Kay J J. Ecosystems as self-organising holarchic open systems: narratives and the second law of thermodynamics. In: Jϕrgensen E E and Müller F (Editors), Handbook of Ecosystem Theories and Man-

agement (Lewis Publishers, Orlando, FL). 2000, pp. 135～159
[66] Kay J J, Regier H A, Boyle M, et al.. An ecosystem approach for sustainability: addressing the challenge of complexity. Futures, 1999, 31: 721～742
[67] Klir G J. Complexity: Some general observations. Syst. Res, 1985, 2(2) : 131～140
[68] Klir G J. Facets of Systems Science (Plenum Press, New York), 1991, pp. 664
[69] Koestler A. Beyond atomism and holism – the concept of the holon. In: Koestler A and Smythies J R (Editors), Beyond Reductionism – New Perspectives in the Life Sciences. The Alpbach Symposium 1968 (Hutchinson & Co., New York), 1969, pp. 192～232
[70] Kolmogorov A N. Three approaches to the quantitative definition of information. Probl. Inf. Transm, 1965, 1: 1～17
[71] Kullback S. Information Theory and Statistics (Wiley, New York), 1959, pp. 395
[72] Lambert J D. A spatial emergy model for Alachua County, Florida, Dissertation Ph D, Urban and Regional Planning (University of Florida, Gainesville, FL), 1999, pp. 569
[73] Laszlo E. The World System: Models, Norms, Variations (Braziller, New York), 1972, pp. 215
[74] Laszlo E. A Systems View of the World: A Holistic Vision for Our Time (Hampton Press. Cresskill, NJ), 1996, pp. 103
[75] Lewin B. Genes V (Oxford University Press, Oxford), 1994, pp. 1274
[76] Li W – H. Molecular Evolution (Sinauer Associates, Sunderland, MA), 1997, pp. 487
[77] Lopes R J, Pardal M A , Marques J C. Impact of macroalgal blooms and wader predation on intertidal macroinvertebrates: experimental evidence from the Mondego estuary (Portugal ). J. Exp. Mar. Biol. Ecol, 2000, 249: 165～179
[78] Lotka A J. Contribution to the energetics of evolution. Proc. Natl. Acad. Sci. USA, 1922, 8: 147～151
[79] Luvall J C, Holbo H R. Measurements of short – term thermal responses of coniferous forest canopies using thermal scanner data. Remote Sens. Environ, 1989, 27: 1～10
[80] Luvall J C, Holbo H R. Thermal remote sensing methods in landscape ecology. In: Turner M and Gardner R H (Editors), Quantitative Methods in Landscape Ecology (Springer, New York), 1991, pp. 127～152
[81] Månsson B Å, McGlade J M. Ecology, thermodynamics and H. T. Odum's conjectures. Oecologia, 1993, 93: 582～596
[82] Marques J C, Nielsen S N. Applying thermodynamic orientors: the use of exergy as an indicator in environmental management. In: Müller F and Leupelt M (Editors), Ecotargets, Goal Functions, and Orientors (Springer, Berlin), 1998, pp. 481～491
[83] Marques J C, Pardal M A, Nielsen S N, et al.. Analysis of the properties of exergy and biodiversity along an estuarine gradient of eutrophication. Ecol. Model, 1997, 102: 155～167
[84] Merriam G, Henein K, Stuart – Smith K. Landscape dynamics models. In: Turner M G and Gardner R H(Editors), Quantitative Methods in Landscape Ecology (Springer, New York), 1991, pp. 536
[85] Milne B. Lessons from applying fractal models to landscape patterns. In: Turner M G and Gardner R H (Editors), Quantitative Methods in Landscape Ecology (Springer, New York), 1991, pp. 536
[86] Minsch J, Feindt P H, Meister H P, et al.. Institutionelle Reformen für eine Politik der Nachhaltigkeit (Springer, Berlin), 1998, pp. 445
[87] Mitchell G. Problems and fundamentals of sustainable development indicators. Sustain. Dev, 1996, 4:

1～11
[88] Morowitz H J. Energy Flow in Biology; Biological Organization as a Problem in Thermal Physics (Academic Press, New York),1968,pp.179
[89] Moser A. Macroscopic pattern analysis. Acta Biotechnol,2000,20(3～4): 235～274
[90] Moser A. The wisdom of nature in integrating science, ethics and the arts. Sci. Eng. Ethics, 2000,6: 365～382
[91] Müller F,Fath B D. Introduction: the physical basis of ecological goal functions ,In:müller F,leupeltm. (Eoitors),Elo Targets,Goal Fuwtions, and Orientors (Springer, Berlin),1998, pp. 15～18
[92] Müller F,Leupelt M (Editors). Eco Targets, Goal Functions, and Orientors (Springer, Berlin),1998, pp.619
[93] Munasinghe M, Shearer W. Defining and Measuring Sustainability: The Biogeophysical Foundation (The World Bank, Washington, DC),1995,pp.440
[94] Nicolis G,Prigogine L. Self－Organization in Nonequilibrium Systems (Wiley, Toronto),1977,pp.491
[95] Nicolis J S. Dynamics of Hierarchical Systems: An Evolutionary Approach (Springer, New York), 1986,pp.397
[96] Noss R F. Indicators for monitoring biodiversity: a hierarchical approach. Conserv. Biol, 1990,4: 355～364
[97] Odum E P. The strategy of ecosystem development. Science,1969,164: 262～270
[98] Odum H T. Systems Ecology: an Introduction (Wiley, New York),1983,pp.644
[99] Odum H T. Self－organization, transformity, and information. Science,1988, 242: 1132－1139
[100] Odum H T. Ecological andGeneral Systems, an Introduction to Systems Ecology (University Press of Colorado, Niwot, CO) 644pp. Revised edition of Systems Ecology (Wiley, 1983), 1994,pp.644
[101] Odum H T. Environmental Accounting: Emergy and Environmental Decision Making (Wiley, New York),1996,pp.370
[102] Odum H T,Pinkerton R C. Time's speed regulator: the optimum efficiency for maximum power output in physical and biological systems, Am. Sci, 1955,43: 321～343
[103] O'Neill R V, DeAngelis D L, Waide J B, et al.. A Hierarchical Concept of Ecosystems (Princeton University Press, Princeton, NJ),1986,pp.253
[104] Onsager L. Reciprocal relations in irreversible processes I. Phys. Rev, 1931,37: 405～426
[105] Onsager L. Reciprocal relations in irreversible processes Ⅱ. Phys. Rev, 1931,38: 2265～2279
[106] Pahl－Wostl C. Polycentric integrated assessment. In:Rotmans J (Editor), Issues in Integrated Assessment (Kluwer, Dordrecht). In press,2002
[107] Pardal M A. Impacto da eutrofizacão nas comunidades macrobentónicas do braco sul do estuário do Mondego (Portugal), Ph. D. Thesis (Faculty of Sciences and Technology, University of Coimbra, Portugal),1998,pp.315
[108] Pardal M A, Marques J C, Metelo I,et al.. Impact of eutrophication on life cycle, population dynamics and production of *Amphitoe valida* (Amphipoda) along an estuarine spatial gradient (Mondego estuary, Portugal). Mar.Ecol. Prog.Ser, 2000,196 : 207～219
[109] Patten B C. Systems approach to the concept of environment. Ohio J. Sci,1978,78: 206～222
[110] Patten B C. Linearity enigmas in ecology. Ecol. Model, 1983,18: 155～170
[111] Patten B C. Energy cycling in the ecosystem. Ecol. Model,1985,28: 1～71
[112] Patten B C. Network integration of ecological extremal principles: exergy, emergy, power, ascenden-

cy, and indirect effects. Ecol. Model,1995,79 : 75～84
[113] Patten B C. Synthesis of chaos and sustainability in a nonstationary linear dynamic model of the American black bear (*Ursus americanus Pallas*) in the Adirondack Mountains of New York. Ecol. Model, 1997,100(1～3): 11～42
[114] Patten B C. Ecology's AWFUL Theorem: sustaining sustainability. Ecol. Model,1997,108:97～105
[115] Prigogine I. Thermodynamics of Irreversible Processes (Wiley, New York),1955,pp.115
[116] Prigogine I. Introduction to Thermodynamics of Irreversible Processes, 3rd edition (Wiley Interscience, New York),1967,pp.147
[117] Prigogine I, Stengers I. Order Out of Chaos: Man's New Dialogue with Nature (Bantam, New York),1984,pp.349
[118] Rees W E. Revisiting carrying capacity: Area－based indicators of sustainability. Popul. Environ, 1996,17 (3): 195～215
[119] Regier H A ,Kay J J. An heuristic model of transformations of the aquatic ecosystems of the Great Lakes －St. Lawrence River Basin. J. Aquat. Ecosyst. Health,1996,5: 3～21
[120] Rosen R. Complexity as a system property. Int. J. Gen. Syst, 1977,3: 227～232
[121] Salthe S N. Evolving Hierarchical Systems: Their Structure and Representation (Columbia University Press, New York),1985,pp.343
[122] Salthe S N. Development and Evolution. Complexity and Change in Biology (MIT Press, Cambridge, MA),1993,pp.357
[123] Schellnhuber H J. Earth system analysis: the concept. In:Schellnhuber H J and Wenzel V (Editors), Earth System Analysis: Integration Science for Sustainability (Springer, Berlin),1998, pp.3～195
[124] Schneider E D,Kay J J. Life as a manifestation of the Second Law of Thermodynamics. Math. Comput. Model,1994,19: 25～48
[125] Schneider E D, Kay J J. Complexity and thermodynamics. Towards a new ecology. Futures,1994, 26:626～647
[126] Schneider E D,Kay J J.Order from disorder: the thermodynamics of complexity in biology. In:Murphy M P and Lukem A J (Editors), What is Life: The Next Fifty Years. Speculations on the Future of Biology (Cambridge University Press, Cambridge),1995,pp.161～174
[127] Schneider E D,Kay J J. Energy degradation, thermodynamics, and the development of ecosystems. In:Szargut J,Kolenda Z,Tsatsaronis G and Ziebik A (Editors), Proc. ENSEC 93, Int. Conf. on Energy Systems and Ecology, Cracow, Poland, July 5～9, 1993 (American Society of Mechanical Engineers, New York),1996,pp.33～42
[128] Schrodinger E. What is Life? The Physical Aspect of the Living Cell (Cambridge University Press, Cambridge),1944,92pp
[129] Schultink G. Evaluation of sustainable development alternatives: Relevant concepts, resource assessment approaches and comparative spatial indicators. Int. J. Environ. Stud,1992,41: 203～224
[130] Seppelt R. Applications of optimum control theory to agroecosystem modelling. Ecol. Model,1999, 121(2～3):161～183
[131] Seppelt R, Temme M M. Hybrid low level Petri Nets in environmental modelling－development platform and case studies. In: Matthies M, Malchow H and Kritz J (Editors), Integrative Systems Approaches to Natural and Social Sciences (Springer, Berlin),2001,pp.20
[132] Simon H A. The architecture of complexity. Proc. Am. Philos. Soc,1962,106: 467～482

[133] Simon H A. The organization of complex systems. In:Pattee H H (Editor), Hierarchy Theory, The Challenge of Complex Systems (Braziller, New York),1973,pp.1~27
[134] Spanner D C. Introduction to Thermodynamics (Academic Press, London),1964,pp.279
[135] Suter G W. A critique of ecosystem health concepts and indexes. Environ. Toxicol. Chem,1993,12: 1533~1539
[136] Turner S, O'Neill R V, Conley W, et al.. Pattern and scale: statistics for landscape ecology. In: Turner M G and Gardner R H (Editors), Quantitative Methods in Landscape Ecology (Springer, New York),1991,pp.536
[137] Ulanowicz R E. Growth and Development: Ecosystems Phenomenology (Springer, New York),1986, pp.203
[138] Ulanowicz R E. Ecology, The Ascendent Perspective (Columbia University Press, New York),1997, pp.201
[139] Ulanowicz R E,Hannon B M. Life and the production of entropy. Proc. R.Soc.London Ser,B.1987, 232: 181~192
[140] Ulgiati S, Odum HT, Bastianoni S. Emergy use, environmental loading and sustainability: an emergy analysis of Italy. Ecol. Model,1994,73 : 215~268
[141] Ulgiati S, Brown M T, Bastianoni S,et al..Emergy based indices and ratios to evaluate sustainable use of resources. Ecol. Eng,1996,5: 497~517
[142] UNESCO. Geology for Sustainable Development, Bulletin 11. Urban Geology (Division of Earth Science, UNESCO, New York),1998,pp.153
[143] Van Valen L. A new evolutionary law. Evol. Theory,1976,1: 1~30
[144] Vilela Mendes R,Mendes R.Medidas de complexidade e auto-organizalã o. Col. Ci,1998, 22: 3~14
[145] Volkenstein M V. Biophysics (Nauka, Moscow),1988,pp.592.
[146] Von Bertalanffy L. The theory of open systems in physics and biology. Science,1950,111:23~29
[147] Von Bertalanffy L. General Systems Theory: Foundations, Development, Applications (George Braziller, New York),1968,pp.289
[148] Wackernagel M, Lewan L,Borgstroem Hansson C. Evaluating the use of Natural Capital with the Ecological Footprint. Ambio,1999,28:604~612
[149] Welzel R G. Limnology (Saunders, Philadelphia, PA),1983,pp.767
[150] Wright S. Surfaces of selective value revisited. Am. Nat,1988,131:115~123
[151] Wynne B. Uncertainty and environmental learning: reconceiving science and policy in the preventive paradigm. Glob. Environ. Chang, 1992,6:111~127

# 第四章 复杂的适应性等级系统(CAHS)[1]

**摘要:**一个 CAHS 系统的一致理论正在出现。在这一过程中,应该考虑一些内在的和外在的价值和目标。

近期发达国家无疑是趋向实用主义的。然而,这种实用主义的定位一定会得到调和,因为人们意识到了更新新知识的重要性,即任何知识并不能总是用经验知识先判定是否有用。没有这个意识,则仅能应用旧的知识,将不可避免地导致人类的适应性能力变得越来越差。21 世纪一开始,CAHS 系统领域就代表了科学中一个宽广开放的新天地。

务实地讲,当我们试图掌握复杂的、相互交织的、跨越巨大时空范围的环境、政治、经济、社会和道德问题时,解释并集成我们遇到的众多信息负荷,促使我们转向对 CAHS 系统的关注。这样一个理论的核心及发展仍处于初期阶段,还必须受到扶持,但对发现和集成复杂系统知识的迫切需要又呼吁加快它的发展和协调。当前解决比我们自身更大、更复杂系统的工具太少,交叉学科模型是其中之一,如果运用恰当,它可以代表一个集成观察、理论和实践的强有力方法。

如果人类能够在全球范围内,在健康的、多样的和有活力的生态系统框架中,实现一个平衡的、可持续发展的状况,我们认为 CAHS 系统理论和模型的连续发展是必要的。

## 1 引言

从与会者在哈里法克斯进行的为期三天的关于 CAHS 系统讨论的贡献中可以明显看出,表面上很少有关于这类组织系统一致的观点和看法。有许多方法因为自身的原因,根本没有提供理论指导的形式。尽管没有明确的新的 CAHS 标题,但 CAHS 系统实际上在以前的文献中以几种不同的方式从理论上描述过。虽然这些观点和方法可能初看起来似乎相对不一致,但如果我们少关注一些细节而深入到其较深层的潜在基础的话,则一个由应用目标驱动,类似于可辨认的"CAHS 理论"的模式正在从生态建模、生态经济、生态系统健康及生态工程等生态学的不同角度逐渐形成,而且变得很明显了。

如在 CAHS 背景章节中所看到的,许多不同的相互补充的方法共存并且被用以解释 CAHS 系统的结构、组织和动态。这根本不奇怪,因为需要更多的不同类型的模型,而且为了提高模型的预测能力,还需要更加广泛地创造、探索新的理论方法。过去 10 年的生态文献可能含有大量源于对可持续发展和环境健康兴趣增加而产生的观察结果、数据集、相互关系及一些规则,但必须指出这些观察结果和规则可比作在浩瀚大海中的一些偏僻

---

[1] 作者:B. C. Patter, B. D. Fath, J. S. Choi, with S. Bastianoni, S. R. Borrett, S. Brandt - Williams, Debeljak M., J. Fonseca, W. E. Grant, D. Karnawati, J. C. Marques, A. Moser, F. Muller, C. Pahl - Wostl, R. Seppelt, W. H. Steinborn and Y. M Svirezhev。

孤岛,它们之间很少存在联系。

## 2 关于理论

现在迫切需要开发一种基本理论骨架,使其能以一种被认可的与 CAHS 理论相关的模式,来解释迄今为止所获得的结果。尽管当前的有序理论的生态学(及相关科学)中充斥着大量观察结果和数据,但是缺乏从原有的意思中催化出的新观点。在某种意义上讲,现在是建立新框架的最恰当时机,目标是使之变得与物理学理论相对应。"对应"在这个意义上是指从一些非常少的基本规律中衍生出能解释观察现象的规律。在物理学的历史中,有关所有观察现象的一个逻辑网络系统是通过把最根本的原理用做网络结点而逐渐建立起来的。首先提出牛顿机械力学,然后是狭义的和广义的相对论,之后是量子力学直到现在的超弦理论(仍缺乏物理实现)。慢慢地,一个知识基本骨架被建立起来,它将所有物理学都连接起来形成一个连贯的科学并可用来验证新假设——它是否适合逻辑网络系统?如果不是,则必须有非常强有力的试验支持一个假设,因为该网络必须在一定程度上也发生变化。如果是,则网络将变得更加稳定。在取得与观测数据明确吻合的结果几十年后,量子力学的非确定性和确定性含义依然需要检验评价。

或许是出于对"物理学的羡慕",一些学科尽管面临多样性所带来的困扰,也想要建立像物理学那样的一个垂直发展模式,但它依然是一个奋斗的目标。我们期望在 21 世纪后期或许是下一个世纪,"C""A""H"和"S"这些学科方向能够获得与物理学相似的成熟状态。关于 CAHS 系统,根据以前的事物建立"科学垂直性",像物理学中所见的那样,是否可能了?在这个时期这一点不清楚,即使在 CAHS 会议上,所有与会者都不能肯定回答这个问题。也许现在须保留一个有前景的理论思考方向。在实现一个更严格的 CAHS 理论和促进它应用于"真实世界"的问题过程中,不需争论的是许多生态学家必须致力于拓宽、加深和丰富发生的任何进展。

如果从事 CAHS 系统的环境科学家们遵守一些从科学理论中得出的基本指南的话,这个目标能实现。CAHS 理论中的新问题和分支不得不满足"内部一致性",这意味着一个新理论在它自身内部没有矛盾,并且也需要满足"外部一致性",即一个新理论和其他已被接受的理论也没有矛盾。这样的理论还必须描述一个新问题,在环境议题、尺度或级别意义上是新的,并且能被试验和应用所验证。这些就是对新 CAHS 理论的充分必要条件。可选择的标准如预测的普遍性、深度、精确性、准确性等可能被用于评价新的 CAHS 理论。这些准则可作为建立一个 CAHS 理论体系的指南。

## 3 关于应用

在 2000 年生态峰会上,与会者对"理论是为自己的目的服务"——即对那些太专门化的或不能迅速转变成服务于实际的应用概念不太认同。这是否属于当今世界非常流行的、常说的科学和文化中沉默来源(dumbingdown)的一部分尚不清楚,但已清楚的是一个人不能应用他没有掌握的东西。换句话说,CAHS 的相关问题是内在困难的,如果不尽心开发必要的科学知识,尽管非常专业,而且最初对管理者、投资者和外行公众等来说似乎非常深奥,要想取得解决这些问题的进展是不可能的。作为一个正在进行的科学努力,"保持可持续性"需要超越"专业词语"阶段,否则其前景将会变得逐渐黯淡,并将被下一个同样具有无效目的的概念所取代。这就是软科学的模式,并且永久地致力于解决硬问题是建立硬科学的惟一途径。当然,关于公众的兴趣,这需要永久的社会投入,通过好的反馈,良好的教育和可展示的具体进展来获得。

为了建立一个能达到解决 CAHS 系统问题任务的理论体系,还需要许多研究者经过多年的努力。考虑到存在的困难,进展将是逐步的、缓慢的。因此,尽快地开始行动非常重要。寻找一种方法来综合大量观察结果和数据库,协调许多科学家的多学科工作成果,在恰当的水平上向试验研究者,环境管理者和外行的利益团体清晰地解释科学原理、结果和预测将是一个非常关键的问题。为什么这么多的科学研究组都关注理论? 答案是:因为一个理论框架能提供研究背景,研究者和其他人员在其中能解释和集成试验结果。如果没有集成,没有在一个整体理论框架中对原始观察的解释,没有与有影响的支持者交流,将是一种没有组织或无效的科学。仅仅只能描述,没有基本的理解传播给公众,但我们最终却需要从公众那里获得支持。

## 4 关于建立模型

这里有三种基本方法可以将理论和应用联系起来:

(1)"观察的方法"是试图尽可能在现有的 CAHS 理论框架内解释许多试验观察,说明它作为一个解释和集成工具的价值和不足之处。

(2)"试验的方法"是设计控制条件的试验去验证或否定假设。这样是很复杂的,因为它暗示了获取和维护专门设施,以及将所有相关的理论和试验学科范围内的研究小组都组织在一起。

(3)"建立模型的方法"是更复杂的,在于它包括了前面的两种方法以及有它自己的要求,同时它还有下面特殊的承诺。

生态和环境模型强调开发达到预测目的的模型产品。任何模型过程的科学建模者都很快能意识到模型的巨大集成能力,不仅能组织起关于一个项目的概念、信息和数据,也能将涉及的各种专业人员和非专业人员——科学家、管理者和投资者组织在一起。正如 Patten(1994 年)建议的那样,在工作组内追求一个关于概念模型的过程—超越—产品(process - over - product)方法。关于 CAHS 系统,针对特有的可持续发展或生态系统健康目标,这样的方法能建立共同的视点。多学科的专家最初来到一起,在建立模型所需的信息、完整性和一致性限制下,开发的集成概念后来成为进一步的、更技术的建模步骤的基础。任何事物都从概念性阶段开始,这应当被推动,但不应被 CAHS 理论家或模型建造者所采用,而应由那些对系统和有关问题具有基本知识的科学家和其他相关的人们来执行。

在 2000 年生态峰会上,有兴趣和经验的个人之间讨论了这一方法—— S. R. Borrett, B.D. Fath, W. E. Grant, J. C. Marques, C. Pahl - Wostl, B. C. patten 和 M. J. van den

Belt。VAN DEN BELT 等(1997 年)指这一过程是“中介模型”,正在准备一本有关这个主题的书(BAN DEN BELT,2002 年)。Patten(私人通信)提出“制度化的模型制造”,并建议将基于讨论会的概念模型活动,直接植入核心管理结构和科学研究所的主题工作中,去组织他们职责的所有方面,从研究安排到数据集成和财务管理,再延伸到公共事务。

## 5 结语

从在哈里法克斯展示的已经正在进行的多样的思考中,有一点是十分清楚的,那就是尽管 CAHS 系统存在内部的复杂性,但它作为科学研究的内容已经开始引起人们一致的关注。然而还需要许多年才能使理论、应用和模型结合起来形成一个有组织的框架,在框架内可以步调一致地解决可持续发展和环境健康这些棘手的难题。很清楚基本的复杂性正在被保护,但会议初步的结果和热情是最鼓舞人心的。

## 参 考 文 献


[1] Patten B C. Ecological systems engineering : toward integrated management of natural and human complexity in the ecosphere. Ecol. Model, 1994. 75/76: 653~665

[2] Patten B C. Ecology's AWFUL Theorem: sustaining sustainability. Ecol. Model,1997,108: 97~105

[3] Van den Belt M J. Mediated Modeling: Building Capacity to Solve Complex Environmental Problems. In preparation,2002

[4] Van den Belt M J, Antunes P,Santos M. Mediated modeling: a tool for stakeholder involvement in environmental decision making. In: Proc. Algarve Coastal Zone Conference, Algarve,Portugal 1997,July 10~12

# 第五章 生态系统服务、它们的使用及生态工程的作用:最高发展水平[1]

**摘要:**人们对生态系统服务的概念有着各种不同的认识角度。可以从经济学家、环境科学家或政策分析者的角度看,也可以从技术和社会物质设备设计者的角度看。因为工程师和生态工程师的专业性质与设计和解决问题紧密联系在一起,本章给出的是他们的观点。

"生态峰会"是关于"集成科学"的,但是,除了科学界以外,集成的过程中必须包括更多的参与者。尽管制度和政策框架对生态系统服务的更加可持续利用非常重要,但如果在实施阶段出现"前线"障碍,目标(以及目标设计者)的可信度将受到非常显著影响。为使生态系统服务更可持续,技术上和自然上可能的(和不可能的)创新性工程项目非常重要。这类工程项目能够给决策者和科学界提供有效的反馈信息,有助于他们进行政策设计和确定研究的优先领域。对工程人员和其他人员在设计和建设物质设施时应当遵循的原则而言,生态系统与人类发展之间相互依赖的极端重要性具有重要意义。

给出的几个研究案例说明了包括生态学准则的工程怎样能更好地利用生态系统服务。尽管对生态系统服务过度利用的关注日益增加,而这些案例研究也表明:某些常规的工程实践对生态系统服务利用的明显不足,从而丧失了它们提供更加可持续和均衡的生活方式的机会。

## 1 引言

在哈里法克斯举行的"2000年生态峰会"的主题是关于"集成科学",以达到更好地理解和解决21世纪的环境问题。本章是承担生态系统服务的状况及其可持续利用研究任务的工作组完成的背景章节。建议读者阅读本书的第六章(Guterstam 等)关于会议的共识的内容,可以了解该会议研讨结果的更多细节。这个特别工作组的组织和实施是由国际生态工程学会(IEES)负责的。生态工程是一门相对较新的学科[2],这一多学科方法将生态系统的适当知识应用到工程项目中。在本章中将指出:生态工程主要以创造性的设计将科学应用于解决我们现在和将来面临的一些环境问题当中。因此,该工作组一直致力于探讨与生态系统服务有关的更多的应用实践和有关问题的解决方法。这并不是否认其他学科的重要性,显然,不同的工作组和学科之间的密切合作是必要的。正如5.3节中所说明的,科学的集成仅是朝着这个目标前进的很小的但是很重要的一步。

---

[1] 作者:A. Dakers。

[2] "生态工程"术语是由 Howard Odum 于20世纪60年代首次提出的(Odum,1962年)。

评论者们发出越来越强烈的呼声,敦促工程专业将它们的工程与生态系统的状况与过程紧密结合起来(例如,Beder, 1998 年;Cortese,1999 年;Mitsch, 1996 年;Moser, 1997 年;Roberts, 1991 年;Schulze 等, 1996 年;Thom, 1993 年;Wurth, 1996 年)。其中有的作者呼吁生态学家和工程人员之间建立更密切的联系,这对两门学科都提出了转换文化背景的要求。

本章讨论了生态系统服务的不同定义,对生态系统服务进行确定和估值的重要性,以及人类发展对生态系统服务施加的压力等问题。工程人员和建设物质世界的其他设计人员对设计标准的选择将对生态系统服务是否利用过多、利用过少及是否可持续利用产生影响。这种讨论引出了第 6 节关于生态工程的解释,并且所描述的一些案例说明,设计中生态集成方法运用得越多就越能导致对生态系统服务的更加可持续的利用。虽然在第 4 节中的内容清楚表明,人类发展对许多生态系统服务过度利用和造成压力,但这些案例研究也表明,对某些生态系统服务存在着利用不足的问题(第 7 节)。

## 2 定义生态系统服务

经济学家和生态经济学家认识到自然为人类提供了广泛的但未被重视的服务,于是提出了"生态系统服务"这个术语。"生态系统服务"一直被排除在经济政策和决策的制定之外,在正式的资源管理结构和程序中总是被忽略。重要的生态系统服务如水和空气的净化、自然界为农作物提供基因库服务等没有包含在传统的经济模型中(Peet,1992 年)。尽管不同的评论家都一致认为,生态系统服务是自然提供给人类的、在过去未被重视的服务,但在对某些特殊的服务是否包括在生态系统服务之内,以及如何最好地评估它们的价值方面,存在着不同的解释。

澳大利亚 CSIRO 将生态系统服务定义为"生态系统以未被认识和无法估价的方式为我们提供的生命支持活动",这给出了生态系统服务的一般性定义。

Daily 的定义则更加明确,他把生态系统服务描述为"只有……是生态系统的状况和过程,自然生态系统及其组成物种通过其状况和过程维持和满足人类生命活动。生态系统的状况和过程维持生物多样性和生态系统物品的生产,如海产品、饲料、木材、生物质燃料、天然纤维和许多医药品、工业品及它们的前体"(Daily, 1997 年)。

如图 5-1 所示,Daily 清楚地区分了生态系统提供的服务与产品。在多数情况下,人类"农业"自然资源(同时有生态系统服务的输入)所生产的商品和日用品是传统经济模式的组成部分。

Daily 以及其他研究者指出,生态系统服务对于现代文明是绝对必需的,但是现代城市生活模糊了他们的存在。

很明显,世界各国的经济都基于生态系统提供的物品和服务,同样也很明显的是,人类生命本身也依赖于生态系统连续提供多种利益的能力。有一段时期,所有决定中最困难的就是了解这种明显性(UNDP 等, 2000 年)。

Daily(1997 年)和 Costanza 等(1997 年)都列举了各种特殊的生态系统服务(表 5-1)。

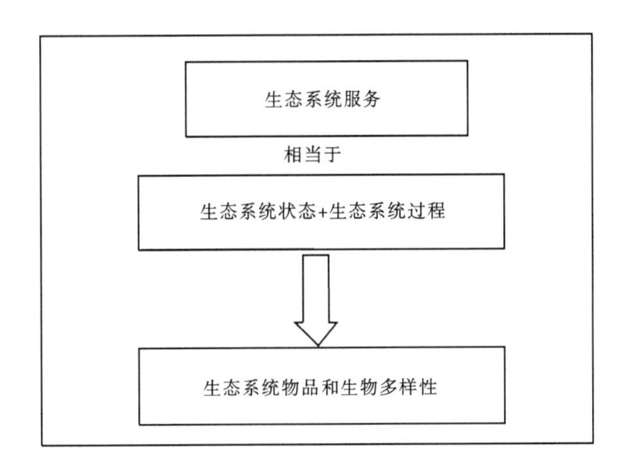


**图 5-1 生态系统服务(即状况和过程)与生态系统物品的关系**

**表 5-1** **生态系统服务的两种分类**

| Daily(1997 年) | Costanza 等(1997 年) |
|---|---|
| 空气和水的净化 | 气体调节;水调节;水的供应 |
| 旱涝的缓解 | 扰动和自然灾害调节;侵蚀控制和沉积物保持 |
| 废弃物的去毒和分解 | 废弃物处理 |
| 土壤、土壤肥力的形成和更新 | 土壤成分;养分循环 |
| 农作物和自然植被的授粉 | 传粉 |
| 农业害虫的控制 | 生物控制 |
| 种子散播和养分迁移 | |
| 生物多样性的维持 | 基因资源 |
| UV 辐射的防护 | |
| 气候的稳定 | 气候调节 |
| 人类文化的支持 | |
| 美景和智力的激发 | 娱乐、文化;避护所;食物生产;原材料生产 |

Costanza 等(1997 年)对 16 种生态系统和 17 种生态系统服务估算的价值平均约 33 万亿美元/年——几乎是全球 GNP 的 2 倍。Costanza 等的生态系统服务的定义与 Daily 的定义有所不同,因为他把生态系统物品也包括在生态系统服务之内。

澳大利亚联邦科学与工业研究组织(CSIRO,2000 年)确定了目前所关心的六种特殊的生态系统服务。

(1)残余生态系统和它们所提供的服务;

(2)澳大利亚境内的授粉服务;

(3)森林的生产率,有袋动物的生存及块菌;

(4)核心地区的桉树的枯萎;

(5)牧场生产率的弹性和草的生物多样性;

(6)来自流域的清洁水的供应。

同一份报告中也指出，在10年前，农业经济学家Rod Gill计算得出，授粉服务使澳大利亚农业的年收益在6亿～12亿美元之间。

最近，《世界资源指南》(UNDP等，2000年)列出了五种主要生态系统类型的生态系统服务及其生态系统产品，见表5-2。

**表5-2　主要生态系统提供的基本物品和服务(据UNDP等，2000年)**

| 生态系统 | 物　品 | 服　务 |
| --- | --- | --- |
| 农业<br>生态系统 | 食品作物<br>纤维作物<br>作物基因 | 维持有限的流域功能(渗透、水流控制、部分土壤保护)<br>提供鸟类、传粉物种、土壤有机质(对农业十分重要)的生境<br>形成土壤有机质<br>固定大气碳<br>提供就业机会 |
| 森林<br>生态系统 | 木材<br>薪材<br>饮用水和灌溉水<br>草料<br>非木材林产品(藤、竹子、叶子等)<br>食品(蜂蜜、蘑菇、水果、其他可食植物、猎物)<br>基因资源 | 去除大气污染物，释放氧气<br>循环养分<br>维持一系列流域功能(渗透、净化、水流控制、土壤固定)<br>维持生物多样性<br>固定大气碳<br>弱化极端天气及其影响<br>形成土壤<br>提供就业机会<br>提供人类和野生生物生境<br>提供艺术美景和休闲机会 |
| 淡水<br>生态系统 | 饮用水和灌溉水<br>鱼类<br>水电<br>基因资源 | 缓冲水流(控制时间及流量)<br>稀释和运走废弃物<br>循环养分<br>维持生物多样性<br>提供淡水生境<br>提供运输通道<br>提供就业机会<br>提供艺术美景和休闲机会 |
| 草地<br>生态系统 | 家畜(食品、猎物、兽皮、纤维)<br>饮用水和灌溉水<br>基因资源 | 维持一系列流域功能(渗透、净化、水流控制、土壤固定)<br>循环养分<br>去除大气污染物，释放氧气<br>维持生物多样性<br>形成土壤<br>固定大气碳<br>提供人类和野生生物生境<br>提供就业机会<br>提供艺术美景和休闲机会 |
| 海岸<br>生态系统 | 鱼类和贝壳类<br>鱼食(动物饲料)<br>海藻(食品或工业原料)盐<br>基因资源 | 弱化风暴影响(红树林、障壁岛等)<br>提供人类和野生生物(海洋、陆地)生境<br>维持生物多样性<br>稀释和处理废弃物<br>提供海港和运输通道<br>提供艺术美景和休闲机会 |

# 3 人类与自然环境的关系

## 3.1 以人类为中心的或以生态为中心的价值取向

目前存在着的争论和忧虑是,生态系统服务的现有定义及其价值评估过于功利主义和以人为中心。Cairns(1996年)指出:我们强调生态系统服务的重要性"是一种社会直觉的事情,因为它以价值评估为转移"。他建议"所有的生态系统功能都可能被视为生态系统服务"。除了什么是特定的生态系统服务外,有人还提出了新的问题——为谁服务或为什么服务?自然对人类的精神的、神秘的、文化的和审美的价值是什么——难道是提供给人类一个观察、感受并且将自己投入到"未开发"的自然中的机会吗?在给人类提供冒险、挑战以及敬畏的条件(如,南/北极探险、登山、极限运动)方面自然的价值是什么?生态系统对于那些与我们分享自然生态系统服务的众多非人类动植物物种的价值是什么?

## 3.2 与生态系统的相互关系——嵌入性

对生态系统服务概念的关注和不同解释可以用人类与自然相互关系的层次来阐释。一个简单的模型是包含与我们的"邻居"的两个基本相互关系的层次模型,如图5-2所示。当我们个人或集体与我们周围的世界相互作用时,甚至从电子角度涉及其他人时,我们必然有意或无意地与人类或非人类的世界发生相互关系。在与其他人的相互关系中,或许存在有商业关系,例如与我们的雇员或雇主,或者与那些有商业投资协议的人们。另一方面,我们喜欢与我们的家人、朋友和所爱的人有一种完全不同的关系。这两种不同的关系适用于各自的环境。为了与家人、朋友和所爱的人拥有健康和稳定(可持续性的?)的关系,我们发现不必定义和量化这些人提供给我们的服务。事实上,对于这一层次的关系,我们绝对多数人都会发现这种态度是无礼的和令人讨厌的。

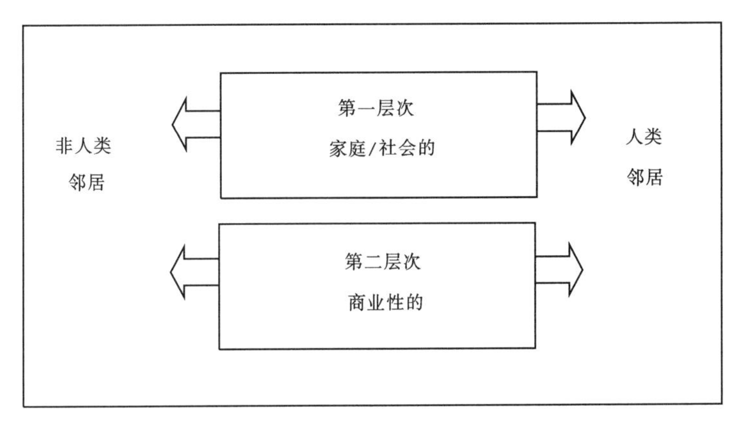


**图5-2 相互关系的层次**

人类与动物(宠物)结成紧密关系已被广泛接受,Aldo Leopold对这种关系有深刻的理解。他认为,"如果没有对土地的爱、尊重与赞赏,以及对土地价值的高度认同,人们与土地之间存在伦理关系，这对我是不可想像的。就价值而言，我所说的价值比单纯的经济价值更广泛，我所谈论的是哲学意义上的价值”(Leopold，1968 年)。在许多社会和文化(尤其是在竞争性、消费性、工业/技术社会)中，与我们的非人类邻居的第一层次关系往往不被重视、不被接受、不被认同或者不被理解。

生态学教导我们，人类物种是生态系统不可分割的组成部分。人类与其他物种一起包含在生态系统中。生态系统的所有组成部分，包括人类及其所处的环境，是相互依赖的邻居。生态系统被定义为“相互作用的有机体与它们所生存的物理环境的统一体”(UNDP 等，2000 年)。当 Townsend 等将生态系统定义为“生物群落和它们所处的非生物环境”时，很清楚地表明非生物环境是生态系统的一个必要组成部分(Townsend 等，2000 年)。那么可以认为，如果人类的确是生态系统的组成部分和“群落”成员，那么根据定义，第一层次的关系就存在于人类和非人类世界之间，即使我们用不同的方式表述它们。根据定义，人类与生态系统是一个相互依赖的统一体，这种依赖性要求相互服务。也就是说，不仅仅是生态系统为人类的需求提供服务，而且人类也要为生态系统的利益提供服务。这一点在“生态系统服务工作组”的共识报告中得到了进一步的发展。

生态系统与人类发展之间相互依赖的极端重要性对我们设计、建设支持我们社会的物质设施的标准和规范(尤其是工程设计标准)具有重要的意义。这一点在本章第 5 节中予以详细阐述。

许多文化根本上否认人类是生态系统的组成部分。从两个层次的关系来说，他们的行为常常表明，人们认为他们与生态系统是分离的和处于生态系统之外。例如，应当给予工程人员、建筑人员、技术人员、商人、农民、自然资源管理人员和政策分析者们什么样的生态系统知识培训和教育？实际上，生态学不是这类学科的培训和教育课程表上的核心课程。这个事实清楚地表明，作为区域生态系统的组成部分，我们常常不重视生态科学关于人类及其所建造的环境方面的论述。我们要求我们工作和生活居住的多层办公区和住宅楼是由经验丰富的、经过结构及其构成要素的状态和特性方面高级训练的工程师设计的。我们或许同样希望，那些用他们的政策和设计来改变和影响我们所生活的生态系统的人，对生态系统具有高深的知识和透彻的理解。这一点对于人类居住和使用的建筑和其他工程结构是否安全是非常重要的，生态系统的健康、安全和稳定对于人类的可持续福利是必需的(UNDP 等，2000 年)。毫无疑问，这个基本的观测结果在这次 2000 年“生态峰会”上的许多文章和工作组的成果中都反映出来了。

比较普遍的观点是，人类世界和自然世界是分离的世界，人类世界更高级并处于控制地位。这种观念常常被文化、语言、传统实践、技术、价值观、信仰和宗教所强化。而且，人们的这种态度否定逻辑科学。这种观念否认了这样一种事实，在宇宙、地球及其生态系统的历史中，现代人类只是最近的事件(大约 4 万年的历史)。宇宙至今已演化了 150 亿年，才形成了现存的生命、死亡和物理动力学的复杂的相互作用网络。

## 3.3 估价生态系统服务

总的来说，忽视第二层次和否认第一层次的关系导致了与许多生态系统的不可持续性关系(见第 4 节)。对于我们如何才能更加可持续地利用生态系统服务的问题，一种不全面的响应是确定生态系统服务并对其予以估价，以便在政策和管理实践中实现环境的可持续性。换句话说，确认人类与非人类的生态社会的第二层次的关系值得探索。过去，工业文明仅仅把生态系统视为理所当然的。

这些服务对于生命是如此基本以至于它们极易被视为是理所当然的，而且，它们的尺度是如此之大以至于很难想像人类活动能够将它们不可挽回地破坏(Daily 等，1997 年)。

如本章后面要讨论的那样，作为一门相对较新的学科，生态工程学在实践的基础上，在两个层次的关系上，真正地尝试把人类社会和人类活动恢复到与非人类的自然世界更平衡和更可持续的相互关系上。

## 4 生态系统服务的利用和滥用

生态系统长期生产能力目前的下降速率可能对人类的发展和所有物种的繁荣具有毁灭性的影响(UNDP 等，2000 年)。

越来越多的证据显示，人类活动对地球上的许多生态系统，及生态系统服务造成了极大的压力。“许多迹象显示出生态系统的承载能力日益下降”(Time，2000 年)。世界观察研究所(www.worldwatch.org)、联合国开发计划署(www.undp.org)、联合国环境规划署(www.unep.org)、世界银行(www.worldbank.org)和世界资源研究所(www.wri.org)的专家们一致认为，世界上的所有陆生和水生生态系统的总体健康都受到了威胁。生态系统完整性的日益下降转变为人类健康的日益下降、经济活动的日益下降和生活质量的日益下降。当然，我们的健康、经济和生活质量都依赖于这些生态系统及其提供的服务。

生态系统服务下降的例子如下：

(1)杀虫剂的使用减少了昆虫多样性，从而导致授粉程度降低(如澳大利亚、东南亚)。在澳大利亚，由于一种欧洲疾病的侵入，蜜蜂的数量正在以每年 5% 的速率减少(CSIRO，2000 年)。在新西兰，在边境实施的生物安全措施失败，导致 Varroa mite(Varrao jacobsoni)侵入而对全国生态系统的授粉服务造成了严重的影响。

(2)温室气体的排放影响气候调节功能。

(3)由于管理不当、侵蚀、污染和退化引起的表土流失正威胁着土壤的形成、再生过程、生产和养分循环。

(4)原始森林的采伐、海洋生态系统的破坏(由于过度捕捞)、生境的破碎化(如由于道路和大型水库的建设)和湿地的干涸等严重影响自然维持生物多样性的能力。

(5)工业排放正在破坏臭氧层，并引起自然的 UV 保护层的损害。

(6)干扰自然缓解灾害的过程(如砍伐森林)引起洪灾。

## 5 恢复与生态系统可持续关系的设计和工程

### 5.1 更好地利用生态系统服务

我们面临的基本问题之一是我们如何更好地利用生态系统服务。从哲学的层面上看，一种答案就是将层次 1 和层次 2 的关系与非人类邻居集成起来。正如 Costanza(1996年)和 Peet(1992 年)以及生态经济和生态政策领域的其他研究人员所认为的那样，这种状态不会发生，除非在商业社会中有合适的驱动者引起文化变革、使与生态系统有关的商业和公司团体以及他们的决策者真正将生态系统铭记在心。尽管制度和政策框架对更可持续利用生态服务的很重要，但如果在实施阶段出现“前线”障碍，那么目标(和目标设置者)的可信度就受到极大的损害。支持创新工程项目的并行过程(它从技术和物质上表明实现的可能性和不可能性)，对理解与生态系统服务的相互作用也很重要。这类工程项目能够给决策者和科学团体提供有效的反馈，从而有助于政策设计和优先研究领域的确定。图 5-3 说明了这些不同的参与者之间的相互关系。

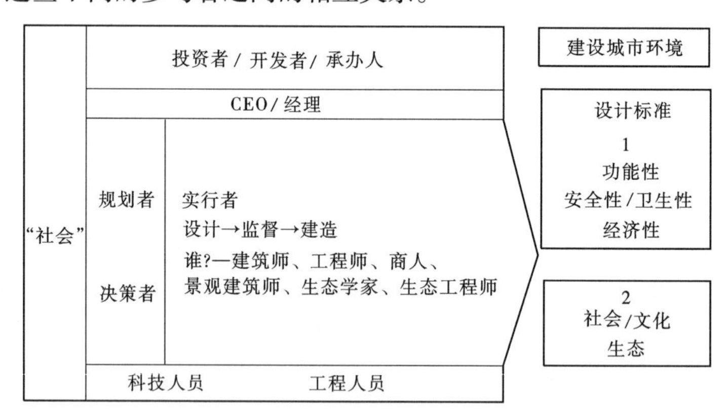


**图 5-3　社会发展中的参与者**

## 5.2 “前线”工程项目

社会对生态系统影响的本质取决于社会设计和运行其物质组成部分的方式，如道路、大坝、工厂及其排放物、废水处理和处理工厂、固体废物处理和处理工厂、能源生产和转换工厂、灌溉系统、湿地排水系统和城市暴雨基础设施、海港、采矿场、军事武器、旅游景点等。人类活动对自然界的影响是过量的排放物、不可持续的资源开发、大量生境的破碎化、扰动和破坏所造成的后果。几乎所有这些活动都可以归结为军事工程项目和民间活动项目。每一个工程项目都需要在明确的或隐含的设计规范下努力设计。除军事工程项目外，这些工程的设计规范在传统上都具有功能性、安全性、卫生性和经济可行性。在过去的 10～15 年中，环境问题凸显出在可持续性范畴内的设计规范中增加生态和社会设计标准的必要性。

## 5.3 更好地利用生态系统服务中的参与者

图 5-3 说明了社会建设过程中的各种参与者。科学家(包括社会科学家和经济科学家)只是参与者分类中的一种。把图 5-3 中的“社会”放在引号中，是考虑到是否要将我们的非人类邻居包含在其中，毫无疑问，这里存在一个定义问题。

Plato 将工程人员称为“实行者”，更多地是对他们无能力或不愿去思考他们行动的含义的一种批评。现在有一种说法，在关于实现可持续性的工作上，说得多，做得少。图

5-3 表明,虽然“生态峰会”是关于“集成科学”的,但是集成努力的过程除了包括科学界以外,还应该包括更多的参与者。在解释和应用由科学家发现的知识和由技术人员开发的技术、反映社会的希望和需要(希望能反映在政策方面)的时候,设计者是关键的参与者。为了实现一个可持续的社会,各类参与者需要一起工作,并且对社会的公共设计准则取得一致意见。这就提出了一个问题:不同的学科和不同的参与者是否能够具有一种合适的文化背景,以使他们能够一起工作,作为像联合国开发计划署的报告(UNDP 等,2000 年)中所提到的“生态系统方法”——一个全面的而不是一个部门的方法的组成部分。

## 5.4 作为设计者的工程师

工程设计“是基于科学的、为实现有用目标的创造性艺术”(Davies 和 Painter,1990 年)。作为一种有意识的行为,它是人类特有而其他物种所没有的。它提供了一种自由度,在生态系统内没有其他物种具有这种自由度。相应地,这种自由应当与责任相平衡,特别是在工程设计与建设的情况下,应当与对生态系统的责任相平衡,因为所设计的项目存在于生态系统内。传统上,工程师和建筑师是建筑结构、技术、服务和基础设施等工程项目的设计者。近年来,景观建筑师和生态工程师也对工程项目的设计做出了贡献。

工程设计是通过有意识的设计以改造人类居住的物理环境。澳大利亚工程师研究所所长指出:“事实上,任何工程项目都在某些方面改变了环境,因而也就对周围社区的福利、健康、安全产生了一定的影响”(Gillin,1992 年)。职业工程师对“走向发展与环境的结合,并走向可持续发展的目标”有着特殊的义务(IPENZ,1993 年)。

《我们共同的未来》(Bruntland,1987 年)号召“技术的重新定位——人类与自然间的关键联系”。相应地,工程组织世界联合会(WFEO)前主席 David Thom 将这一点表述得更清楚:“工程实践的总体特性必将是不同的”(Thom,1993 年)。如果在 21 世纪这一点仍然是相关的和可靠的,工程专业的挑战是理解这种不同的本质并且接受之,特别是在工程师的培训和教育方面要利用这种不同。在 WFEO 工程师环境伦理法规中确认了这种不同,它要求工程师们应该“知道生态系统的相互依赖性、多样性的维持、资源的恢复与相互和谐的原则构成了我们可持续生存的基础,这些基础中的每一个都具有不应被超越的可持续性阈值”(Thom,1993 年)。

职业工程师和其他人员对环境责任的普遍反应是采用以技术为中心的方法,这是一种更“有效”的技术(清洁技术)和更高级的管理(废弃物最少化与环境管理系统)。对于职业工程师、政治家和工业界来说,这类方法是一种相对容易的政治和经济调整方法,是一种以新的或改进后的管理实践和技术为基础的常规性事务。但是,有一种观点认为技术操纵本身并不能导致可持续的生存。尽管改进的技术可以更有效地处理资源,但是它们同样可以使富余的人实现高的生活标准、高的期望和消费。那些无力承担技术费用的人将会更加贫困。不断加大贫富差距会使社会功能不良和环境进一步退化,因为那些处于贫困中的人们没有能力专注于长期可持续性和环境问题。

作为一个工程师,如果缺乏对社会和生态世界的完整认识,就会只专心于狭隘的技术世界的刺激和挑战(如果不是沉迷于其中的话),他/她就会忽略广阔的环境中正在发生的事情。技术操纵的方法会否定对物质工程和技术世界与生物、精神、情感、社会和文化世界之间相互联系的正确评价。这种分离能引起对自然功能不良和不平衡的责任感。

从定义上来说,可持续性要求对工程项目所处的生态、经济和社会系统有一个长期的观点和合理的认识,这要求我们重新思考和重塑前面所讨论的人类和非人类生物物理群落之间关系的本质。将人类的发展从超越并包含传统的效率和技术目标转变为生态集成的、可持续发展的目标,需要多学科的、地方性的和全球性的努力。

波士顿土木工程师协会主席在最近一次讲话中提出:“未来的工程师、科学家和商人必须设计能够使自然环境延续而不是使其退化,能提高人类的健康和福利水平,并且能反映和存在于自然系统限度内的技术和经济活动”(Cortese,1999 年)。

## 6 生态工程

生态工程在西方国家是一门相对较新的学科。生态工程特别强调在我们的设计中需要“在自然系统的限度内反映和存在”(Cortese,1999 年)。从实践的角度来说,它是一门支持更可持续利用生态系统服务的学科。

生态工程学科(有时也被称为生态技术)是 Howard Odum❶ 在 20 世纪 60 年代初提出的,Howard 在认识到社会应尊重自然并与自然相协调的必要性后提出这一概念:“因为人类现今施加于生态系统上的压力,地球的管理必须越来越多地趋向于与地球生命支持系统的合作,有时也称为‘自然的管家职能’”(Odum,1989 年)。

生态工程是有关与自然的伙伴关系的一门学科。它曾被定义为“……是人类社会与其自然环境的设计,这种设计应是为了二者的共同利益”(Mitsch,1996 年)。但是,这种定义被修改为“为了二者的共同利益,对人类社会与其自然环境相结合的可持续生态系统的设计”(Mitsch,1998 年)。Mitsch 解释生态工程师的任务应该是设计生态系统而不是设计社会。

中国人认为,生态工程不是一门新学科,而是他们的基本生产实践的传统组成部分。Yan❷ 和 Ma(1996 年)将生态工程定义为“……为了二者的共同利益,将生产过程与自然环境管理相结合的特定设计和运行系统”。

浏览“生态工程”的会议录与期刊文章会发现,在生态工程学科中包括相当广泛的主题(表 5-3)。有关在这门学科中应该包括什么或者不应该包括什么的建设性讨论和争论一直持续不断。然而,非常清楚的是,生态工程的本质是应用我们的生态系统知识❸ 与解决和设计问题的技巧,将人类的努力和创造力与自然界结合起来。

将工程项目与自然结合这并不是一个新设想。它是“在上帝所创造的自然内,仿佛在自然的世界内存在着第二个世界”(Cicero,公元前 45 年)。

下面的案例研究表明生态工程是如何应用的。

---

❶ 美国佛罗里达,佛罗里达大学环境工程学系与湿地研究中心。

❷ 中国南京,南京地理与湖泊研究所。

❸ 生态系统包括自然界有生命、无生命的构成部分的条件、状态和相互作用,并且包括人类的社会、文化、经济活动。

表 5-3 生态工程学包括的一些设计主题

| | |
|---|---|
| • 为了处理废水建设的湿地<br>• 水产业废水的养分循环<br>• 城市用水和废水处理综合技术和管理<br>• 污水的处理和管理<br>• 工业和家庭用水的节约、再利用系统及技术<br>• 固态再利用系统<br>• 城市生态系统的设计<br>• 恢复生态学<br>• 生境重建<br>• 生态系统恢复<br>• 河流恢复<br>• 湿地恢复 | • 海岸带生态工程<br>• 河口的恢复与管理<br>• 道路设计中使生态系统片断化最小化<br>• 生态隧道、鹿迁徙通道和生态输送管的设计<br>• 适合生态要求的建筑材料<br>• 模拟生态技术<br>• 可持续发展的城市规划<br>• 生物质能源<br>• 生物气体技术<br>• 可再生燃料<br>• 可持续农业生态学 |

## 6.1 案例研究 1:荷兰运输部(Van Bohemen,1996、1998 年。个人交流,2000 年)

荷兰运输部道路与水力局有一个将运输系统与生态系统相结合的政策。它们有一系列政策,其中之一就是使用设施以将生境破碎化的影响降到最小。采用的措施,如在高速公路下设计獾迁徙管道与隧道、为红鹿迁移建造天桥等。这些设施也被其他动物所利用,如狐狸、狍、刺猬、地甲虫和两栖类动物。

在荷兰政府的政策中全面体现了减缓与补偿的活动。运输计划包括的目标情景为:短期应防止乡村的进一步破碎化;长期应减少破碎化。在考虑保护和减小在道路规划和道路建设过程中基础设施和运输的负面影响方面,采取了以下方法:

首先,努力通过严格限制基础设施发展和将基础设施与景观结合起来以预防生境的破碎化。其次,目标是抵消破碎化。这一点可以通过缓和现有状况来做到。破碎化的影响不能减轻的问题,可以采取补偿措施(通过适当的环境改进方式,重建失去的生境或强化边缘生境)(van Bohemen,个人通信)。

van Bohemen 指出,现在人们对补偿措施的兴趣日益增加,因为人们怀着强烈的恢复由于基础设施的出现而被破坏或者消失了的生态功能和生态价值的愿望。van Bohemen (1996 年)也报道了荷兰在陆地—海洋过渡带上所建立的生态系统价值,特别是运输部为潮汐入口的设计确定了工程准则。这个准则认可了洪水安全性要求、水文效应、社会经济影响、生态和景色的益处和影响。

## 6.2 案例研究 2:瑞典 Oxelöosund Våtmark(个人参观,1998 年)

这是一个人工建造的表面流动的湿地,其设计目的是用来降低来自 Oxelosund 城(人口约 15 000 人)已处理过的废水的含氮量,使之在流入波罗的海之前减少 50%。通过传统的机械/化学处理,在 22hm$^2$ 的湿地内实现氮的去除。表层湿地是独特的,有两组平行的系列水池,以 3.5 天为周期轮流运行,其后面跟随着一个最终起脱氮作用的水池。

## 6.3 案例研究 3:德国 Donaumoos(Wild,2000 年,个人交流)

在德国的 Donaumoos 建立了三个湿地,大约位于慕尼黑以北 80km 的 Danube 河谷。它是德国南部的渗透性沼泽地和最大的泥炭地。在 200 年前的农业耕作之前,泥炭地的面积是 180km$^2$。Donaumoos 的 75%的区域现在被作为耕作土地(主要庄稼是土豆),其余的是永久草地。由于具有长期的农业历史,泥炭的分解是相当彻底的。

Donaumoos 的三个湿地的总面积是 62 000m$^2$。流入湿地的水是来自一个流域(32km$^2$)的被严重污染的径流,其中 95%为农业废水,其余为城市废水。在其中两个湿地上种植了 *Typha angustifolia* 和 *T. latifolia* 两种湿地植物。这些植物在冬季收获,加工后用于生产绝缘材料。湿地中 $NO_3$—N 和 $PO_4$—P 养分的去除率很高,而有机氮养分的去除率比较低。这些湿地不仅处理被污染的流域径流,而且能够补充地下水,恢复生态系统的自然湿地功能,同时为绝缘材料的生产提供了可更新原材料。

## 6.4 案例研究 4:挪威 Ås 的 Kaja(Etnier 和 Refsgaard,1999 年。个人参观,1999 年)

位于挪威 As 的挪威农业大学有一幢学生公寓(称为 Kaja),有 24 套单元房供 54 名学生居住。在这座建筑内配有 26 个真空厕所,其系统被设计为可以分离可再利用废水流和不可再利用废水流。不可再利用废水被贮存在一个 15m$^3$ 的原地的地下容器内。设计了专门试验以说明运输不可再利用废水的经济可行性,即利用道路运油车(road tanker)将不可再利用废水运输至一个液体堆肥厂(在挪威 Aremark,见案例研究 5),以便在将不可再利用废水灌入农田之前进行清洁处理。所有的可再利用废水被一个腐化容器就地处理,这个容器后接一个膨胀土过滤器和一个建造在地下的流动湿地。可再利用废水在排入社区雨水系统前得到了高标准的处理。

位于奥斯陆的挪威农业经济研究所的研究人员研究了各种分散的废水系统的经济和环境成本和效益,不可再利用废水的源头分离和液体堆肥处理是最好的(Etnier 和 Refsgaard,1999 年)。

## 6.5 案例研究 5:挪威 Aremark(个人参观,1998 年)

在挪威南部 Aremark 南面的一个小城里,当地政府给农民付钱,让他们将家庭废水中的营养物质收集、清洁、固化,然后送回到当地肥沃的农田里。在这种城市与农村的伙伴关系中,居民们同意安装节水马桶(一些家庭使用真空马桶),并且将节约下来的水(每个家庭每年 7~10m$^3$)贮存在原地的不可再利用废水贮水器中。在 Aremark,农民不仅每年收集一次不可再利用废水,而且还收集厨房的有机废物,把它们添加到位于农田里的嗜热细菌液体堆肥厂。各个家庭以各种方式就地处理和处置灰水。

## 6.6 案例研究 6:瑞典 Kågeröd 循环利用计划(Hasselgren,1995 年。个人参观,1998 年)

在瑞典种植有超过 2 万 hm$^2$ 的 Salix 物种,用做生物燃料。这个项目可以用于考察与来自废水浇灌的 Salix 生产生物能源燃料相关的经济、能源和环境问题。

靠近瑞典南部 Lund 的“Kågeröd 重复利用计划”，把瑞典南部靠近 Lund 的 Kågeröd 城的经过常规处理的废水(1 500 人口 + 食品工厂用量 = 6 000pe)浇灌给 25hm$^2$ 的 Salix。Salix 的管理是短周期的，其收获后为能源生产提供生物量。

## 6.7 案例研究 7：瑞士 Ruswil(Heeb 等，2000 年。个人参观，2000 年)

网状的大型管道将天然气从北海输送到地中海国家，沿着管道的许多点上有压缩机站。在瑞士的 Ruswil 压缩机站有一个 60MW 的废弃热量输出口。Transitgas AG 管道公司对利用这种废弃能量的办法很感兴趣。

公司建立了一个实验工厂，研究将压缩机站产生的废弃能量与当地社区产生的废水相结合以运行一个生产性温室/水产中心的可行性。这个温室有两个地带——温带和亚热带/热带，工厂还包括水产容器。一个试验期运行 2～3 年时间(1999～2001 年)，这一阶段的结果将是这个工程项目可能扩大的基础。

这个试验性温室由双层窗格玻璃和一个轻便的金属框架构成，覆盖约 1 500m$^2$ 的区域，在温带和亚热带/热带气候之间大致平等分开。温带气候带包括一个为教育和演示目的而设置的区域。亚热带/热带气候带生产亚热带和热带水果。需要生产速生的植物、灌木或者最高 4～6m 的树木，包括木瓜、芒果、金橘、番荔枝、西番莲果、番石榴、荔枝、灯笼果、树番茄(tree tomatoes)等。

在后期阶段，人们提出从一个邻近的农场引入液体肥料作为整个温室系统的营养输入。固态的小部分物质将被制成堆化和处理成为化学肥料。这样生产出来的肥料就被用于温室内两部分土壤中生长的植物，以及土壤中形成的菌类和蚯蚓的生长。

这个运行的水产系统包括悬在鱼池(合成的水产池)上方的浅水池。鱼池面积为 50m$^2$，深 1.5m。在这些鱼池内喂养着一种具有很高的市场价值的亚热带/热带淡水鱼——罗非鱼(tilapias)。从鱼池内引出的水被导入浅水池，并且在那儿得到清洁。来自浅水池的富含养分的残渣沉积物被用做温室中种植区域的肥料。在将来，来自邻近农场的液体肥料中富含养分的液体部分，将被引入到浅水池，以供养殖浮游水生植物。这些浮游植物将作为临近鱼池中鱼的饲料。

## 6.8 案例研究 8：印度加尔各答废水养殖水产业(Jana 等，2000 年。个人参观，1999 年)

加尔各答或许拥有世界上最大的废水养殖水产业系统。300 年前这个地区被红树林所占据(目前在 Sundarbans 地区仍然保留着红树林)，但是原来的 8 000hm$^2$ 湿地已减少到 3 600hm$^2$。加尔各答的人口超过 1 100 万，每天大约产生 11 000m$^3$ 的废水。在 1998 年的 IEES 会议上提交的一篇文章(Jana 等，2000 年)宣称，2 500hm$^2$ 的废水养殖鱼池平均每天生产 20t 鱼，雇用了 17 000 人。文章宣称，除了渔业生产外，巨大的露天水池吸收污染的灰尘，并且作为被污染的雨水的处理池。总体上，废水养殖的鱼池使用的是从最初的水池流出的稀释过的废水(从 1∶1～1∶4)。

鱼的产量是变化的，如：

(1)Mudialy 鱼池每年生产 2 160～5 700kg——每月平均生产 400kg/hm$^2$；

(2)Captain Beri 鱼池每年生产 3 852～8 770kg。

但是，废水养鱼池对环境的影响不仅仅是正面的。来自加尔各答 Kalyani 大学的 Biswas 和 Santra(2000 年)研究了重金属，观察发现在加尔各答和其郊区不同市场上售卖的蔬菜和鱼类所含的重金属含量比那些产自无污染环境的蔬菜和鱼类所含的重金属含量高得多。来自 Kalyani 的淡水水产业中央学院的 Bhowmik 等(2000 年)研究了渔夫得病的危险性，得出的结论是："废水养殖鱼场的渔夫得腹泄、咳嗽、感冒和发烧这些疾病的现象非常普遍，尽管淡水养殖渔夫得这类疾病的现象也很具有普遍性"。

## 6.9 案例研究 9：瑞典 Stensund 水产中心(Guterstam，1996 年；Guterstam 等，1998 年。个人参观，1998、1999 年)

位于斯德哥尔摩南部的 Stensund 民族学院是瑞典白令海岸线上的一个小乡村。由瑞典健康和运动协会所拥有的这所民族学院，继承了一个世纪之久的、强调可持续性和社会统一的民主和技术的教育传统。

Stensund 的研究队伍认识到关闭废水养分循环系统和优化能量使用的必要性。他们将在温暖气候(如亚洲)下使用的传统废水养殖系统应用到瑞典比较寒冷的气候中。他们的废水养殖水产业建造在温室内，这可以满足几乎全年的生产周期，这一点是非常必要的。

Stensund 系统利用一个温室结构将一些容器包围起来，每一个容器中都养殖一些特殊品种的鱼类，用来转换、解毒和循环废水成分。从民族学院流出的每日高达 20m$^3$ 的废水通过这个系统被供给鱼类。同时，这个系统还向学院输出从废水中还原的能量、由温室捕获以及未使用的能量。

迄今，Stensund 工厂的运行情况已被监测了十几年，并且有公开发表的结果(Guterstam，1996 年；Guterstam 等，1998 年)。Guterstam(1996 年)报道，从工厂排出的废水质量几乎达到了洗浴用水的标准，有机体和悬浮固体减少了 95%之多。另外，Guterstam 还报道，尽管 Stensund 系统比一些传统的废水处理技术具有高的投入和运行成本，但该系统不仅是一个废水处理单元，而且还能够生产能量和食品，同时还是一个教育和旅游中心。

由于经济困难，该中心于 2000 年关闭。它提供了远远超出为当地社区处理废水和处理废弃物的传统服务范围，这用边际成本是比较容易分析阐明的。但是，中心提供的其他服务用传统经济学的方法很难定量分析，这些服务包括以下内容。

(1)在地方、全国和国际范围内提高社会教育和社会意识；

(2)生态工程的过程、原则和技术的研究与发展；

(3)在技术、工程、生态学和生活科学、经济学、社会和文化行为之间的适当关系内建立的知识、意识和经验；

(4)多学科和跨学科的活动；

(5)国际网络化和技术转移。

## 6.10 案例研究10:新西兰 Christchurch 市增水计划(Christchurch 市议会,个人交流,2000年)

近年来,新西兰 Christchurch 市地方管理当局积极实施更加生态友好的方法以发展和维护城市的水道。对这种新方法有益的因素是:

(1)制定《资源管理法案(RMA)》。《资源管理法案》被设计成用来形成环境规划和资源管理的方法,这个法案的目的就是提高自然和物质资源的可持续管理。

(2)实施1974《地方政府法案》。这要求新西兰的每个地方当局完成一个资产计划。

(3)管理和扩展排水系统服务所增加的费用。

(4)社会对环境问题和环境价值更强的意识。

在阐明他们的资产计划时,Christchurch 市议会认识到,传统的基础设施估价方法将低估城市的自然资产和社会/文化资产的价值。尤其值得关注的是,水道不仅具有提供排水系统服务的功能,而且还提供自然生态服务的功能。Christchurch 市拥有90km 的河流和接近300km 的支流。因此,市议会的"水服务单位"(Water Services Unit)正在实施一项财产管理计划,这项计划认识到景观、生态、娱乐、文化、遗产和排水等6种价值。

他们的强化规划不仅只给社会提供功能的、经济的和低风险的水道服务(排水和雨水处理),而且还提供娱乐、文化、自然遗产和教育的机会。另外,最近对这种强化规划的支付意愿(WTP)调查研究的结果表明,附近的财产价值上升了(Bicknell 和 Gan,1997年)。

## 6.11 案例研究评价

表5-4从它们如何实现更可持续利用生态系统服务的角度列出了对这些案例研究的评价。

表5-4 案例研究的评价

| 案例研究 | 对生态系统服务更可持续利用的贡献 |
| --- | --- |
| 1.荷兰运输部 | 通过最大限度降低生境破碎化以加强生物多样性和生态系统保护,强化美景 |
| 2.瑞典 Oxelösund Vätmark | 恢复和增加湿地的生物多样性,局部终止养分循环,强化美景 |
| 3.德国 Donaumoos | 恢复和增加湿地的生物多样性。恢复地下水位。绝缘产品的可持续生产、相应地节约能源和减少温室气体影响(有益于生态系统服务的气候调节功能) |
| 4.挪威 Ås 的 Kaja | 局部终止养分循环,生态系统教育 |
| 5.挪威 Aremark | 局部终止养分循环 |
| 6.瑞典 Kägeröd 循环利用计划 | 部分关闭养分循环。可再生能源生产和减少温室气体排放(有益于生态系统服务的气候调节功能) |
| 7.瑞士 Ruswil | 局部终止养分循环。废弃能源的利用和减少温室气体影响(有益于生态系统服务的气候调节功能) |

**续表 5-4**

| 案例研究 | 对生态系统服务更可持续利用的贡献 |
| --- | --- |
| 8. 印度加尔各答废水水产养殖 | 增加湿地的生物多样性。局部终止养分循环。保持地下水位 |
| 9. 瑞典 Stensund 水产中心 | 局部终止养分循环。能源保护和相应减小温室气体影响(有益于生态系统服务的气候调节功能)。生态系统教育 |
| 10. 新西兰 Christchurch 市增水计划 | 增加城市生物多样性。对生态系统服务的社会教育与社会参与。强化美景 |

以上案例研究没有一个包含"生活机器系统"(Todd 和 Josephson,1996 年; www.livingmachines.com),这项特殊的技术是生态工程的另一个极好的例子。生活机器技术是一种生物废水处理系统,近似于案例研究 9 中所描述的 Stensund 水产中心的系统。这些系统使用一系列容器,这些容器通常被放置在一个受控制的环境温室内。由 Todd 博士在美国首倡的这个系统,是一个模仿自然系统的微型生态系统。这种创新的过程是建立在光合作用、养分循环和生物多样性的基础上的。这种方法将加速的水生生态过程与阳光和包括细菌、植物、蛇类和鱼在内的有机体结合起来,可以分解和吸收有机污染物。生活机器设计已经在世界上不同气候条件下的一些地方得到了应用(如美国、加拿大、英国、巴西、澳大利亚),用于处理不同类型的废水流。

这些极少的案例研究表明,通过采用集成的设计方法,生态工程方法如何为更可持续利用生态系统服务作贡献。有关其他的案例研究,读者可以参考国际生态工程协会(IEES)的网页(http://www.iees.ch/)。

尽管本章一直在强调生态工程对更可持续利用生态系统服务的贡献,但显然还有其他一些能够采取的措施,这些内容将在有关生态系统服务共识的第六章中介绍。

## 7 生态系统服务的利用不足

人们日益担忧对生态系统服务的过度利用。但是,以上案例研究也表明,一些传统的工程实践可能导致对生态系统服务及其所提供的更可持续和更平衡的生活方式的机会严重利用不足。

世界上绝大多数常规废水系统没有采用水生态系统(如加尔各答、Stensund、Ruswil 和生活机器水产业)或土壤系统(如 Aremark 的)的养分循环服务。从养分循环的角度看,植物/土壤生态系统的再生能力没有得到充分利用。由于拙劣的设计和生境的破坏,许多数千公里的运输系统和城市水道没能有效利用美景和生物多样性等生态系统服务。

许多集成生态工程系统在某些情况下或许需要更密集的劳动力,但在劳动力成本低廉和需要就业机会的国家,这样的生态工程系统(如集成生物系统)是有益的。

## 8 结语

本章综述了关于生态系统服务的一些文献,辩明了这些服务并讨论了它们的价值。

显然,对生态服务有着各种各样的理解。各种理解之间的差异可以用人与自然世界之间关系的性质和深度来解释。有些人对自然界只是简单地以单纯商业利益的方式行事,而其他一些人则与非人类世界有较深层次的相互作用。这取决于一个人如何理解她/他与生态系统的关系,即一个人是否与生态系统分离并独立于生态系统之外,或者作为生态系统内部的相互依赖的组成部分。对于一个给定的社会或组织,个人与生态系统关系的本质将影响集体关系的类型。

工程师和生态工程人员对找到人类发展问题的物理解决方法很有兴趣。面临的挑战是工程学科要采取生态系统方法及其所要求的其他设计准则。工程师和生态工程人员拥有材料的特性和行为、生态系统、自然力方面的知识。运用他们的知识以及创造性设计技巧,提供能使社会更好地利用生态系统服务的物质系统和技术,是工程师和生态工程人员的职业责任。这些生态系统服务中的一部分被过度利用,导致退化或破坏;而另外一些则利用不足。如果这对于某一门特定学科是个"大问题",那么跨学科的工程设计或许是一种可选择的解决方案。然而,作者认为,不论是生态科学还是职业工程学科,都不足以胜任将生态系统方法纳入工程项目的设计当中。在一些专门的例子中(如案例研究中所说明的),在工程设计中采用了生态系统方法,但是这种实践尚没有被那些发展工程项目的负责人广泛采用。有大量证据显示,许多重要学科的教育和培训机构并不认为将生态系统科学纳入他们的课程表是一件很重要的事情。

上面介绍的这些案例研究表明生态工程设计方法如何使生态系统服务得到更可持续的利用。但是,要说明这些工程项目的可持续性究竟如何,还需要对其中一些案例研究进行更深入的分析(例如用可持续过程指数(SPI),Krotschek 和 Narodoslausky,1996 年)。

更好地利用生态系统服务是人类社会与自然世界取得更可持续的关系的基础,这也是可以实现的。但是,只有将生态系统的方法应用于人类的各种努力和发展中才能实现这个愿望。

**致谢**

我对 2000 年"生态峰会"生态系统服务工作组所有成员的见识和热情表示感谢。由于以下成员写了评论和建议,我对他们表示特别的感谢:荷兰 Delft 的 Heinvan Bchemen;瑞典 Lund 的 Stefan Gössling;瑞典 Trosa 的 Björn Guterstam;瑞士 Wolhusen 的 Johannes Heeb;瑞士 Lucerne 的 Andreas Schönborn;奥地利维也纳的 Ralf Roggenbauer;加拿大滑铁卢的 Alan Werker。

## 参考文献

[1] Beder S. The New Engineer (Macmillan Education Australia, South Yarra),1998,pp.347

[2] Bhowmik M L, Chakrabarti P P, Chattopadhyay A. Microflora present in sewage - fed and possibilities of their transmission. In: Jana B B, Banerjee R D, Guterstam B and Heeb J (Editors), Waste Recycling and Resource Management in the Developing World (University of Kalyani, India),2000,pp71-77

[3] Bicknell K B,Gan C. Valuing waterway enhancement activities in Christchurch ; a preliminary analysis. Presented to the NZARES Conference, Blenheim, New Zealand,1997

[4] Biswas J K, Santra S C. Heavy metal levels in marketable vegetables and fishes in Calcutta Metropolitan Area, India. In: Jana B B, Banerjee R D, Guterstam B and Heeb J (Editors), Waste Recycling and Resource Management in the Developing World (University of Kalyani, India), 2000, pp. 371～376

[5] Bruntland G (Chair). Our Common Future. The World Commission on Environment and Development (Oxford University Press, Oxford), 1987, pp. 400

[6] Cairns J. Determining the balance between technology and ecosystem services. In: Schulze P (Editors), Engineering Within Ecological Constraints (National Academy Press, Washington, D.C.), 1996

[7] Cicero M T. 45 BC, De Natura Deorum. Book 2, Section 152

[8] Cortese A D. The role of engineers in creating an environmentally sustainable future. Presented at the annual Thomas R Camp lecture of the Boston Society of Civil Engineers, 1999

[9] Costanza R. Designing sustainable ecological economic systems. In: Schulze p (Editor), Engineering Within Ecological Constraints (National Academy Press, Washington, D.C.), 1996. pp. 79～95

[10] Costanza R, d'Arge R, de Groot R, et al.. The value of the world's ecosystem services and natural capital. Nature, 1997, 387: 253～260. See http://www.floriplants. com/news/article. htm

[11] CSIRO, 2000, Website: http://www. dwe. csiro. au/ecoservices/myerintro. htm.

[12] Daily G C (Editor). Nature's Services – Societal Dependence on Natural Ecosystems (Island Press, Washington, D.C.), 1997, pp. 392

[13] Daily G C, Alexander S, Ehrlich P R, et al.. Ecosystem services: benefits supplied to human societies by natural ecosystems. Issues Ecol, 1997, 2 (Spring): 2～16

[14] Davies T R H, Painter D J. New degree in natural resources engineering. N. Z. Eng, 1990, 45 (6): 4～6

[15] Etnier C, Refsgaard K. Economics of decentralised wastewater treatment ; testing a model with a case study Presented to Conference: Managing the Wastewater Resource – Ecological Engineering for Wastewater Treatment. Ås, Norway. 1999, 6: 7～11

[16] Gillin M. Foreword. In: National Committee on Environmental Engineering, Environmental Principles for Engineers (Institution of Engineers, Australia, Canberra), 1992

[17] Guterstam B. Demonstrating ecological engineering for wastewater treatment in a Nordic Climate using aquaculture principles in a greenhouse mesocosm. Ecol, Eng. 1996, 6(1～3): 73～97

[18] Guterstam B, Forsberg L E, Buczynska A, et al.. Stensund wastewater aquaculture; studies of key factors for its optimisation. Ecol. Eng, 1998, 11(1～4): 87～100

[19] Hasselgren K. Wastewater irrigation of energy plantation. In: Staudenmann J, Schönborn A and Etnier C (Editors), Recycling the Resources (Transtec Publication, Zuerich – Uetikon, Switzerland), 1995, pp. 183～188

[20] Heeb J, Huber F, Wyss P. The Greenhouse Use of Waste Heat of Transitgas AG's Gas Compression Station (GVS) at Ruswil (Switzerland), 2000, http://www/heeb – gmbh. ch

[21] IPENZ. Environmental Principles for Engineers, unpublished draft (IPENZ Committee On Engineering and the Environment), 1993

[22] Jana B B, Banerjee R D, Guterstam B, et al.. Waste Recycling and Resource Management in the Developing World, Proc. Int. Ecological Engineering Conference (1998), Calcutta (University of Kalyani, West Bengal), 2000

[23] Krotschek C, Narodoslawsky M. The sustainable process index – a new dimension in ecological evaluation. J. Ecol. Eng, 1996, 6: 241～258

[24] Leopold A. A Sand County ALMANAC and sketches here and there (Oxford University Press, London),1996,pp.226
[25] Mitsch W J. Ecological engineering: the roots and rationale of a new ecological paradigm. In: Etnier C and Guterstam B (Editors), Ecological Engineering for Wastewater Treatment (CRC/Lewis Publishers, Boca Raton, FL),1996, pp. 1~20
[26] Mitsch W J. Ecological engineering: the 7 year itch. Ecol. Eng,1998, 10(2): 119~139
[27] Moser A. Eco－tech as a new engineering discipline. In: The Green Book of Eco－Tech, Proc. 4th Int. Ecological Engineering Conf. (Sustain, University of Technology, Graz, Austria),1997
[28] Odum H T. Man in the ecosystem: proceedings of Lockwood Conference on the suburban forest and ecology. Bull. Conn. Agric. Stn, 1962,652: 27~75
[29] Odum H T. Ecological engineering and self organization. In: Mitsch W J and Jorgensen S E (Editors), Ecological Engineering (Wiley, New York),1989,pp.79~101
[30] Peet J. Energy and the Ecological Economics of Sustainability (Island Press, Washington, D.C.),1992
[31] Roberts D V. Sustainable development － a challenge for the engineering profession. Trans. IPENZ, 1991,18(1/Gen): 2~8
[32] Schulze P C, Frosch R A, Risser P G. Overview and perspectives. In: Schulze P (Editor), Engineering Within Ecological Constraints (National Academy Press, Washington, D.C.),1996,pp. 1~10
[33] Thom D. Engineering to sustain the environment, Proc. IPENZ Conf, Hamilton, 1993
[34] Time. A preview of the PAGE report [World Resources 2000~2001: People and Ecosystems: The Fraying Web of Life (United Nations Development Program, United Nations Environment Program, World Bank, World Resources Institute, Washington D.C.) pp400],2000
[35] Todd J,Josephson B. The design of living technologies for waste treatment. Ecol. Eng, 1996,6(1~3):109~136
[36] Townsend C R, Harper J L, Begon M. Essentials of Ecology (Blackwell Science, Boston, MA),2000, pp.570
[37] United Nations Development Program, United Nations Environment Program, World Bank and World Resources Institute. World Resources 2000~2001: People and Ecosystems: The Fraying Web of Life (World Resources Institute, Washington, D.C.),2000, pp.400
[38] Van Bohemen H D. Environmentally friendly coasts: dune breaches and tidal inlets in the foredunes. Landsc. Urban Plan, 1996,34: 197~213
[39] Van Bohemen H D. Habitat fragmentation, infrastructure and ecological engineering. Ecol. Eng, 1998,11(1~4): 199~297
[40] Wurth A H. Why aren't all engineers ecologists? In: Schulze P (Editor), Engineering Within Ecological Constraints (National Academy Press, Washington, D.C.),1996, pp.129~137
[41] Yan J,Ma S. The function of ecological engineering in environmental conservation with some case studies from a China. In: Etnier C and Guterstam B (Editors), Ecological Engineering for Wastewater Treatment (CRC/Lewis Publishers, Boca Raton, FL),1996, pp.21~36

# 第六章　生态系统服务[1]

**摘要:**这一章的目的是介绍在"2000年生态峰会"上各工作组的活动以及围绕生态系统服务这一主题所建立的共识。一个由致力于环境问题研究的专家组成的跨学科研究小组在"2000年生态峰会"期间花了两天时间来处理术语问题、提供研究案例,并且对生态系统服务在理解和解决21世纪的环境问题中的重要性达成了共识。环境问题的解决方法从本质上说既是技术性问题又是社会性问题。生态系统服务是指维持人类生命的生物圈的自然过程。在一个人类活动的尺度已经变为真正的全球性尺度的世界里,生态系统服务对评价和管理人类活动的意义和作用越来越不言自明。本章讨论了生态系统服务的定义、内涵,以及讨论了应遵循什么途径以便在未来的人类生存结构中明确建立生态系统服务。如果人类想摆脱目前的对生物圈自我破坏的道路,就必须遵循这种途径。工作组的重要成果是对①全球关注与地方行动之间;②思想者、实干者和利益相关者之间;③中央权力与散式活动之间等相互影响的认识。这里呈现给读者的是结合生态系统服务的需求与人类发展的欲望的一个决策树的草案,以使他们适应未来为了可持续性展开的最佳实践。

## 1　引言

生态系统服务工作组聚集了来自12个国家的15个代表,具备包括农业、经济、侵蚀控制、渔业、景观规划、可更新材料生产、旅游、运输、水与废水管理、湿地等专业背景。对生态研究有广泛的经验和观点。来自生态工程学科的代表主持该工作组的工作。工作组成员兴趣的多样性意味着讨论得到了很好的均衡,同时讨论的问题和研究案例的性质和范围十分丰富。

围绕一个共同的主题,便于聚会并积极参与讨论的想法现在日益流行。"2000年生态峰会"倡导采取了这种使会议与会者富有成效和有意义的方式。像此次生态峰会这样的聚会具有很大的生态足迹(Wackernagel 和 Rees, 1996年),因此这样的聚会不应该仅仅是展示研究成果,因为这些成果可以通过其他一些消费不高的方式进行交流,我们需要一些更深层次的沟通和交流。

第一天回顾每个人都已经知道的、但缺乏沟通的有关环境与生态系统知识,正如所预料的这种回顾开始建立相互沟通的桥梁,使得具有完全不同背景和从不同角度关注生态系统服务的专家能够相互交流。我们或许可以将这一过程描述为"摔泥浆运动",它对于找到共同点、建立概念和列出优先问题是十分重要的。正如会议主席 Bob Costanza 表述

[1] 作者:B Guterstam B, Werker A, Adamsson M, Barker D, Brüll A, Dakers A, Gossling S, Heeb J, Loiselle S, Mander U, Melaku Canu D, Roggenbauer R, Roux M, Stuart G D, Trudeau M, van Bohemen H D。

的那样，“摔泥浆过程”清楚地证明了我们采用适应性的、自组织的会议形式的先见之明，将未定形的“泥”转变为确定的形式和主意，如工作组为各自的主题范围找出的共同基础。这一章就生态系统服务是工作组找到的共同(和不完全共同)基础。

摔的泥浆的主要成分是运用术语“生态系统服务”时的语义、内涵和不同认识。所有的与会者都对生态系统服务感兴趣，都将其视为一个可用来减少对生物圈自我破坏的好主意。语言是十分重要的，因为主意产生于语言所创造的形态。正是语言为我们设立了模式，这种模式限制了我们看到自己自行其事产生谬误的能力。因此，尽管不无挫折，但花费在表述这些观点上的时间却是生态峰会议程的一个重要方面。

然后，工作组就开始讨论下列关键问题，以便建立共同的基础。

(1)生态系统服务的利用现状如何?

(2)我们如何更加可持续地利用生态系统服务?

(3)什么因素促进和阻碍生态系统服务的可持续利用?

(4)就生态系统服务而言，生态工程、生态经济、生态模拟、生态系统健康等各自的作用是什么?

(5)生态系统服务需要什么样的框架和实施战略?

(6)将来需要解决的与生态系统服务有关的重要问题是什么?

前面的3个问题已经由Dakers作了较详细的讨论(见第五章)，这里就不再赘述。不管对生态系统服务的概念如何解释，对后3个问题的考虑为工作组在关键问题上建立共识提供了思路。我们建立的共识又将我们带回到生态系统服务的概念，以及我们将来应用这个概念的方法和途径。在某种意义上，作为一个研究团队，我们在一个极具挑战性的会议时间框架内对生态系统服务涉及的所有问题进行了探讨，并且对这一主题第一次取得了共识。当然，这需要在一个极具挑战的全球时间框架内得到更多的重复和提炼。这一章的目的是展示工作组的工作，并希望这种工作能被不断重复并且得到改进，而且，如果生态系统服务的概念能被用来实现减少人类与生物圈之间的自我破坏关系，这些想法就应当付诸行动。

## 2 生态系统服务

Daily(1997年)所著的《自然的服务——社会对自然生态系统的依赖》一书中给出了生态系统服务的下述定义，形成了工作组讨论的理论基础：

“生态系统服务是生态系统的状况与过程，自然生态系统及其组成物种通过其状况与过程维持和满足人类生命活动。”

Daily(1997年)和Dakers(本书第五章)都引用了生态系统服务的例子。工作组面对的中心问题是：为了维持生态系统服务，我们应如何管理生态系统。这个问题所暗含的以人为中心的观点以及挑战了对自然进行人类经济价值评估这种潜在倾向的参与者，因为有些人认为，生态系统服务这个词本身就是一个障碍，它限制了对处于自然之外的现今人类城市观念的理解。随之产生了与“生态系统服务”有关的一些争论，这些争论在鼓励社会认识和思考这些问题时也反映了语言的重要性。如果我们要在未来继续发展的话，问题是我们在全球尺度上侵犯了在自然内与之和谐共存的一些必然需要的东西。关于生态系统服务，工作组成员给出了9种解释，这些解释可以归纳为以下几类：一般生命、经济产出、给予与索取、强调可持续性、公众意识和相互联系等。

- 一般生命(Roggenbauer)

“我们需要避免反映人类自然二元论的定义。例如，我们不说生态系统服务支持人类和其他生命，而像生态系统服务支持生命”这类简单的声明是应该优先采用的。

- 经济产出(Santopietro)

“我更喜欢生态系统服务这个词，或许是因为作为一个经济学家，我趋向于从这个意义上看产出”。

- 给予与索取(Werker)

“我对生态系统服务这个词的满意状况依赖于理解生态系统服务的背景。能够理解环境如何为我们的需求‘服务’应该不是一个不好的立场，因为这很好地表达了我们是生态系统的组成部分这一思想，尤其是当一个人明白获取一种服务(或许是对造纸用的木纤维的需求)可能与获取另一种服务相冲突(或许是对气候稳定性的需求)时，这一点尤为重要。不能只从以人为中心的角度来看待服务这个概念，而且在某种意义上，我们应反过来从我们如何能够以及应当如何为生态系统服务这个角度看待这个概念。这种服务类似于氮循环中不同的细菌种群所提供的服务，不同的微生物给和拿服务，这种反复的给和拿维持了环境中氮的流动以及各自的生态系统。这种服务就是给和拿的”。

- 强调可持续性(Dakers)

“我认为人类是生物圈生态系统的组成部分，如果可持续生存是我们的目标，那么我们的发展活动就需要结合这些生态系统的过程、功能和条件。这就提出了在确定和评估(使用传统经济模式)所选定的服务时，我们所做的努力应该比单纯的‘命中与未命中’更多。从科学和常识的角度来看，由于传统的和有选择的以人为中心的观点，生态系统服务在强调可持续性方面并不充分。如果很好地理解生态系统服务这个术语的局限性，那么生态系统服务这个概念会非常有用”。

- 公众意识(Roggenbauer 和 Gössliog)

“我们需要一个术语来告诉公众：生态系统提供了有价值的东西。或许我们应该坚持使用‘服务’这个术语。对于我们想传递给普通大众的信息，或多或少创造了一幅完整的图画”(Roggenbauer)。

“我猜想，生态系统服务这个术语被选中是为了告诉大众，生态系统为人类提供了有价值的东西”(Gössliog)。

- 相互联系(Brüll)

“我喜欢生态系统服务这个术语，因为它提醒我这样一个事实，即人类的判断总是以人为中心的，人类的认识具有局限性和主观性。因此，在承认人类创造了自然界的人类视点时(如模型、印象、概念)，同时又清楚地表明这些创造的优势与风险就会更佳”。

“‘生态系统服务’术语的优点是，它形成了一幅人类只是地球过客的图画。显然，生态系统提供的服务形成了整个人类社会生存所必需的生存条件。它唤起了这种意识,即不能像传统经济学告诉人们的那样,自然的生产力和再生能力不能被视为是理所当然的事情。它促进了这样一种认识,即生态系统服务需要以某种方式与经济建设相结合。

这个术语的一个缺点是,就像科学家们通常的做法一样,它或许鼓励把'服务'细分为要素的倾向,如果再以过度单纯的方式来相互孤立地评价每一种服务,人们容易忽略这样一种事实,即生态系统服务是复杂的相互联系过程的结果,这种过程的演化跨越了空间和时间。

因此,生态系统服务的观点必须将服务作为一个整体来看待。人们肯定要问这样一个问题:为了维持如此纠缠不清的东西,生态系统管理需要处理哪些过程和相互作用?

举例来说,应当考虑发展一种整体的、适应性景观管理战略,而不是简单地规划孤立的景点。这种方法要求多学科的合作和认识未开发区域的作用。在一些重要的例子中(如天然森林系统对洁净水的再生和气候稳定性的作用),如果认为人类的管理能比自然系统本身做得更好,这种想法就太天真了。"

因此,为了摆脱以人为中心的趋向,提出了以下其他一些表达方式,如"生态系统功能"、"生态系统产品和服务"以及"生态系统生产力",如下所述。

- 生态系统功能(Gössling)

"生态系统功能少了一些以人为中心的观念,但仍然表达了相同的事情。它应该是一个出于科学观点的更合适的术语。"

- 生态系统产品和服务(Van Bohemen)

生态系统产品和服务可以用生态系统功能的形式来阐述,也可以从自然环境对人类社会贡献的意义上来阐述:生产功能,运输功能,信息功能(如教育、研究、监测),管理功能(如气候调节和废弃物同化)。认识到除了"服务"或"功能"的相关性之外,如果我们要保护地球的生命支持系统,我们就需要一种(新的)价值体系。

- 生态系统容量(Barker)

"用 Werker 的话说,除非我们'给予与索取'得更多,否则,现在还没有完全(将来也不会)意识到"生态系统容量提供的潜能。

因此可以看出,当问题在学科内外、国家内外得到充分认识的时候,语义学在建立桥梁以将人们集中在一起来解决一个共同问题时起着重要的作用。没有必要每一个人都同意,但有必要每一个人都能互相理解他人的意思,这样的讨论才是建设性的。

Daily 已经明确定义了生态系统服务,但是对于这个已经定义的概念应当如何用于理解和强调这个全球性问题,上面给出的个人的解释可以认为是该工作组有益的成果。当不同学科和不同国家的具有开阔思想的人们聚在一起的时候,每一种观点都是一个新的角度,每一个新的角度都为发现解决问题的新方法提供了机会。

## 3 关键问题和共同立场

在反复推敲生态系统服务的概念后,工作组在论述以下 3 个重要问题方面开始建立共识。

(1)对生态系统服务而言,生态工程、生态经济、生态模型和生态系统健康的作用是什么?

(2)生态系统服务需要什么样的框架和实际应用战略?

(3)将来需要解决的与生态系统服务有关的关键问题是什么?

首先,存在着让生态模型提供生态系统总体趋势的信息需求。生态系统功能的模型对工程师们寻求解决环境问题的战略是有用的,这需要更广泛地获得这些生态系统服务。总的来说,每一门学科都能发挥一定的作用,但是为了促进这些相联系的主题之间的合作和相互渗透,定期的"生态峰会"是十分重要的。将各学科予以集成并加强它们之间的交流是十分必要的。这种将工程科学和社会科学集成的方法将趋于引出共识和更有希望取得更平衡和更适宜的决策。

为了确立生态系统服务概念实际应用的优先性,我们急需某些中央管制的形式。人们需要广泛认识生态系统服务的可持续性,并由中央政权积极推进。然而,实际成功应用战略的先决条件是以地区为基础的社区活动,以及包含思想开放的专家和消息灵通的市民(利益相关者)的跨学科工程项目。如果我们要避免走现在的自我破坏行为的道路,那么鼓励这种跨学科活动的灵活的决策和政策是必要的。因此,在这一点上,及时的实际应用的优先性在于教育下一代,唤起更强的公众意识,鼓励社会的直接参与,促进科学合作和扩展交流的方式。

科学工作者必须在从地方到区域、全国和全球的所有社会层面上建立不同学科间的开放论坛。需要跨学科的和国际性的研究所,这些研究所在生态经济的框架内运用生态系统服务的概念,把流域作为政策和决策的一个焦点因素来研究。社会发展项目必须考虑地区经济在产品和服务上的长期性和自然循环、持续的合作交流和反馈的需要,以及分散(利益相关者)决策的需要。

工作组进一步考虑了生态系统服务的实际应用取得进展后必须克服的一些困难。工作组认识到了与生态系统服务管理有关的以下社会、政治和经济因素混合的重要问题。

(1)教育和文化因素阻碍改进所有利益团体之间的交流。教育和文化差异是一个障碍,但同时也是一个机会,因为当一个人被迫从其他角度看待同一个问题时,常常就会产生新方法。

(2)因为生态系统服务处于公共物品范畴(Daly 和 Cobb,1989 年),因此生态系统服务的财政管理和实际应用或许会有问题。当每个人被诱惑着追求更大的个人利润时,谁会愿意为公共物品付出代价?

(3)全球性问题的解决途径是地区性的。在公众的眼里,地区性行动与全球性改进之间的关系没有很好确立,甚至在夏季的热浪中被烟雾笼罩的城市内,人们在装有空调的建筑和汽车内寻找避护所时,也没有自然地认识到他们的个人行为在使这个问题恶化。愤怒的抗议被提交给政府来解决这个问题。但是解决这个问题需要地方(个人)的行动。将来,为了促进管理战略的有效实施,在个人和集体层面上得到足够的重视是一个很大的挑战。尤其是在一个用如此多的华丽辞藻装扮"全球经济"时代,如何在个人和社区层次上使人们形成被赋予权力的感觉?

(4)不确定性常常阻碍现有知识的实际应用。对此,管理战略需要随时修改。塑造我们城市环境的工程人员不愿意冒险,而自然系统又充满难预测的可变性。要适应这种可变性,就需要一种生态学观点。因此,工程人员需要与生态学家建立更多的桥梁,可以将学科最终的这种融合与向生态工程的迈进一起看做是一种职业需要。

在对 3 个关键问题讨论的基础上,引出了关于需求与障碍的共识,工作组在有限的时间内进行了深入思考,最终形成将来要以有先见之明的方式应用生态系统服务的概念并从中获益。

## 4 未来生态系统服务的作用

在文化消费模式内可以发现,对生态系统服务的过度利用,这种消费模式超过基本需求的几倍。同时,对生态系统服务所提供的一些自然再循环能力利用不足。意大利和波罗地海的河流系统净化能力和生产能力的过度利用是其中的一个例子(Wulff 和Niemi,1992 年)。

评估与人类有关的利用生态系统容量对将来管理生态系统服务是十分必要的。今天,人们对环境问题缺乏系统的思考和综合的评估。对于管理政策来说,我们是需要制度的,如基于市场的激励来反映人类活动生态影响的真实成本。“全成本核算”的缺乏助长了“文化陷阱”的发展,这种文化陷阱将公众封闭在一个非环境友好的生产实践中,并使政府的一些无经验的“绿色”行动努力受到挫折。法律与经济制度必须开始更广泛地融合生态系统服务的概念和它们的框架。生态系统的管理不善也与我们忽视系统和系统边界,缺乏考虑相互作用有关。即使简单的集成模型也可以为决策者提供一个较好的基础。

作为一个社会,为了缓解那些被过度利用的生态系统服务,我们必须试图利用那些利用不足的潜在生态服务。管理制度需要确保合理地管理和利用生态系统服务。为了弄清楚生态系统服务的功能以及如何管理并可持续地利用它们,科学家们的作用就是提供决策支持和管理工具,如景观生态系统的整体集成模型。

同时,全球可持续性问题必须由地区行动来解决,因为地区行动不必等待管理机构的官僚运行来获得行动的惯性。因此,问题是:“我们如何促进地区和全球尺度之间的集成”?首先,阐明地方(社区)尺度上的环境问题,强化意识、责任和道德框架(地方 21 世纪议程),显然教育、信息和交流是必须的。包括数据提供、分析、模型、解释等的科学活动应当能够更容易地被其他学科的科学家和一般大众所理解。其次,重新思考和重新设计我们的“生活格局”将有助于延续生态系统功能,这需要给人们提供一些改变行为的选择措施;同时反对由于适应你死我活的全球经济竞争,人们现今所采取的不可持续性行为模式。

通过设立“环境基金”为“地方项目”筹集“全球资金”在开始阶段会资助这种必要的变化过程。发展中国家的环境资金可以由发达国家的政府组织和非政府组织资助。

进步将来自于不断的“思考”和“实干”的循环。但是,如何才能将“思想者”和“实干者”的进步更密切地耦合起来呢?“实干者”和“思想者”经常有不同的价值体系,这可能会削弱他们更密切相互作用的能力。例如,对“实干者”来说,“思想者”过于理论化,没有深入到现实中,因此不具备将他们的研究结果转换成实际行动的能力。“思想者”或许会认为“实干者”对复杂的、起控制作用的相互作用认识深度不够,而这种相互作用对于全面、正确地认识自然所发挥的作用是十分必要的。“思想者”花费了太多时间,而“实干者”或许在没有理解透问题的时候就已经开始工作了。对不同点的承认(或许以某种幽默的方式)及对有意义的奉献潜力的相互认可能够为“思想者”和“实干者”的合作提供支点。这种合作将有助于促进对生态系统功能的评估,形成更注重实效的管理政策的设计方案。可以组织适当的会议将“思想者”和“实干者”聚在一起;在这些会议上,应该强调社会网络和地区伙伴关系在模拟生态系统和设计管理政策中的作用。

提供多学科案例研究机会的项目和示范性试验将是社会学家、科学家和工程师、“思想者”和“实干者”培训和交流联系的手段。在荷兰,一个将应用生态学和传统土木工程学相结合的案例研究,表明了如何将公路基础设施的设计与建设作为网络思维和生态设计工具发展的战略推荐给环境规划人员(Van Bohemen,1998 年)。拉丁美洲的一个项目(Loiselle 等,2000 年)检验了不同的开发选择对资源质量和生态系统完整性的总体影响,这个研究案例作为未来湿地资源管理工具的例子呈现给了工作组。在这个项目上,来自欧洲、阿根廷和巴西的科学家组成的多学科研究队伍将监测对一个脆弱的湿地生态系统有潜在影响的活动。这些调查必须包括水文学、气象学、生物学和生态学方面的“思想者”和“实干者”,并且还有重要省份和地区的公众参与者。为了理解和分析项目尺度的选择和雨水保存战略的影响,微观经济模型在 Ottawa 得到了重视(Trudeau)。生态系统服务工作组也引用了几个其他社区的项目,这些项目表明了中国、印度、新西兰、瑞典、瑞士等国家对固体废弃物、水和废水的可持续管理的方法(Yan, 1993 年; Heeb 等,2000 年; Roy,2000 年;Dakers,2000 年)。

对这类案例研究的汇编具有全球性的好处,这将共享来自思考和行动的知识。例如,如果存在一种《生态系统服务》杂志,其中 A 系列提供给“实干者”,B 系列提供给“思想者”,那么仅仅想像一下据此可能建成的资料库就足以让人振奋。

如果我们人类是自然的一部分,那么,我们存在而不影响周围的自然(给和拿)是不可能的。假定我们有能力预测这种给和拿的潜在后果,那么我们应遵循什么样的原则来管理生态系统功能,以服务于我们的活动并且在我们的活动中得到体现呢? 图6-1 列出了需要进一步发展和遵循的决策树,它为下列决策提供了一个框架。

(1)确定已提出的开发计划影响的生态系统服务。

(2)确认利用生态系统服务的影响以及过度利用的后果。

(3)将生态系统服务的影响研究与集成评价联系起来。

(4)研究减小对生态系统影响的可替代开发途径的可能性。

(5)在没有替代开发途径存在的情况下,研究缓解与补偿策略。

- 如果影响不能消除的话,必顺减轻这种影响;
- 如果存在影响的话,应采取补偿措施来减少净损失。

(6)建立理论(集成)模型以评估策略和后果。

(7)如果要实施开发规划,就应当为开发的影响及其成功或失败建立可测量的指标。

(8)组织和实施综合监测计划。

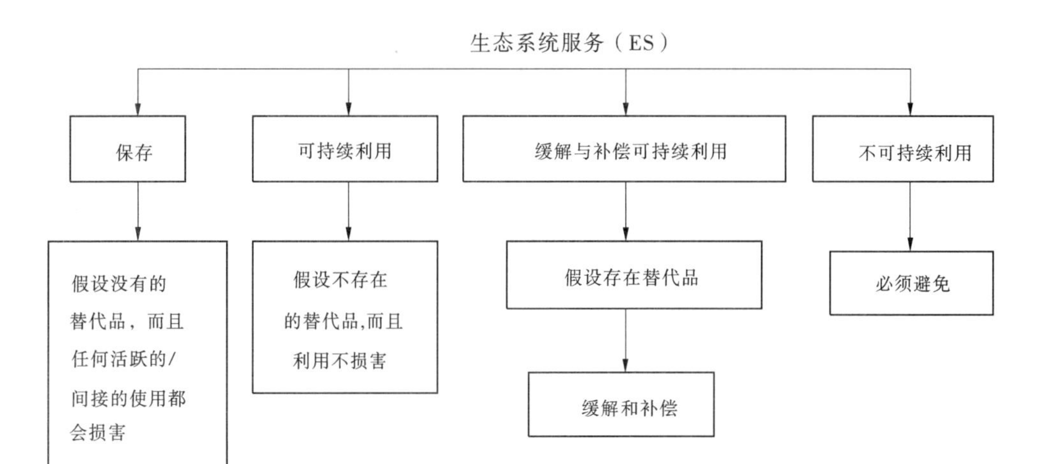


**图 6-1　选择影响生态系统服务的发展规划的正确方法的决策流程图**

(9)建立一个适应性管理策略(实干者—思想者—实干者),并且针对将来可能观测到的预料中的和预料之外的影响确定行动的优先性次序。

这个决策树是在一个短期的适应性自组织会议上继“摔泥浆”、观点分享、共识建立之后的第一个重申观点。需要更多的“摔泥浆”和反复的改进。但是,当我们“思考”时,我们也需要“做”,并从局部“做”起。今天你“做”了什么?

# 5　结语

总之,在生态系统服务领域思想者的主要活动是发展模型,以理解生态系统的功能及其如何受决策者、工程师、经济学家和其他人的影响。同时,我们需要更多的示范性工程将思想者和实干者、专家和利益相关者联系起来。这类模型以及来自示范工程的反馈(经验和知识)必须导入教育和信息传播,以便认可理解生态系统服务的价值和潜力(思想者—实干者—思想者—实干者)。国际多学科研究机构的产生和发展起初能够传播这种信息服务,但必须朝着更进步的方向前进以保证管理生态系统使之可持续利用(地区—全球—地区)。这个目标的实现取决于基于综合决策树的可持续生态系统管理的指导原则和最佳实践的发展与应用,这种综合决策树包括利益相关者,以及包含生态系统服务的概念、价值和对我们生存的作用。最佳的管理实践将不断出现,这意味着适应性管理和监测指标的发展必须与政策和决策紧密相连。

## 参 考 文 献

[1] Daily G C (Editor). Nature's Services - Societal Dependence on Natural Ecosystems (Island Press, Washington, D.C.), 1997, pp.392

[2] Dakers A J. Ecological engineering; wastewater engineering, paper for Urban 2000 Conference, Duxton Hotel, Wellington, New Zealand. 2000, 15-17 June

[3] Daly H E, Cobb J B. For the Common Good: Redirecting the Economy Toward Community, the Envir-

onment, and a Sustainable Future (Beacon Press, Boston, MA),1989,pp.482

[4] Heeb J, Roux M,Dakers A J. Ecological Engineering－three case studies. In: Jana B B,Banerjee R D, Guterstam B and Heeb J(Editors), Waste Recycling and Resource Management in the Developing World (University of Kalyani, India and International Ecological Engineering Society, Switzerland). 2000,pp. 15~25

[5] Loiselle S, Rossi C, Gandini M. The sustainable management of subtropical wetlands combining in situ monitoring and remote sensing technology, paper presented at EcoSummit 2000,2000

[6] Roy S. Ecological sustainability and metropolitan development-the Calcutta experience. In: Jana B B, Banerjee R D, Guterstam B and Heeb J (Editors), Waste Recycling and Resource Management in the Developing World (University of Kalyani, India and International Ecological Engineering Society. Switzerland),2000,pp. 293~302

[7] Van Bohemen H D. Habitat fragmentation, infrastructure and ecological engineering. Ecol. Eng, 1998, 11: 199~207. (or, Ecological engineering and infrastructure; integration of ecological and civil engineering in the field of planning, design and construction of road infrastructure, paper presented at EcoSummit 2000.)

[8] Wackernagel M,Rees W E. Our Ecological Foot Print: Reducing Human Impact on the Earth (New Society Publishers, Gabriola Island B C, Canada). German edition with updated data: 1997 (Birkhaüser, Basel),1996

[9] Wulff F,Niemi Å. Priorities for the restoration of the Baltic Sea-A scientific perspective. Ambio 1992,. 21: 193~195

[10] Yan J. Advances of ecological engineering in China. Ecological Engineering,1993,2: 193~215

# 第七章　科学与决策[1]

**在科学探索过程中，任何想使科学立刻发挥实践效用的人，一般都是白费心机。科学探索就是为了正确地认识自然力量和道德力量，并完美地理解它们。**

**Hermann Ludwig Ferdinand von Helmoltz, Academic Discourse, Heidelberg, 1862**

**摘要：**科学经常被认为是一种独立于社会的活动。在纯自然过程的科学调查研究中，确实存在科学独立于社会的问题。但是在当今这个时代，由于地球及其关键的生态系统的可持续性正日益成为世人关注的焦点之一，因此环境科学的重要研究结论必须与决定地球未来命运的决策者进行交流沟通，并应充分运用到各种决策当中。科学家在如何才能有效地将合适、有用的信息传递给决策者方面，面临巨大的挑战。

当前，现有交流过程的低效以及决策过程中对科学的非理性使用，让许多科学家深感沮丧。在一些国家或一些问题上，尽管科学是决策过程中必不可少的一部分，但一般来说这种联系还相当微弱。学术研究成果和模型预测很少在对决策者有直接意义或内在价值的最终结果中得到体现。这就需要决策者将科学研究成果外延到真正关心的最终问题中去。然而，这又引起了如何最佳地促进科学与决策之间相互沟通等许多问题。本章在简要描述了科学和决策后，列举了三个展现科学是如何应用在土地管理和决策中的例子。从这些例子的共同特点出发，本章最后就科学传递给决策者的合适途径提出了一系列问题。

## 1　科学与决策

科学包括对众多领域的认识，这些认识可用来处理观察到的事实，并了解这些事实之间的关系。科学一词来源于拉丁文“scientia”，意思是学问或知识。人们常用系统化的方法来构造科学知识。一个研究者建立的理论一般都由其他的研究者们进行检验、补充和拓展。当对事物有了新的理解后，人们就会放弃过时的知识。因此，科学知识总是得到不断的拓展和修正。

科学研究通过一系列的运作方法和过程使知识不断得以发展。这些科学研究方法包括观测客观现象、组织数据、提出假设、运用实验来检验假设、阐述研究结论和可能出现的新问题。同行评议以及发表研究成果是这一过程的关键部分。研究成果通过科技期刊和会议论文的形式实现共享。很少有研究成果是由大众媒体公布报道的。

❶ 作者：V. H. Dale。

科学有时影响决策。在环境领域，从 30 多年前的第一个地球日起，这些影响就日益普遍。随着对地球及其未来重要性的认识不断深入，诞生了很多旨在保护地球环境资源的政府机构(例如美国环境保护组织)。现在，科学不但经常影响环境政策，而且也影响每天的决策。由于给定了可怕的可持续性、生物多样性预测趋势和可得到的生态系统服务，将环境科学的信息融入决策过程就显得十分重要。

## 2 科学家在决策中的作用

在环境决策中，科学家的作用有很多种。他们传递相关信息，与利益相关团体一起达成共识，保持对科学的信赖和科学的完整性，发现新选择。科学家通过教学、发行、出版、请愿书、简报、公众集会、专家论证、开发友好的计算机模型、信息可视化和 Internet 等手段向社会传递科学信息。通常这些信息面向的是其他科学家，因此其中可能包括一些行业术语和技术名称。科学交流的形式包括引言、方法、结果、讨论和结论等几个部分(尽管这种向决策者交流研究结果的组织形式不是最有效的方式)。

通过共享信息、教育和分析成果，科学家能形成使多数团体认可的一致意见。他们经常参加科学讨论会，通过讨论会形成一个范围更广的一致意见(正如促成本书诞生的生态峰会那样)。有时，科学家也是社区组织的一部分，比如俄勒冈州南部和加利福尼亚州北部的 Applegate 合伙企业，在这些合伙企业中，各种利益相关团体共同讨论并探讨资源管理的方法和可能的选择(www. mind. net/app/aphandou. htm)。科学家还通过参与科学顾问组来形成共识，例如美国科学家委员会(1999 年)，该委员会就如何最佳地管理美国的森林和草地资源问题向美国农业部提供建议。对进入政策决策问题过程中的各个方面，科学家需要进行更深入的理解。在考虑环境政策决策的过程中，科学常常并不是决策者制定决策过程中所用信息的主要来源。但是，通过与其他利益团体一起工作，科学家经常能提高决策过程中科学的使用程度。

科学家通过不断地提出问题、与其他人讨论他们的观点和想法、将自己的文章提供给同行评审等方法保证其科学研究的可靠性。同行评审是科学研究的主要方法之一，它增加和保证了研究结果或所用分析方法的可信度。通过检查与自己工作相关联的事物，并使用简单的语言表述自己的想法(但这些方法经常不为科学家们所使用)，科学家能够提高决策者对他们的信任。

通过研究未来的可能选择(如使用计算机模拟模型)、检验过去的情形并分析引起观察到的事物现象的原因，科学家可以发现环境变化影响下新的可选应对措施。对这些假设、约束条件及可选概率，科学家应该清晰地进行阐述。这些选择必须具有政策相关性，它们不仅有合适的执行理由，同时还要能突出决策者所关心的问题。

尽管科学家能向决策者提供精确和重要的决策帮助信息，但制定好的环境决策主要还是依赖专门进行决策的政府官员，受影响的公众和相关产业部门的作用。下面列举了三个例子，来阐述不同情形下科学家与决策者相互作用的一些方法。

# 3 三个案例研究

## 3.1 St. Helens 山峰

St. Helens 山峰是位于华盛顿州东南部的一座活火山。尽管 Crandell 和 Mullineaux (1978 年)警告说很快将有一次火山爆发,但直到 1980 年的地震活动预示着会发生火山爆发前,有关部门仍然没有采取任何行动来保护该地区人们及其财产。尽管有这个警告,1980 年 5 月 18 日的火山爆发仍然使 57 人丧生,60 000$hm^2$ 的土地遭到破坏。除此之外,这次火山爆发还形成了一个新的火山坑,在面积为 15.5$km^2$ 的土地上覆盖了流动的火成碎屑残余物,这是人类历史上的最大岩屑崩落和大规模的泥石流,彻底摧毁了 550$km^2$ 范围内的的树木,同时其周边 96$km^2$ 的树木被烧焦。这次火山爆发最终还产生了一个让科学家研究演替过程的活实验室。

生物学家意识到一个完全的实验室,需要包括一个控制点和各种各样的扰动变化因素。因此,他们认为应建立包括各种类型扰动因素的保护区和没有受到火山影响的控制区。于是科学家积极地投入到保护行动中,他们给议员们写信,签名请愿,参加议会旁听,游说议员们建立一个火山遗址。当建立 St. Helens 山峰国家火山遗址的建议在 1982 年得到批准时,科学家的这些行动不仅保护了扰动类型的多样性和一个控制点,同时还成立了一个科学顾问团来评价和讨论如何在这个纪念馆中进行科学研究。

遗憾的是,这个遗址已受到人类的影响。1980 年的火山喷发破坏了一些桥梁和家园。因此,火山喷发后立即引起了社会的极大关注,人们对岩屑崩落是否会增加该区下游的侵蚀强度表现出了担忧。为表明这种关心的合理性,土壤保护部门建议用飞机在当地播撒几种草类和豆科种子,期望能利用新的植物来减少土壤侵蚀量。1980 年 7 月在大不列颠哥伦比亚的温哥华召开的第二届国际系统进化生物学大会上,采用了如下的解决方案:"鉴于 St. Helens 山峰最近火山喷发形成的独特生境和天然实验室,可用资源限制了植物的定居和生长,草类抑制了树木的繁衍和生长,会议专家反对大量引入外来物种入境的做法。"该解决办法后来传送到美国议会和行政管理部门成员手中。这种情况下,土壤保护部门停止了他们的播种行为,从而使整个遭到破坏的区域未被播种(草类和豆科种子)。但在 Toutle 河覆盖泥流残余物的大部分区域,播种计划还是得以实施并扩展到该遗址下游的岩屑崩落区。

幸运的是,在该遗址的 97 个面积为 250$m^2$ 的分区中(每个分区断面平均间隔为 50m),只有 11 个分区上的外来物种泛滥蔓延到整个分区上(Dale,1991 年)。但不幸的是,这些外来物种并没有阻止在岩屑崩落区产生片状侵蚀的效果,相反却影响了本地的生态系统。将这些区域与那些没有外来播撒种子的区域进行比较,结果表明,即使在包含外来物种的区域内,整体植被覆盖率提高了,但本地植物多样性和本地松树的存活率有所降低。这种现象很可能是由于赤背野鼠的爆发引起松树死亡造成的。引入的物种在泥流地上和岩屑崩落区上定居,并繁衍了大量的种子。在夏季和秋季,这些种子使野鼠得以大量繁殖(Franklin 等,1995 年)。但在冬季,大雪遮盖了所有的植物,野鼠由于缺乏食物,大量啃食埋藏于雪地下的但容易被发现的松树树皮，最终导致松树大量死亡。

总而言之，St. Helens 山峰地区的政策目标是保护这一独特地域，减少侵蚀，增强地区经济能力。经过两代人的研究，通过信息交流、形成共识、可靠性保证、寻找新的解决途径等手段，科学家在解决这些问题方面做出了重要贡献。信息交流以科学宣言、新闻出版和科技论文的形式进行。共识主要在科学家们共享有关信息和参阅他人科研论文后产生。美国林业局和国家科学基金也支持这一名叫“St. Helens 山峰行动”的野外活动，在该野外活动计划下，许多科学家不仅参观他们的野外工作站点并收集数据，同时也在晚间集中讨论他们的观点及所观测到的现象。基于“St. Helens 山峰行动”的野外活动所发表的出版物保证了这些研究的可信性。通观火山爆发后有关植被恢复的文献，其中一半以上是关于 St. Helens 山峰的研究(Dale 等，2002 年)。最后，在提供可选政策方面，科学家的作用效果十分明显。例如，现在美国自然资源保护局主张本地植物的抚育，而并不仅仅是对通过引进外来物种来进行抚育。这样，当需要进行植被恢复的时候，本地植物种子也能使用。

## 3.2 田纳西的雪松荒地

科学家介入决策过程的第二个例子是在田纳西东部橡树岭的雪松荒地。雪松荒地零星分布于美国东南部的浅层土壤区，通常浅层土壤下部是不能生长本地雪松树种的石灰岩层(Baskin，1986 年)。这些更新世遗留下来的生境仅适合极少的植物种类生存，主要是美国中西部典型的草原类植物，例如高燕草和人造毛地黄(DeSelm 等，1993 年；DeSelm 和 Murdock，1993 年)。1988 年 1 月，橡树岭的居民惊奇地从当地报纸上得知市政委员会投票通过了出售一块靠近一所学校的雪松荒地的决议。但科学分析认为，这样的地方相当稀少，并且它们只有在独特的成土条件下才能形成，即这些成土区的土壤、地质和土地利用等都有利于这种生境的产生(Dale 等，1998 年)，但决策者们并未注意到这种生境独特的生态特征。因此，一些关心这一问题的科学家在该学校召开了一个工作会议。在这次会议上，专家们就这种生物生境的科学特性举行讲座并进行了实地考察，许多当地居民参与了工作会议。后来工作会议被制作成录像带并邮寄给计划在这块荒地上修建一个购物中心的开发商们。开发商在看了这个录像带后，决定在该地区不修建任何建筑。最终结果是 2.8$hm^2$ 的荒地被列为该州的保护区。虽然看起来相当小，但对保护这种成土条件独一无二的土壤特征已经足够了(因为在当地周围还有其他的雪松荒地)。

这样一来，橡树岭地区雪松荒地的政策问题就是协调地区发展和不合理的土地利用(购物商场和学校)之间的问题。科学问题则是保护这种稀有生境及其所支撑的物种，维护该景观下雪松荒地所形成的生境网络。这种情况下，商业开发商充分考虑了当地的反应，并最终决定放弃对该区土地的开发。目前，田纳西州政府已经将这块地方作为州自然保护区进行管理，而且，橡树岭的雪松荒地已经成为附近学校生物专业学生的实习基地。

通过宣传雪松荒地具有不可多得的价值、在科学家和居民间达成共识，科学家为解决这种情况做出了贡献。在整个过程中，科学家们查阅了有关这些土地价值分析及破坏性开发后可能造成的影响方面的文献，保证了人们对科学家的信任。同样，科学家也参与了有关政策选择的讨论。例如，尽管这些土地曾经被用做垃圾堆放场，但科学家最近发现，即使在偶尔发生火灾的干扰下雪松仍然能茁壮成长，而这些火灾干扰能帮助雪松荒地维持过去的状态和减轻垃圾堆放的压力。

## 3.3 巴西亚马逊流域

最后一个关于科学与决策之间关系的例子发生在亚马逊河西南部的巴西 Rondônia 州。大规模和迅速的森林砍伐使大量的森林变成农业用地，后来由于不能再进行农业种植而退化成草原。土地利用的迅速变化对全球气候变化和当地土壤质量严重退化有影响。由于土壤退化后不能再进行各种生产，因此退化给人们带来了致命的危害。问题严重到在 1978～1988 年的 10 年间，与公路的修建速度相关的森林砍伐量增加了 18 倍(Dale 等，1994 年)。

为研究迁入该区的移民家庭对森林的影响，科学家开发了一个模型(Southworth 等，1991 年；Dale 等，1993、1994 年)。模型结果表明，这些土地上的森林通常在修建公路后的 18 年内被砍伐精光，65%的碳从森林土地和土壤上释放(Dale 等，1994 年)。但是在可持续的情况下，农民从不焚烧森林，并尽量多地种植多样的本地庄稼时，只有 40%的森林被完全毁坏和 30%的碳被释放(Dale 等，1994 年)。模型中最让人吃惊的结果是，在可持续的条件下，即使 40 年过去，仍然还有大量的迁入移民呆在他们最初迁入的那些土地上。目前，绝大部分移民家庭 20 年后才进行重新迁移(Dale 等，1994 年)。从当前的生产实践来看，模型结果表明土地在利用和覆盖后将迅速变得支离破碎，本地动物的数量将大大减少。但在可持续的条件下，这些土地能使大量的动物继续生存下去(Dale 等，1994 年)。在对当地居民的现场调查中，我们发现 90 户农户中，只有 3 户农户在实践这种可持续的利用方式(Dale 等，1992 年)。在这些和其他类似的研究结果的影响下，Rondônia 环境部现正在组织农户对那些进行可持续农业耕作的农户进行观摩考察，并学习这些农户的农业耕作技术。

因此，亚马逊河流域的决策就是如何鼓励农户合理利用土地的问题。政策问题是减少大气中二氧化碳的增加速度及导致的气候变化，减少(或最小)土地退化，促进经济的可持续发展。科学家通过有关这种状况的信息交流来提供解决这些问题的方法。事实上，正是这些首先由科学家收集的遥感数据，警告世人应该警惕那些正在产生的影响(Malingreau 和 Tucker，1988 年)。因此，急剧的毁林率是一个大问题，需要达成共识并寻找解决途径，这时科学家相当重要。科学家将研究结果通过一系列的文章发表出版，从而维护了人们对他们及科学的信任(如 Brown 等，1992 年；Fearnside 和 Ferreira，1984 年；Hect，1993 年；Moran，1993 年；Skole 和 Tuker，1993 年；Skole 等，1997 年；Smith 和 Schultes，1990 年)。正如前面所讨论的那样，在运用模型预测寻找对策方面，科学家也很重要。

## 3.4 得到的教训

上述三个例子共同阐明了科学家们怎样相互交流相关信息，与利益相关团体达成共识，维持对科学的依赖性及科学的完整性，并发现新的选择。如果科学家想影响决策，这四个元素必不可少。因此，确定每种情况下谁是决策者和谁是利益相关者非常有用。St. Helens 山峰的案例中，决策者处于国家级层次；而雪松荒地的例子中，重大的决策由居住于另一州的工业部门领袖做出。在亚马逊河流域的案例中,决策者具有等级结构:当地农户就在那里进行种植和土地筹备过程进行决策,州环境部负责设计规划并执行决策。亚马逊河流域的移民计划是国家级决策,在道路开发和修建过程中得到了国际银行的资助。

## 4　科学家和决策者的特征影响他们如何互动

上述这些例子使我们更清晰地看到科学家和决策者之间如何相互影响。科学家和决策者们来自两个极不相同的领域,但有时他们可能在环境政策方面产生共同的兴趣。尽管许多科学工作本身是由潜在的应用所驱动的,但是希望影响决策的科学家只是科学家队伍中的一小部分。科学家们必须认识到,只有当政策问题得到阐明后,科学与决策间才存在有用的信息传递通道。有时候决策者甚至没有意识到科学与一些政策问题紧密相关。在这种情况下,科学家和决策者间的一般性讨论能够加强彼此间的交流,而彼此尊重,政府部门的认可使这些讨论变得丰富多彩。科学家和决策者之间的交流是一个交互的过程。科学家需要认真聆听决策者的想法,以便能发现最需要解决的研究主题是什么。如果两组人彼此对对方的背景都有一个很好的理解,这种交流就会得到加强。

和大多数其他职业一样,科学家们在个性上具有一定的相似点。Myers－Briggs 心理分类法(Myers,1987 年)将很多科学家归并为"内向、直觉、思考、判断"类型(INTJ 型)(Tieger 和 Barron－Tieger,1992 年)。环境科学家尤其属于这种 INTJ 型,对橡树岭国家实验室环境科学小组的科学家们进行测试的结果表明,其中的 90%属于这种 INTJ 型。内向型的人由于经常独处并长期思考自己脑海中的问题而充满活力。直觉型的人喜欢新思想和新事物,运用灵感和推断进行思考,属于未来型个性性格。思想家则倾向于回顾并客观地分析问题,他们对决策的方法、公正与公平性进行评价估计。判断型的人具有强烈的职业道德,不懈地朝目标行进。INTJ 类型的人富有逻辑,具有批判和创造精神,常常是完美主义者。他们强烈要求自主和竞争,对自己最初的想法具有坚强的信念,是天生的灵感类型,对理论问题具有较好的探索能力。

如果对 INTJ 的个人特征类型进行测试,就会明白为什么这些人是优秀的科学家。Tieger 和 Barron－Tieger(1992 年)的研究表明,INTJ 类型的人具有如下的优点:

(1)喜欢幻想并擅长创造系统;

(2)能理解复杂困难的事物;

(3)喜欢创造性和智力性的挑战工作;

(4)擅长理论技术分析和从逻辑上解决问题;

(5)独立工作能力强,即使面对反对,也能做出自己的决定。

换言之,这些人能对复杂的科学问题提出(或预见)解决方案;喜欢从事挑战性的工作;擅长解决问题;意志顽强;为了检验一个科学假设,不在乎长时间单独在工作间、实验室或计算机前度过。

但是 INTJ 类型的人在涉及到与决策者进行交流时,也具有一系列与他们个性类型有关的弱点,我认为这些弱点使他们在与决策者交流时给他们自身的能力打了折扣。据 Tieger 和 Barron－Tieger(1992 年)的分析,INTJ 类型的人的弱点是:

(1)在创造性地提出解决问题的方案后,可能对实际问题兴趣降低;

(2)要求别人和自己一样努力(以己律人);

(3)过于独立,难以合作;

(4)很难与他们认为能力欠佳的人一起工作;

(5)对自己的想法过于执著而缺乏灵活性。

因此,典型的科学家对科学探索本身兴趣更浓,而对科学应用热情不高。这样就打击了其他科学家对科学应用的热情。科学家们的独立自主不仅会限制他们自己的研究兴趣,也会影响他们将科学信息传递给决策者的能力。如果他们认为决策者比自己的能力要差,那么这种交流将会十分困难。缺乏灵活性意味着:即使科学家们的这些缺点被指出,他们也不会改变自己的行事方式。

在与决策者交流的时候,科学家需要发挥自己的长处,同时也应注意掩盖自己的这些弱点。这样一来,科学家可以运用他们的观测结果、模型及其理解来预测发展趋势和未来需求,综合各种信息,产生可选方案。因此,科学家能运用他们对待事物敏锐的洞察力来生成科学的选择方案。

通过参与一些必要和重要的事情(不仅仅是新事物),运用智慧及交际手段使他人接受自己的想法,避免显现出傲慢或特意的谦逊态度,保持灵活开放的头脑,科学家们可以避免一些可能的缺陷(Tieger 和 Barron－Tieger,1992 年)。这样,科学家就需要考虑他们自己这些想法的实际应用,而不仅仅是这些想法的独特含义。他们应该说服他人而不是固执己见,应该考虑他人观点及评论的深层意义。认真聆听他人的想法并考虑将他人的看法融入到自己的观点中,这一点对科学家很重要。

当然,一些科学家在交流技能上比其他科学家强,另一些科学家对应用科学知识有更多的兴趣。这些交流能力和兴趣并不一定与这些科学家探索形成新科学认识的能力相关。实际上,人们对一个科学家最通常的描绘是:内向、不修边幅并疲惫不堪,与日常的现实生活联系甚少(比如爱因斯坦的形象)。但是,爱因斯坦自己对科学的应用具有深远的影响。他写给罗斯福总统的信最终使原子弹得以产生,尽管随后他呼吁禁止使用核武器。

此外,即使性格内向的人也能变成性格外向的人。在我所认识的教授当中,就有一位曾是十分内向的人。他戴着厚厚的大眼镜,说话十分谦恭,在讲台上声音吞吞吐吐,很少与人交谈。但当 15 年后我再碰到他时,所有的这些特点都改变了。这也许是在他离婚后,十分热心于举重运动,从 90 磅的体弱者变得十分强壮后发生的。现在,他会直直地盯着你,声音洪亮,谈吐十分爽快。

科学家如何有效地将他们的科学知识转化成实际应用,这种体格上的戏剧性变化并不是必需的,相反,他们需要的是关注决策者的要求及其对科学应用的兴趣。与其他人交往时,应该意识到每个人都有自己的长处和弱点。科学交流能力和科学创新能力对科学家一样重要。遗憾的是,这一点常常不为人们所认识。例如,Carl Sagan 的一些同事对 Carl 将天文学的知识和趣事传授给普通大众的做法就曾经不以为然。

像科学家一样,决策者们也有一些共同特征,这些特征对他们与科学家间的交流和运用科学信息有影响。决策者可来自不同工作领域,这里我仅用政治家们的特征来阐述这一观点。根据 Myers－Briggs 心理分类(Myers,1987 年),政治家一般都是“外向、直觉、感性和判断"类型(ENFJ 型)(Tiger 和 Barron-Tieger,1992 年)。这类人倾向于促进融洽并建立合作,他们能容纳各种观点,富有决策能力和组织能力,属于天生的领导者。但他们在处理冲突时同样也会遇到麻烦,他们总想扫除一切潜在的难题,可能不注意实际精确性,经常发表较多的个人批评。这种弱点使决策者们与科学家经常相左,因为科学家们是应用分析方法(如统计分析方法)对矛盾数据进行分析后再决策,讲究实事求是。这样一来,科学家可能遵循拉格朗日的建议"寻求简单但不笃信"原则,而决策者们可能仍然对简单化的解决方法深信不疑。

通过比较科学家和决策者的这些特征,我们可以清楚地看到,他们解决问题具有截然不同的出发点和世界观。但是,他们每个人都能运用他们的长处来增强彼此间的交流。决策者可能更侧重于寻求和谐的解决问题方法,而科学家可能更强调采用解决问题的技巧来帮助解决人们所关心的问题。

## 5 有关科学与决策之间关系的问题

显然,科学过程和决策过程之间具有较大的差别。这些差别涉及到科学的价值、科学报酬的结构及作用的不确定性。只有当科学有影响决策的潜力时,科学对决策才具有价值。对决策者来说,寻求对常规驱动的科学过程进行更深的理论"理解"很少具有价值。而且,科学家酬劳制度系统并未认可将科学应用于决策过程的价值。Schwartz(1999 年)指出,关注资源问题的生物学家一方面对资源管理者进行祝福,另一方面又经常诅咒这些管理者们的所作所为。科学家因为创新而得到社会的回报,因此也就经常对资源保护提出一些新观点和新方法,并对这些新观点进行实际的检验。科学家们希望资源管理者应用最新的科学研究成果,但应用没有经过实际检验的研究结论常会导致失败的结果,而且并不清楚究竟哪一种技术方法是最合适的。因此,Schwartz(1999 年)认为,在新方法被采用之前,应该用实证数据对这些新观点和新方法进行检验。最后,尽管科学的不确定性对政策过程有很大的影响,但决策者显然比科学家更能接受不同程度的不确定性。

这些回顾产生了一系列有关科学与决策之间关系的问题。概括起来有如下一些:

(1)较好的科学结论是否意味着会产生较好的决策?

(2)科学能在多大程度上影响决策?科学应该多大程度地影响决策?在有些时候,决策者们并不想知道那些可能与他们的政策目标相左的科学研究结论,从而不提出重要或"正确"的问题。提供这些不被重视的科学信息还是科学家的责任吗?如果是,怎样才能有效地进行呢?

(3)怎样加强并促进科学与环境政策之间的联系?

(4)决策者的目标和决策问题在多大程度上促进科学的发展(如在时间和空间尺度上,研究方案,输入和输出,以及科学问题方面)?

(5)科学怎样才能恰当地影响决策?依据什么进行判断是恰当的?类似地,决策怎样才能恰当地影响科学的发展?

(6)科学有时只对特定的决策有用,但更多的是对一般的政策问题有效。在解决特定决策时应该遵循什么样的指导原则?

(7)科学家和决策者应如何进行相互合作？什么方法能加强他们之间的互动？

(8)科学家们怎样量化确定科学信息对决策者的价值？他们如何使用这些信息使科学变得更有价值？

(9)如何划分科学家分析和决策者分析的界限？

另外,在信息交流方面也有一系列问题：

(1)决策者怎样得到科学信息(从职员、媒体等)？

(2)影响将科学知识有效地传递给决策者的主要障碍是什么？科学家态度及其期望怎样影响他们与决策者交流的能力？

(3)应该将哪些方面的科学信息传递给决策者(如科学假设,不确定性,还是应用范围)？科学家应怎样有效地将科学的不确定性传递给决策者？一个更基本的问题是,科学家怎样才能使决策者明白科学不确定性的重要性？

(4)科学家应多大程度地参与将科学向决策者的传递？

(5)哪些决策者是科学信息应该传递给他们的决策者(从当地到国家层次的管理机构、非政府组织,还是公众)？

(6)不同的决策者是否需要不同的科学信息或者需要不同形式的传递方式？

(7)科学研究和决策过程在形式上是极不相同的。为了使决策者更乐意接受科学研究结果,需要在科学信息传递形式方面做哪些改变呢？

(8)改善科学家与决策者之间的科学交流的职业动机或障碍是什么,怎样改善？

回答这些问题,需要对决策者的决策过程、科学家分析和交流所使用的方法及工具进行更好的理解。回答这些问题还需要清楚地认识在参与决策的过程中,什么能让科学家更有效地发挥作用。这是下一章所要讨论的问题。在这次生态峰会上,来自 18 个国家的 33 位科学家共同合作对这些问题进行了讨论。

**致谢**

Ed Rykiel 对原稿提供了有益的帮助和修改意见。十分感谢 Fred O'Hara 和 Linda O'Hara 编辑对原稿提出的修改意见。本项目得到了由橡树岭国家实验室(ORNL)与环境战略研究和发展计划部(SERDP)签订的保护项目的资助,同时还得到了橡树岭与美国能源部合同项目 DE－AC05－000R22725 的资助。橡树岭国家实验室由 UT-Battle,LLC 负责。

## 参 考 文 献

[1] Baskin J M, Baskin C C. Distribition and geographical /evolutionary relationships of cedar glade endemics in southeastern United States. Assoc. Southeast. Biol. Bull, 1986, 334: 138～154

[2] Brown I F, Nepstad D C, de Pires I, et al.. Carbon storage and land-use in extractive reserves. Acre. Brazil. Environ. Conserv. 1992, 19(4): 307～315

[3] Committee of Scientists Sustaining the People's Lands: Recommendations for Stewardship of the National Forests and Grasslands into the Next Century (US Department of Agriculture, Washington, D. C.). 1999, pp. 193

[4] Crandell D R, Mullineaux D R. Potential Hazards from Future Eruptions of Mount St. Helens Volcano,

Washington, Bulletin 1383 - c (US Geological Survey). 1978, pp. 26
[5] Dale V H. The debris avalanche at Mount St. Helens: vegetation establishment in the ten years since the eruption. Natl. Geogr. Res. Explor, 1991, 7 (3): 328~341
[6] Dale V H, Pedlowski M A. Farming the forests. Forum Appl. Res. Public Policy, 1992, 7: 20~21
[7] Dale V H, O'Neill R V, Pedlowski M A, et al.. Causes and effects of land - use change in central Rondônia. Brazil. Photogramm. Eng. Remote Sens, 1993, 59: 997~1005
[8] Dale V H, O'Neill R V, Southworth F, et al.. Modeling effects of land management in the Brazilian settlement of Rondônia. Conserv. Biol, 1994, 8: 196~206
[9] Dale V H, Pearson S M, Offerman H L, et al.. Relating patterns of land - use change to faunal biodiversity in the Central Amazon. Conserv. Biol, 1994, 8: 1027~1036
[10] Dale V H, King A W, Mann L K, et al.. Assessing land - use impacts on natural resources. Environ. Manag, 1998, 22: 203~211
[11] Dale V H, Delgado - Acevedo J and MacMahon J. Effects and Environment (Cambridge University Press, Cambridge). 2002
[12] DeSelm H R, Murdock N. Grass - dominated communities. In: Martin W H, Boyce S G and Ecternacht A C (Editors), Biodiversity of the Southeastern United States: Upland Terrestrial Communities (Wiley, New York). 1993, pp. 87~141
[13] DeSelm H R, Whitford P B., Olson J S. The barrens of the Oak Ridge area. Tennessee. Am. Midl. Nat, 1969, 81: 315~330
[14] Fearnside P M, Ferreira G L. Roads in Rondônia: highway construction and the farce of unprotected reserves in Brazil's Amazonian forest. Environ. Conserv, 1984, 11: 358~360
[15] Franklin J F, Frenzen P M, Swanson F J. Re - creation of ecosystems at Mount St. Helens: contracts in artificial and natural approaches. In: Cairns J (Editor), Rehabilitating Damaged Ecosystems, 2nd edition (Lewis Publishers, Boca Raton, FL). 1995, pp. 287~334
[16] Hect S. The logic of livestock and deforestation in Amazonia. Bioscience, 1993, 43: 687~695
[17] Malingreau J P, Tucker C J. Large - scale deforestation in the Southeastern Amazon Basin of Brazil. Ambio, 1998, 17 (1): 49~55
[18] Moran E F. Deforestation and land use in the Brazilian Amazon. Hum. Ecol, 1993, 21(1): 1~21
[19] Myers I B. Introduction to Type: A Description of the Theory and Application of the Myers - Briggs Type Indicator (Consulting Psychologists Press, Palo Alto, CA). 1987, pp. 98
[20] Schwartz M W. Choosing appropriate scale of reserves for conservation Annu. Rev. Ecol. Syst, 1999, 30: 83~108
[21] Skole D L, Tucker D J. Tropical deforestation and habitat fragmentation in the Amazon: satellite data from 1978 to 1988. Science, 1993, 260: 1905~1910
[22] Skole D L, Chomentowski W H, Salas W A, et al.. Physical and human dimensions of deforestation in Amazonia. Bioscience, 1997, 44(5): 314~322
[23] Smith N J H, Schultes R E. Deforestation and shrinking crop gene - pools in Amazonia. Environ. Conserv, 1990, 17(3): 227~234
[24] Southworth F, Dale V H, O'Neill R V. Contrasting patterns of land use in Rondonia, Brazil: simulating the effects on carbon release. Int. Soc. Sci. J. 1991, 130: 681~698
[25] Tieger P and Barron - Tieger, B. Do What You Are: Discover the Perfect Career for You Through the Secrets of Personality Type (Little Brown and Company, Boston, MA). 1992, pp. 330

# 第八章　科学与决策[1]

**摘要：**科学界在制定公共政策方面具有重要的作用，但现实的一些困难阻止了科学与决策有效的融合。困难之一是，绝大多数科学家缺乏决策需要的基本知识，缺乏在各级政府层次上进行决策和参与政策制定过程的知识和经验，因此也就不知道如何才能有效地参与到这些决策过程中。如果一个科学家想在决策领域发挥更有效的作用，他(她)必须认真地学习政治方面的有关知识。其次，应该用整体的科学观来改善决策。这就要求我们要用系统整体观的方法——不仅包括从自然的角度，而且要从人文的角度来理解决策行为，改变原来将问题分开简化的解决方法。全球环境问题清楚地表明，分开简化的解决方法并不能产生有效的决策。解决这些问题在于形成一种透明的机制，在这种机制下，科学家和决策者平等地共享有关科学需求，现实政治和经济选择方面的信息。

## 1　引言

### 1.1　工作定义

为了本章讨论的需要，我们将科学家定义为：一个在一个或多个学科上拥有专门知识、具有较高的科学修养、运用科学方法进行研究工作的人。科学是在系统观测、试验、建立模型和测试等科学方法的基础上，对问题和现象进行认识、推理的特殊过程。决策是指对思考的问题做出的判断或者为获得结论所采取的行动。决策者是对一个问题具有做出判断选择权力的人，尤其是在面对若干可选方案时，他有权从中做出选择取舍后向全社会公布，而社会成员必须遵守并贯彻执行他的选择结果。

从日常生活到影响历史发展的过程，决策以不同的形态和规模产生。这里要讨论的是有关从防止破坏当地木材林地到认可全球性国际条约的环境决策。我们注意到很多决策事先根本就没有考虑对生态的可能影响。我们认为，当孤立地考虑这些问题的时候，许多决策看起来对生态没有影响，而事实上，当我们从它们所处的整个生态系统的角度来考察时，它们具有重要的环境效应。

### 1.2　科学的多重作用

科学是社会的一部分，而不仅仅是一个中立的旁观者。科学过程和政治决策过程至

[1] 作者：E. J. Rykiel Jr, J. Berkson, V. A. Brown, W. Krewitt, I. Peters, M. Schwartz, J. Shogren, D. Van der Molen, R. Bolk, M. Borsuk, R. Bruins, K. Cover, V. Dale, J. dew, C. Etnier, L. Fanning, F. Felix, M. Nordin Hasan, H, Hong, A. W. King, N. Krauchi, K. Lubinsky, J. Olson, J. Onigkeit, G. Patterson, K. S. Rajan, P. Reichert, K. Sharam, V. Smith, M. Sonnenschein, R. St－Louis, D. Stuart, R. Supalla and H. Van Latesteijn。

少有三条相互作用的主要途径。第一,科学进步使社会整体发生变化并引发新的决策;另一方面,社会变化影响科学研究的方向,二者相辅相成。第二,当问题对科学家来说已经明显存在的时候,科学家有责任主动地将目前和以后可能出现的问题告诉决策者,而不仅仅是当政治家主动请教他们或赞成这些问题时才这么做。第三,科学家是政治决策过程重要的支持者(图 8-1)。在理想的情况下,他们不仅试图在以下两方面都发挥作用,而且还要通过尽可能让人理解的方式使决策过程吸收他们的研究结论。

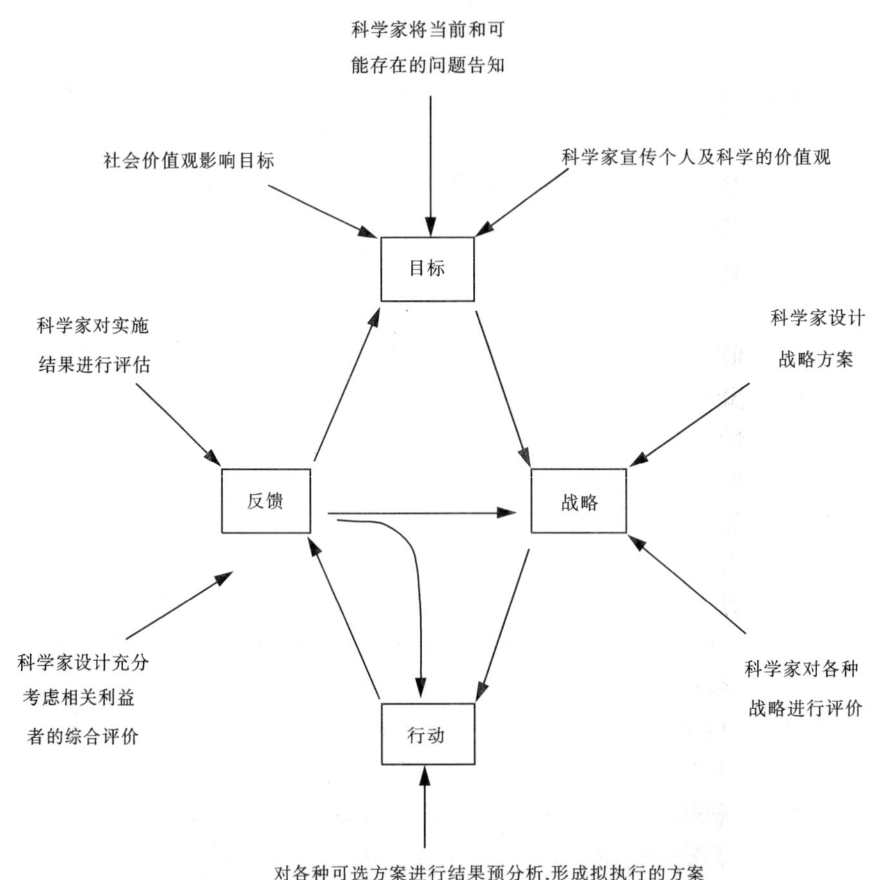


**图 8-1　强调科学和科学家整体对决策的影响示意图**

(1)通过总结科学认知的当前状况,寻找建立各种情景,并用它们来说明理想状态与现实状态之间的差距,预测不同情景的结果并对预测结果进行不确定性估计等手段,科学家尽可能客观地向决策者提供有关当前认知状态的信息。

(2)科学家将他们对不同情景的解释和自己的评估结果告知决策者。

如果科学是为了在决策中发挥应有的作用,科学家们和决策者们必须学会如何有效地与对方进行交流沟通。任何一方不仅要注意对方说了什么,而且还要注意他或她说这些话的来龙去脉或背景。必须牢记这一点:交流具有一个多面体的交互结构,其中各部分的相对重要性不断发生变换。

## 1.3 科学家在有争议问题上的作用

Harf 和 Lombardi(2001 年)指出,有问题意味着有争议,并列举了下面四个“不同意的方面”:

(1)问题是否存在;

(2)问题具有什么样的特征;

(3)将来优先的选择或解决方法是什么;

(4)如何获得这些优先的未来。

科学家在决定一个问题是否存在及定义问题特征等方面的作用十分明显。通常,科学家比社会其他人更早地意识到可能存在的问题。然而,我们工作在一个相对模糊的环境中,不管问题有多重要,只有少数同事了解我们所拥有的知识。正如全球气候变化问题所揭示的那样,许多重要的问题是先由媒体唤起公众意识和对这些问题的关注后,才会被决策者提上日程。并没有培养科学家用来唤起这些关注、促进公众对这些问题的理解,甚至参与决策过程的,尽管这时候科学信息对决策具有重要的影响。

在识别一个问题的维度和确定它所具有的特征中间,存在着一段空白地段,它将“客观”的科学信息与科学家倡导的特别优先的未来分离开来。科学家和社会其他部分间可能发生的冲突包括:确定的优先的未来会是怎样,应该追求哪一种未来以及如何去实现所选择的未来。事实上,所有的科学家都提倡:如果科学信息对一个问题具有重要的意义和作用,那么在该问题的所有维方面都应利用科学信息,这一点毫不奇怪。科学也可以帮助排除那些在科学上不可能的选择。然而,提倡或鼓吹某一优先未来,可能导致科学及科学家被草率地作为“具有政治目的”而被排除出局。在多种可选的未来中作选择时,社会认为科学之所以具有可靠性,是因为科学保持中立的态度或状态。

## 1.4 科学家与能动性

每一位科学家都必须作这样一个重大决策:是否对某一特殊方案进行拥护和支持。科学自身并不能决定自己是否应积极地这样做。科学家在决定介入的程度时,他的个人哲学观和价值观具有相当大的影响,分别如下所述:

(1)**从不**:科学和能动性之间相互冲突矛盾,认为成为某一方案的拥护或鼓吹者都会贬低科学的价值,甚至腐蚀科学本身。

(2)**有时**:科学家有义务宣传科学,倡导生态问题中科学贡献的基本属性。

(3)**不可避免地**:科学家行为的目的是为了维护有关科学的个人价值和专业价值,这些价值影响到研究主题的选择、方法的选择和研究成果的应用(尽管有时成果仅仅是解释性的),为此,应该阐明和陈述这些价值。

(4)**总是**:成为科学家和尊重科学的客观性,并不能免去科学家应将自己的科研结论与他所处的社会联系起来的公民义务。因此,对涉及到科学的公共问题,科学家总是应该保持着公众的立场。

## 1.5 科学家的教育

在科学家的教育过程中,显然有两个很重要的方面被忽略了:①绝大部分科学家不知道如何与一般人(非科学家)进行科学知识的交流;②绝大多数科学家并不清楚管理决策和政治决策是怎样形成的。年轻的科学家们总是被训练、教育如何在科学家们彼此之间进行沟通交流,而不是如何与一般人进行沟通。例如,那些参与美国政府部门决策,尤其是参与联邦政府决策的科学家们,经常对政策形成的过程感到不安和震惊。正如一个谚语所言,制作香肠的过程令人作呕,最好不要去看它是如何做成的。政策制定与制做香肠的工艺过程十分相似。也许该是教育科学家们知道政策和香肠是如何产生的时候了,只有这样,他们才能对自己多大程度地介入政策制定过程做出一个更精明的决策。

科学知识本质上是不确定的,从而可能不断地受到后来者或他人的驳斥(Ford,2000年)。然而,在没有掌握某种知识的情况下,我们也必须形成政策和做出决策。在政治决策中,决策经常建立在投票选择所反映的信念和价值观基础上,而不是像科学知识那样需要严格的检验。在不确定的情形下,政治家们会尽可能长地推迟做出决策,而不去冒犯错的风险,除非他们确信能得到科学的庇护(即,当证明政治家们的决策是错误的时候,科学家却说:根据他们在作决策时所能得到的信息,政治家那样做是完全正确的)。科学和决策之间的惟一的共识主题是,科学家和决策者之间沟通没有取得完全成功;如何克服这种失败,要求科学家更多地去了解究竟是什么在驱动决策者。

## 1.6 基于整体论的科学

环境问题常被孤立地对待,好像它们能从生态系统的其余部分剥离出来一样。由于跨国的局部环境问题和全球层面的环境问题日益普遍而且越来越明显,从系统层面上寻找解决问题的方法越来越紧迫。曾经较好地帮助我们发现自然界秘密的分开的还原论方法,现在必须加上集成的整体方法论后才能去解决引起争议的全球环境问题。如果我们不理解我们的决策如何影响作为整体决定未来是什么样的系统集成反应的时候,我们就无法知道我们所偏好的未来是什么。我们承认整体观所必须承担的巨大挑战,但是这些努力可能是值得的。自然和人类系统之间相互影响——人类影响自然,自然也会作用于人类。理解如何在这种相互关联中找到其中的规律,仍然是21世纪主要的研究方向之一。在美国,科学、政策和环境全国联合会呼吁环境决策应建立在新的多准则"可持续性科学"基础上(NCSE,2001年),这些"可持续性科学"运用了我们所倡导的整体论科学方法。

在分析现有数据,发现新知识和形成新方法方面,科学家具有极其重要的作用。分析现有数据并将新信息与这些数据进行整合,常常就可以揭示出可能引起社会关注的问题的大体轮廓。谈到这一点,简化法是科学研究的主要方法。现在是将更多的精力投入到发现和使用整体论科学来帮助决策的时候了。例如,Dale(本书第七章)运用生态系统整体论思想来开发对景观上生态脆弱的部分进行保护的支持工具。像一个生态系统中的物种一样,各决策之间相互作用,从而使整个系统得到响应。试图通过简化方法来理解和预测系统水平的响应,就像试图通过元素周期表来预测物种的灭亡速度一样,几乎是不可能的。

# 2 提高环境科学家的个体效率

## 2.1 介入决策之路

科学家们都希望他们的研究结果成为可靠的政策分析和发展过程的一部分。一些科学家相信存在着将信息传送给决策者的光明坦途,并且道路畅通;一些科学家对政策制定表现得毫无兴趣;一些科学家则认为如果他们自己介入到政治过程中,他们追求科学客观性的目标可能就要受到影响。有些科学家想更多地以个人名义介入到政策制定中去,而不管自己是否是经选举产生的代表,是否是科学咨询小组的成员,或是否是一个科学知识的有效传播者。通常科学家参与决策的途径很多,选择何种途径取决于科学家的个人兴趣和能力。

介入决策的第一条途径是环境教育,这条途径效果最慢,最不直接和不受人重视,但这一途径可能带来长远利益。一个接受了良好科学文化教育的社会公民,是较好地进行环境管理决策和政策制定的惟一真正希望。通常,环境科学家从课堂到循环做车俱乐部午餐会上卷入的各个层次上的公共教育,不被公众认为是科学对环境决策的贡献。

第二条影响决策的途径我们也很熟悉,是将研究成果在同行交流的科技期刊上发表。可能科学家们将这些出版物看做是把科学信息传递到公共部门的基本方法。然而,这并不是将环境科学研究成果融入辅助公共政策决策过程的正常途径。一个简单的理由是,政策制定者和公众并不阅读这些研究文献,因为他们不具备这些专业方面的知识和技能,理解其中的专业术语超越了外行人的知识能力范围。为了影响决策,一些研究工作必须由其他一些人来完成,最好是非科学家,他用准科学化的语言对研究工作进行总结概括,然后再将它们用非科学术语改写成一般人都能接受的普通读物。因此,在若干年的时间跨度内,这些学术期刊上的论文对决策产生影响的机会就非常低,而一般的非科技刊物和媒介在获得公众注意和支持方面作用却十分关键。

第三条介入政策决策的途径就是通过科技调解者。这类科学家们收集有关信息,再通过与决策者公开对话的渠道将这些信息传递给决策者。这种间接的途径需要包括科学咨询委员会、专业协会和非政府环境组织。环境科学家帮助这些组织形成有关环境问题的看法和立场。

第四条途径就是和决策者进行直接的对话讨论。这种直接对话和讨论方式既可以是与当选的负责处理国家或国际环境政策问题的官员进行座谈,也可以通过会晤当地的自然资源管理者的形式进行。这些座谈或会晤可能由决策者自己提出,也可能是由关心这些问题的科学家们发起,还可能是由于公众需要。最后,直接作用的形式可以多种多样,既可以是非正式的谈话,也可以是司法形式,还可以是一个人出于职业责任感而直接向决策者提出建议。例如,为政府机构工作的科学家就千方百计去使等级机构中有正常的信息通道。

## 2.2 改变环境科学教程

由于传统的大学环境科学课程主要(如果不是专门的话)是教学生一些基本的科学知识,因而在教育学生如何在少数服从多数的政治舞台上有效地发挥作用方面,做得还远远不够。学校和老师们主要给学生们传授如何运用科学原理进行自然资源管理方面的知识,而不是基于政治现实的管理知识。因此,他们将科学过程当做管理实际呈现给学生,从而学生学习了政治过程怎样能够运转,应该怎样运转,而不是它在实际中如何运转。其结果是让学生怀着错误的期望和幻想毕业,而大多数生态学和环境科学的毕业生,将直接或间接地与经济学家、政策分析家、社会学家和其他一些介入政策过程的人一起工作(例子可参见 Shogren,1998 年;NCSE,2001 年)。

教育与实际决策过程脱节的主要原因在于,大部分环境研究项目是依托大学环境科学系进行的,而他们的目标完全或主要定位于纯粹的科学研究(Lackey,1997 年)。现实生活中,科学结论并不是进行环境决策的惟一根据或影响因素。因此,教学生们理解问题后面隐藏的一些科学知识当然很重要,但是我们不能仅仅停留于此。许多环境科学系的毕业生常在不具备真正解决现实问题能力的情况下,走向了工作岗位(NSF,1996 年),他们把产生决策的过程想得十分天真(Noss 和 Cooperider,1994 年;Meffe,1998 年)。由于缺乏环境决策所需的政治—经济方面的训练和教育,因此毕业生认为在实际工作中没有必要积极有效地影响环境决策(Yaffe,1994 年;Meffe,1998 年)。在权衡各种决策方案方面,环境科学家必须具备综合运用科学知识和其他形式知识的能力(Aikenhead,1985 年;Bingle 和 Gaskell,1994 年)。

随着环境科学研究计划的不断增加,环境学教育过程中需要增加有关政治学和经济学方面内容的课程。这些课程内容包括经济学、社会学、政治学、环境法学、人类学等。从这些环境研究项目中锻炼毕业的学生将会拥有更宽广的知识面,但光有这些仍然不够。他们必须学习在政策决策过程中这些众多的学科是如何相互作用的,只有这样他们才能真正理解在决策过程中科学及科学家的作用和地位。

有关讨论在环境决策和自然资源管理中科学和科学家作用的文献十分丰富。科学家们在很多文献中都承认:在制定决策的过程中,科学不是惟一的考虑因素,甚至还不是主要的考虑因素。相反,决策是建立在综合考虑政治、经济、社会和科学等因素之上,并且科学还是比较次要的考虑因素(Jackson,1994 年;Noss 和 Cooperrider,1994 年;Wondellock 等,1994 年;Yaffe,1994 年;DeBonis,1995 年;ICAFS,1995 年;Clark,1997 年;Shogren,1998 年)。有关复杂环境问题的案例研究也说明了这一点(见 3 案例研究)。类似的案例包括商业捕鱼等方面的研究(Ludwig 等,1993 年),其中之一是广为人知的大西洋鳕(Hutching 等,1997 年)。事实证明,阅读这些案例研究,对学习和传播这些观念相当有效(Herreid,1994 年)。通过阅读和讨论这些研究论文,学生们形成了对自然资源管理过程更现实的期望,从而在决定怎样适应这样的过程时,自己也处于比较有利的位置。

当我们步入新千年并努力发挥科学在政策过程中应有的作用时,大学必须尽可能培养有准备和能更有效地融入决策过程的毕业生。懂得政策过程如何运转的科学家们将能更好地做出更专业、更有效的决策。

尽管这里我们只集中讨论了环境科学家的训练问题,但同时我们注意到,政策分析家也应得到更好的教育,以便能更多地将科学知识纳入到政策考虑的范畴。决策的制定应该将科学家及政策分析的科学审视整合在一起(NCSE,2001 年)。

不过,科学家们必须认识到,决策者通常会通过对信息的控制来获得和维护其政治权力——他们掌握的信息越多,他们就会越有选择地运用这些信息,从而能保留在决策环节上的科学家人数就会越少。合作未必是双向的——政策制定者需要信息是因为对他们来说,信息就是金钱;除非有某种特殊目的,否则他们不会愿意与他人共享这些信息。

# 3 案例研究

案例研究提供了具体的例子,说明科学信息和科学家努力交流的信息怎样影响决策。这些项目证明:即使一个项目不能实现科学的所有目标,科学也具有重要的作用。这些项目同样展示了决策过程的复杂性,在处理这些复杂性问题的过程中,科学家从专业的角度提供了决策所需的相关信息。

## 3.1 欧洲环境政策制定中集成的科学和经济学

欧洲国家第五次环境行动计划"走向可持续性" 委员会要求将环境问题同其他领域的问题进行集成研究。该计划中的基本内容之一是"得到公正的价格",将环境外部性问题纳入市场机制的范畴。为提供恰当的科技信息,1991 年欧洲委员会会同美国能源部开展了一个联合研究项目: 评价能源利用的外部性。能源工程师、自然科学家、健康专家、生态学家和经济学家共同参与了这一项目。为了模拟火电厂烟囱排放的污染物与环境相互作用后所造成的全部影响及其物理度量,并在可能的地方模拟评价污染造成的福利损失。参与研究的科学家在相应的科学领域间彼此融合, 以达成共识。

项目研究第一阶段结束后,科学家们建立了一个评价能源技术外部成本的可操作核算框架——"欧洲能源外部性(ExternE in Eropean)"(European Commission,1995 年)。然而,从那以后美国停止了这项研究行动,但来自欧洲 15 个国家的 50 个研究小组参与了后来的研究行动(European Commission,1999 年)。"ExternE"从此成为一个著名商标,研究成果得到了社会的广泛接受,国内和国际组织也习惯将 ExternE 的数据作为研究外部性成本的标准数据。

但是主要的研究工作发生了一个惊人的转变。因为要不断地提供最新的科学研究结果,就需要不断地将新成果、新结论集成进来,但这会明显地改变原 ExternE 研究框架的分析结果,就不可避免地部分降低了公众对其成果的接受程度。最初 ExternE 只评价对当地的影响,所估计的外部成本与电力生产的私人成本相比时,几乎可以忽略不计。后来又增加考虑了跨国界污染,由于长期暴露于低浓度的精细颗粒所造成的慢性死亡成本,使得所估计的外部成本又远远高于私人成本。由于所估计的成本发生了巨大的变化,从可忽略的当地影响变到影响范围非常广和非常大的长期影响,这些新研究成果使决策者得到的信息也发生了较大的变化(European Commission,1999 年)。

ExternE 并没有完成原先计划中定量估计不同的技术下单位电力生产所造成的总环

境外部性任务。但这一研究计划明显地促进和改善了不同学科交互作用下对环境机制的理解。虽然该方法有缺陷,但 ExternE 核算框架在很多有关欧洲环境措施的成本—效益研究中得到了成功运用,包括欧洲委员会焚烧炭化指导意见和大型燃烧工厂经济评估规则研究项目,以及欧盟国家防酸化战略、欧盟空气质量标准经济评估等项目(European Commission,1997 年;Krewitt 等,1999 年;Olsthoorn 等,1999 年)。

### 3.2 荷兰的湖泊管理和需求驱动的研究

早在公元 1250 年前,荷兰的区域水资源委员会在水资源管理中就发挥着非常有效的作用。区域水资源委员会的主要任务是保护土地免遭海水破坏,负责监督将剩余的淡水排入大海。现在,水质保护又成为该组织的另一项任务。在以下要呈现的案例中,区域水资源委员会邀请科学家和相关利益者团体共同商讨众多被称做“边界湖泊”的未来。

这些湖泊总面积大约有 6 000$hm^2$,湖很浅,湖面较窄,形成于 19 世纪下半叶的围海造田运动。多年来,湖水一直十分干净,生长着许多大型植物。但从 20 世纪 60 年代开始,由于营养物富集,湖水质量逐渐恶化。20 多年后,这些湖泊几乎全部为藻青菌所占领(主要是 planktothrix agardhii),湖水能见度仅 2～3 dm。大约在 1980 年,有关机构开始采取措施以减少对湖泊的磷排放,后来在一些湖泊中,还采取了一些其他措施,如抽水冲洗和生物控制技术。这些措施使湖水水质得到了大大改善,并且从 20 世纪 90 年代以来,大多数湖泊的湖水一年中绝大部分时间保持清澈,大型植物重新回归到湖泊生态系统中来,为各种鱼类和鸟类提供一个很好的生活生存环境(Hosper,1984 年;Jagtman 等,1992 年;Meijer 等,1994 年;Van den Molen 和 Boers,1996 年;Van den Berg 等,1998 年)。

有了过去几十年湖水水质退化的经历,区域水资源委员会认识到,应该采取一些预防措施以防重蹈覆辙。于是委员会邀请科学家对湖水保持清澈的稳定性进行研究,并预测将来可能会影响湖泊的因素(Meijer 等,1999 年)。另外,他们还邀请利益相关团体对湖水水质的优劣进行评估,并提出他们各自的愿望。委员会几次与各利益相关团体和科学家们召开会议,共同探讨湖泊管理办法。这些会议产生了令人瞩目的成就:采取的对策措施是进行高额投资,提高污水处理厂的去磷效率以平衡由于预期人口增长所增加的磷排放,同时将相对污染较重的河流引流到纳污能力强的湖泊中去。

这是一个响应决策者的需求驱动研究案例。由于这种研究源自于决策者和利益团体的需求,因此研究结果更容易对决策过程产生较大的影响。然而,不同动机需求的驱动型研究,可能会减小科学在决策中的效率,正如它也可以加强科学在决策中的效率一样(Van der Molen,1999 年)。

## 4 结论

2000 年国际生态峰会上,我们在“科学与决策”这一主题中增加了一个有关全球认识的内容,结果表明科学对决策的影响程度在国与国间存在差别。欧洲与会者一般都认为科学的确影响了欧洲的政治和决策,而来自北美洲和亚洲的参加者则认为,除非科学直接受雇服务于某一决策机构,否则科学在决策中一般都没有得到应有的重视。因此,正如峰会前预测的那样,这次科学峰会得出的结论也是:科学并不一定会对决策产生它应有的影响。

Brennan(2001年)根据自己在白宫经济咨询委员会的工作经历,列出10点理由来说明学术界应该对联邦政府的“实际运作”过程有所了解。其中的七点值得参考,因为它们不但反映出了在科学和决策中联邦政府的观念,而且也反映了科学家在与政府进行交互时沮丧的原因所在:

(1)政府机构过分庞大从而变得没有效率,因为大部分“时间花费在不产生任何效果的大型会议上”;

(2)分析问题的质量和深度与问题的重要性成反比;

(3)有关重要决策的报告说明应该尽量简单,“如果你不能用三个句子写出对一个问题的意见和看法,或在30秒内将它说完,你最好忘记这个问题”;

(4)如果想影响政策制定,生动的事实胜过数据:“一个好故事的作用通常胜过一图书馆的研究论述”;

(5)只要有足够的假设,任何政策都可以证明是对的;

(6)尽管“一个聪明的分析家能设计出既能满足小部分利益团体又能最大满足大众利益的政策”,但乡土观念至高无上;

(7)除非已经受到新闻报纸和网络的关注,否则,政府不会主动采取任何实际行动。

最后Brennan总结认为,“政治见解,不是位置的价值,常常决定了政策决策,因为每个人都可以拥有自己的政治见解”。

一般来说,科学家都很少甚至没有接受政治方面的教育,从而可能在运用科学影响决策过程中遇到一些政治论据方面的困难。如果符合自己的政治见解和需要,决策者可能会依据少数人甚至是极端的科学观点来制定政策。虽然一些决策者可能对科学有很好的理解,但出于政治方面的原因,他们并不将这些科学信息运用到决策中。

对什么是最好的政策,科学家和一般人一样,也希望能够发表一些个人观点。由于他们在社会中的独特地位,科学家有责任将客观信息和基于这些客观信息形成怎样的政策决策的个人观点区别开来。一般来说,从事科研的学生通常不接受决策和政策制定方面的训练,从而也就不懂得决策和政策是怎样形成的。

Groves(1992年)在总结早期有关环境保护的历史时写道,“只有当社会的经济利益已经明显地受到环境退化的影响时,政府才会采取行动阻止环境的继续退化。”它留给我们的教训是,只有当科学对决策具有经济影响时,它才会被认为具有决策价值。尽管健康风险的观念是影响决策的一个重要因素,生活方式的风险感觉也已成为影响环境决策的一个新因素。现在,生态科学家们相信,如果选民能对生态系统的内在价值有更清楚的认识,并认识到环境退化是原有环境政策和经济政策的必然结果时,选民对环境问题的支持才可能成为决策制定中越来越重要的影响因素。对想介入决策,尤其是想影响高层政策形成的科学家来说,其含义很明显:应将科学与经济、健康和生活质量问题联系起来,经济是这三者之中最主要的考虑因素。

科学和决策这一主题明显地启示我们,科学家在社会中的作用十分关键,需要更多地介入决策和政治方针的制定过程。但并不是每一位科学家都需要过深地介入其中。很多科学家只需介入地方决策，而一些具有强烈参政兴趣的科学家应介入州级、国家级和国际层次的决策。除此之外，学生需要更多地了解决策制定的过程，并掌握如何以科学家的身份参与决策过程的手段。最后，我们需要发现一种机制，以便让所有的科学家都能更有效地维护和发挥科学对社会的应有作用。

**致谢**

本章内容是科学与决策讨论小组成员共同努力的结果，小组由33个左右的成员共同组成。对本章中所涉及的每一个问题，我们不能保证所有成员的看法都一致。作者对所有参与该小组的同志表示感谢，这些成果属于他们中每一个人。在此，我们要特别感谢Rebekah Blok，Mark Borsuk，Randall Bruins，Kevin Cover，Virginia Dale，Jodi Dew，Carl Etnier，Lucia Fanning，Francesca Felix，Mohd. Nordin Hasan，Huasheng Hong，A. w. King，Norbert Krauchi，Henk van Latesteijn，Ken Lubinski，John Olson，Janina Onigkeit，Gary Patterson，K S Rajan，Peter Reichert，Kamala Sharma，Val Smith，Michael Sonnenschein，Robert St－Louis，Deidrs Stuart 和 Ray Suplla。

## 参考文献

[1] Aikenhead G S. Collective decision－making in the social context of science. Sci. Educ,1985，69：453～475

[2] Bingle W H,Gaskell P J. Scientific literacy for decision－making and the social construction of scientific knowledge. Sci. Educ,1994，78(2)：185～201

[3] Brennan T. An academics guide to the way Washington really works. Chron. High. Educ.（January 12），Sectio,2，B11.2001

[4] Clark T W. Averting Extinction（Yale University Press，New Haven，CT）.1997,pp.270

[5] DeBonis J. Natural resource agencies：questioning the paradigm. In：Knight R L and Bates S F（Editors），A New Century for Natural Resources Management（Island Press，Washington，D. C.）.1995，pp. 159～170

[6] European Commission. Externalities of Fuel Cycles. European Commission，DG XII，Science，Research and Development，JOULE. ExternE－Externalities of Energy. Volume 2：Methodology（European Commission，EUR 16521）.1995

[7] European Commission. Economic Evaluation of the Draft Incineration Directive.1997

[8] European Commission. Externalities of Fuel Cycles. European Commission. DG XII. Science，Research and Development，JOULE. ExternE－Externalities of Energy. Volume 7：Methodology，1998 update（European Commission，EUR 19083）.1999

[9] Ford E D. Scientific Method for Ecological Research（Cambridge University Press，Cambridge）.2000，pp.564

[10] Groves R H. Origins of Western environmentalism. Sci. Am,1992，7：42～47

[11] Harf J E，Lombardi M O. Taking Sides：Clashing on Controversial Global Issues（McGraw－Hill/Dushkin，Guilford，CT）.2001，pp.380

[12] Herreid C F. Case studies in science－a novel method of science education. J. Coll. Sci. Teach,1994，23：221～229

[13] Hosper S H. Restoration of Lake Veluwe, The Netherlands, by reduction of phosphorus loading and flushing. Water Sci. Technol, 1984,17: 757~768

[14] Hutchings J A, Walters C, Haedrich R L. Is scientific inquiry compatible with government information control? Can. J. Fish. Aquat. Sci, 1997,54: 1198~1210

[15] ICAFS. Why isn't science saving salmon? Fisheries, 1995,20(9): 4, 48

[16] Jackson J A. The Red-Cockaded woodpecker recovery program: professional obstacles to cooperation. In: Clark T W, Reading R P and Clarke A C(Editors), Endangered Species Recovery: Fingding the Lessons, Improving the Process (Island Press, Washington, D.C.). 1994, pp. 157~181

[17] Jagtman E, Van der Molen D T, Vermij S. The influence of flushing on nutrient dynamics, composition and densities of algae and transparency in Veluwemeer, The Netherlands. Hydrobiol, 1992,233: 187~196

[18] Krewitt W, Holland M, Trukenmüller A, et al.. Comparing costs and environmental benefits of strategies to combat acidification in Europe. Environ. Econ. Policy Stud, 1999,2: 249~266

[19] Krewitt W, Heck T, Trukenmüller A, et al.. Environmental damage costs from fossil electricity generation in Germany and Europe. Energy Policy, 1999,27: 173~183

[20] Lackey R T. Is ecological risk assessment useful for resolving complex ecological problems? In: Strouder D J, Bisson P A and Naiman R J (Editors), Pacific Salmon and Their Ecosystems (Chapman & Hall, New York). 1997, pp. 525~540

[21] Ludwig D, Hilborn R, Walters C. Uncertainty, resource exploitation, and conservation: lessons from history. Science, 1993,260: 17~36

[22] Meffe G K. Editorial: conservation scientists and the policy process Conserv. Biol, 1998,12(4): 741~742

[23] Meijer M L, Van Nes E H, Lammens E H R R, et al.. The Netherlands. Can we understand what happened? Hydrobiology 275/276: 31~42

[24] Meijer M L, Portielje R, Noordhuis R, et al.. Stabiliteit van de Veluwerandmeren, rapport 99.054 (Rijksinstituut voor Integraal Zoetwaterbeheer en Afvalwaterbehandeling, Lelystad, The Netherlands). 1999, pp. 132

[25] NCSE. Improving the Scientific Basis for Environmental Decisionmaking (National Council for Science and the Environment, Washington, D.C.). 2001, pp. 32

[26] Noss R F, Cooperrider A Y. Chapter 10: the task ahead. In: Noss R F and Cooperrider A Y(Editors), Saving Nature's Legacy: Protecting and Restoring Biodiversity (Island Press, Washington, D.C.). 1994, pp. 325~338

[27] Noss R F, Cooperrider A Y. (Editors) Saving Nature's Legacy: Protecting and Restoring Biodiversity (Island Press, Washington, D.C.). 1994, pp. 416

[28] NSF. Shaping the Future: New Expectations for Undergraduate Education in Science, Mathematics, Engineering, and Technology. NSF Publication No. 96~139 (National Science Foundation, Arlington, VA). 1996, pp. 76 Out of print; available on-line as ASCII or HTML file: http://www.nsf.gov/cgi-bin/getpub? nsf96139

[29] Olsthoorn X, Amann M, Bartonova A, et al.. Cost benefit analysis of European air quality targets for sulphur dioxide, nitrogen dioxide, fine and suspended particulate matter in cities. Environ. Resour. Econ, 1999,14: 333~351

[30] Reeders H H, Helmerhorst T H. Op weg naar helderheid. Een heroriëntatie van BOVAR gericht op

2000, rapport 96.01 (Rijkswaterstaat Directie IJsselmeergebied, Lelystad, The Netherlands). 1996, pp. 102

[31] Shogren J. A political economy on an ecological web. Environ. Resour Econ, 1998,11 (3-4): 557~570

[32] Shogren J. Do all the resource problems in the West begin in the East? J. Agric. Resour. Econ,1998, 23 (2):309~318

[33] Van den Berg M S, Coops H, Meijer M L, et al.. Clear water associated with a dense Chara vegetation in the shallow and turbid lake Veluwemeer. Ecol. Stud, 1998,131: 339~352

[34] Van den Molen D T. The role of eutrophication models in water management, Thesis (Agricultural University Wageningen). Report 99.020 (Rijksinstituut voor Integraal Zoetwaterbeheer en Afvalwaterbehandeling, Lelystad, The Netherlands). 1999, pp. 167

[35] Van den Molen D T, Boers P C M. Changes in phosphorus and nitrogen cycling following food web manipulations in a shallow Dutch lake. Freshw. Biol, 1996,35: 189~202

[36] Wondolleck J M, Yaffe S L, Crowfoot J E. A conflict management perspective: applying the principles of alternative dispute resolution. In: Clark T W, Reading R P and Clarke A C (Editors), Endangered Species Recovery: Finding the Lessons, Improving the Process (Island Press, Washington, D. C.). 1994, pp. 305~326

[37] Yaffe S L. The Northern spotted owl: an indicator of the importance of sociopolitical context. In: Clark T W, Reading R P and Clarke A C (Editors), Endangered Species Recovery: Finding the Lessons, Improving the Process (Island Press, Washington, D.C.). 1994, pp. 4~71

# 第九章　生态系统健康和人类健康[1]

**摘要**：生态系统是复杂的，易受人类活动影响的系统。生态系统与人类之间有着非常密切的关系，但不幸的是这种关系常常被我们社会中的决策者和其他人所误解。因此，从区域尺度和全球尺度来检查人类活动和生态系统健康之间的联系显得非常重要。这将确保全社会都能充分了解这些信息，从而制定更可持续和更健康的决策。随着人口的增长和其活动对生态系统影响的加剧，不仅人类本身的健康面临危险，而且支持我们生存的生态系统的健康也面临危险。本章阐述了人类健康与生态系统健康之间的联系和我们忽略这些联系的原因。文中涉及的三个重要问题——气候变化、生物多样性与农业生态系统和食物生产，由于它们产生的影响具有全球性而与所有的国家都有关。从这些案例研究可以获取人类提高生态系统的可持续性和健康状态将要面对的主要挑战。

## 1　引言

早在35年前，Rachel Carson的《寂静的春天》(Carson，1962年)就唤醒我们需要关注环境问题。从那时起，人们试图通过政治参与(如布兰伦特报告)和签订协议(如《21世纪议程》和《东京协议》)的方式来改善我们的生存环境和人类的生活质量。全球的各种社团也正在采取积极的措施来实现可持续发展。尽管存在这些努力，但人口的增长，生态危机不断加剧并向全球化发展，使环境问题变得更难以琢磨。在最近出版的一本书中，联合国发展署、联合国环境规划署、世界银行和世界资源研究所(2000年)一致认为因人类需求和影响的增加，世界生态系统正处于危险的衰减中，生态系统容纳能力的衰减导致人类健康和福利的不断衰减。世界卫生组织指出，世界上25%的可防治的疾病直接与较差的环境状况有关(World health organization，1997年)。人类只有采取有效、一致的联合行动才有希望转移或减缓环境质量向下螺旋式发展造成的不可逆转的损失，减缓地球资源承载力下降的势头，减少失去支持和改善人类生存质量的选择机会。

虽然人类已经开始认识到健康的生态环境和资源保护对维持自身未来的可持续发展非常重要，但要将这些原则融合到我们的行动、立法和政策中仍然存在困难。我们陷于短期利益高于可持续性，对后代缺乏责任感的价值体系中。因而从区域尺度和全球尺度上阐述人类活动与生态系统健康的关系相当重要，这将保证社会的各个阶层对此都有所了解，从而能够制定更可持续和更健康的政策。强化政治解决的方法更清楚地显示了人类健康与生态系统健康的关系。传统上这些方面是分离和相互独立的，公众比较关注人类健康而不太关心环境问题。一个人(特别是关系密切的人)的死亡会比一个物种的死亡

---

[1] 作者：L. Vasseur，D. J. Rapport，J. Hounsell。

(或灭绝)更令人产生情绪反应。当今社会中的绝大多数文明与环境的联系不像人类之间那样具有情感、精神和物质的联系。然而,健康与环境之间的界限不再像以前所想的那样具体。我们在这里将说明这两个紧密结合的行动(虽然存在时滞)。地球生态系统现正变得越来越不堪负重,这反过来也对人类未来的福利产生了严重的威胁(Brown 等, 1989年; McMichael, 1993 年; Postel, 1994 年; Rapport 等,1998 年)。

我们能通过阐述生态系统健康与人类健康的关系来灌输采取紧急行动的迫切性吗?我们认识到许多诸如暴饮暴食和抽烟等习惯的危害性,但是周围却比以前有越来越多的肥胖者,人们继续抽烟。只是常年的忽视和滥用,系统功能才会受阻,生态系统才会“生病”。当行为发生时,对系统产生的积累效应和长期影响不明显。影响只有在健康问题出现时,常常是死亡时才被发现。

## 2 生态系统、人类和健康的概念

在阐述人类健康和生态系统健康之间的联系之前,我们给出生态系统和健康的概念。

### 2.1 生态系统

整个地球,一块景观或一个湖泊都可以视为一个生态系统。一个生态系统是一个令人惊奇的物种分类,其中物种间,物种与其周围无生命的环境间存在交互作用。生态系统由所有有机物生存并保持其功能的必要要素组成,包括所有活的成分和其周围无生命的物理和化学环境(Draper,1998 年)。在所有的生态系统中,一些有机体存在并发生相互作用的地方就会存在光、温度、盐度和养分梯度。在允许有机体生存、迁移和相互作用的生物和非生物环境间具有复杂的反应和接触环境。因为组成有机体的许多元素参与了全球循环,因此全球的生态系统总是相互联系的(Homer - Dixon,1999 年)。虽然生态系统具有边界,但这有点武断,因为有机体的数量在时空范围是变化的,而且环境因子(如高度和土壤化学性质)也可以在时空尺度上发生连续变化(Linens,1992 年)。生态系统的边界通常根据研究的目的来确定,而不是以与已经认识到的邻接生态系统的某些功能上的非连续性为基础。

一个生态系统为研究物种——包括个体、种群、群落与它们的非生物环境之间的相互作用,以及这些相互作用的变化提供了一个概念性的框架。许多年来,生态系统被认为是与人类联系很少或没有联系的外部系统;而人类不过是地球上许多物种中的一种——尽管是对生态系统最有影响力的物种,并且作为生态系统不可分割的一部分而存在(Draper,1998 年)。最近,人们才在无可辩驳的证据面前接受了这些观点。

有人相信人类对“自然”生态系统(如原始森林和海洋)的影响微乎其微甚至可以忽略。因为几乎没有直接的人类干预,这些生态系统被认为是原始的或至少未被触及的。然而,即使在目前少有或无人类居住的遥远的北极地区也发现了高浓度的有毒化学物质。让人悲伤的是,今天地球上几乎没有(即使有也很少)一块地方没有受到人类活动的影响。在“管理的”系统中,人类起主要作用并且经常处于支配地位。这些生态系统包括城市地区、都市公园和运河等。人类在这些系统中把持着系统的许多要素以达到资源利用最大化。因为受到人类的巨大影响,这些受人类管理的系统如果没有人类的继续存在也将不能维持现状。这就是一些河流(如莱茵河、泰晤士河、密西西比河等),即使限制人类的影响,它们周围的生态系统仍将处于危险之中的原因。人类活动改变了这些生态系统,使它们失去了生态完整性,并且大多数本地物种已经灭绝。

## 2.2 健康

健康的概念根植于我们的生活中,与生存和福利有关。但是它也经常从反面进行定义——例如不患病(Haskell 等,1992 年)。因此,健康人可以叙述为:①不患病;②思想和身体能够活动/行动(Rapport 等,1998 年)。传统上认为健康的概念仅限于个体(如人类、植物和动物)的身体状况。然而,近来这个概念更多地被用于复杂的组织,包括群落,并最终用到生态系统水平上(Rapport 等,2002 年)。像压迫性退化和不适综合症等生态系统特点反映出的健康状况也可以看成系统水平上的一个特性,而不仅仅被用做比喻。此外,在风险评估、影响评估及监控研究中开发的方法也能用来分析受压迫的生态系统。因此,它们在生态系统健康评价方面是有用的。

健康的概念也正在传统的健康领域内(如医学方面)发生变化。这在很大程度上归因于认识到生态失衡正日益成为许多人类疾病发生的原因。传统医学注重于诊断疾病和治疗,而生态系统健康的方法则注重把疾病与其发生的环境(人为的、生态的和社会的等)联系起来理解发病的原因(Rapport 等,2002 年)。

人们越来越关注的生态系统服务不断降低,并沮丧地发现目前的经济典范用来保护自然环境时的失败,这促使我们检查生态系统健康的意义(Haskell 等,1992 年)。生态系统健康的概念提供了与可持续性之间的联系。研究生态系统健康的主要目的是为了制定政策,在不改变生态系统的生命支持功能、多样性、恢复能力、生产力和组织结构的前提下,促进人类文明繁荣发展(Rapport 等,1998 年)。Costanza 等(1992 年)把生态系统健康定义为:"一个生态系统如果是稳定的和可持续的,也就是说,如果生态系统具有活力,能保持本身的结构,具有自主性,在压力下能够恢复的话,那么这个生态系统就是健康的和没患'不适综合症'。"

生态系统健康的概念最早可以在 Aldo Leopold(1941 年)的著作中发现萌芽的种子,在那时他提出了"土地健康"的概念(Callicott,1992 年)。Leopold 认识到在人类活动的影响下,个体和生态系统都可能表现出生病征兆。他还认识到在这样的状况下,生态系统将失去为人类和其他许多物种提供生态系统服务的能力,这些生态系统服务是人类和其他物种追求福利的基础。这些服务种类众多,它们的性能可以使我们了解系统的状态(表 9-1)。因此,生态系统健康和人类健康是基于两个方面的内容:①不患病;②各项功能处于最佳状态(也指功能的完整性)。人类把融合到社会中的同类称为人,他能在精神和物质上为社会提供服务。同样生态系统健康实际上也肯定具有一定的完整性。这关键要靠它的特性(如恢复能力和生产力)组合,而不是某一要素的单独作用。《生态系统健康》杂志结合了人类健康定义,把生态系统健康定义为:"有助于生态系统管理的预防、诊断和预兆及有助于理解生态系统健康和人类健康之间关系的系统方法。它用来理解和优化生态系统自我更新的内在能力,同时又要满足合理的人类目标。在形成人类和生态系统两个尺度上的健康概念时,包含了社会价值、特征和目标的作用。”

**表 9-1　　生态系统服务对包括人类在内的所有有机体提供的利益举例**

| 服务种类 | 对所有物种 | 对人类 |
|---|---|---|
| 氧气和空气净化 | × | × |
| 食物 | × | × |
| 纤维 | × | × |
| 营养平衡/循环 | × | × |
| 水的净化 | × | × |
| 气候调控 | × | × |
| 土壤形成 |  | × |
| 宗教信仰 |  | × |
| 娱乐 |  | × |
| 心理和精神培育 |  | × |

许多生态系统已经处于不可能恢复的境地(Rapport 和 Whitford,1999 年)。然而,预测生态系统在哪一点上丧失自然恢复能力常常比较困难。例如,我们能检查诸如公园一类恢复力迅速衰减的小型管理生态系统(如 Kejimkujik 国家公园和加拿大新斯科舍省娱乐公园;Vasseur,2000 年)。在精心管理下公园看起来能够保持相对稳定,并能长时间维持它们的功能。但是,许多年后公园将发生急剧变化并失去生态完整性(功能)。例如,小树死后,土壤变得密实,地表植被消失,树的再生能力明显降低。多数人控生态系统,为了减少风险负债,植物(大多数是死去的树木)因能对人类产生危险而被从公园内清理掉。随着人口密度的增加和对这些资源需求量的增大,出现了践踏和其他的破坏行为。践踏引起的土壤结实导致地表植被消失和水土流失增加。砍伐树木和其他清理活动减少了通过营养循环可得到的有机质和养分。更多的树木因根系受到胁迫而死亡。随循环加速,生态系统的抵抗力和恢复力变得越来越差。事实上,在许多公园,为了改善生态系统的完整性,管理者不得不在野营地开始大搞恢复工程。最近有报道在安大略省西南部的一个省立小公园内发生的类似的人类干扰(植物的蔓生和限制对鹿的捕猎)已经危及到公园健康(Patel 和 Rapport,2000 年)。这些例子仅限于小尺度的生态系统,但是大尺度生态系统功能下降的证据也非常多(图 9-1)。许多问题已经明了,但很少采取措施来解决问题。这些问题在区域甚至在全球范围内集聚(如森林退化和沙漠化),我们面临的最困难的挑战是承认这个显而易见的事实:我们正在影响着生态系统。但是我们怎样才能使其他人信服,怎样才能说明生态系统健康和人类健康之间的联系呢?

- 世界上一半的湿地在20世纪已经消失
- 砍伐森林使世界上的森林面积缩小了一半
- 世界上约有9%的树木物种濒临灭绝;热带雨林以每年130 000km$^2$的速度减少
- 捕鱼能力超过海洋能维持的40%
- 世界上近70%的主要海洋鱼类过量捕捞或接近生物极限
- 在过去的50年内,世界上2/3农业土地发生土壤退化
- 世界上大约30%的原始森林被转换为农业用地
- 自1980年,全球经济增长三倍,人口增长了30%,达到60亿

**图9-1 人类活动引起的生态系统和环境退化的统计**

资料来源:联合国开发署等(2000年)

## 3 忽视联系

在大多数国家,政策制定者和普通公众仍不相信生态系统健康和人类健康之间的联系。虽然本章清楚地展示了有这种联系的例子和地区,但是它们在制定政策的过程中常被忽略。被忽略的原因是:①贪欲或野心;②无知或漠不关心。在前工业时期,人类社会的主要目标是生存活动。但是,自工业化以来,人们的生存条件和生活方式得到了明显的改善,金钱和物质主义已经替代生存目标而成为现代社会的主导激励因素。随着人口的增长,人们对物质和产品的需求已经引起行业和公司(社团)达到能够随心所欲地操纵消费模式的地步。一些工业化国家鼓励决策者和发展中国家的政客增加消费、世界贸易和生产。但是世界贸易组织在西雅图(1999年),世界银行和国际货币组织在布达佩斯(2000年),美洲贸易协议成员国在魁北克(2001年)召开的会议可以为证:我们社会的基本行为正在面临严峻挑战。

满足社会的需求需要更多的自然资源。如果我们目前的观念不改变,生态系统所受到的破坏程度将不会减弱。这在人口和经济都处于上升状态的发展中国家表现得尤其明显。许多发展中国家把西方国家的生活方式作为最终目标,这常常造成资源的过度消费——虽然它们当中的大多数国家没有控制这些消费模式的技术。对经济增长如果不加以抑制,将会加剧生态系统影响的连锁效应,生态系统的退化最终将使人类健康状况每况愈下。北大西洋渔业的崩溃就是一个极具说服力的例子,沿岸发达国家和发展中国家的社团已经受到渔业资源损失的强烈影响(Kraft,2001年)。在一些地区,如加拿大的新斯科舍省,一种资源的损失导致对余下资源的需求量增加:森林工业已经替代渔业成为头号资源型工业(Tony Charles,在2000年生态峰会上的介绍)。图9-2表明了在资源型经济体系中的经济活动与生态系统健康和人类健康的联系。

当认识到问题的严重性时,缺少教育、信息和交流被认为是正确行动的主要障碍。在许多高收入国家的高等学校的课程表中没有列出自然史、人类健康和环境科学等课程,特别是在几乎没有正规儿童教育的发展中国家中根本就不存在。同样地,并不是从所有的国家中都能轻易得到环境的信息(Kraft,2001年)。总的来说,即使在那些正在努力尝试

实施教育的国家,用于教学的材料也常是过时的,不足以很好地理解生态系统成分之间的相互依赖性(Sauve,1999 年)。虽然在大多数民主国家中可以获取环境方面的信息,但是实际情况也并非如此。在多数情况下,新闻媒体时常鼓吹高消费的论调。公众信息系统已经被耸人听闻的新闻所充斥。与绿色和环境有关的媒体仍然相对较少,它们局限于受到较高教育/意识先进的公众。尽管我们知道与生命有关的这些方面是相互联系的,但在存在预算约束的多数工业化国家中,与人类健康和就业有关的问题比物种保护的问题更多地出现在日程表中,在信息严密控制的某些国家,生态系统健康和人类健康之间的联系被有意识地忽略(来自发展中国家的与会人员 Le Dien Due 博士在 2000 年生态峰会上的评论)。

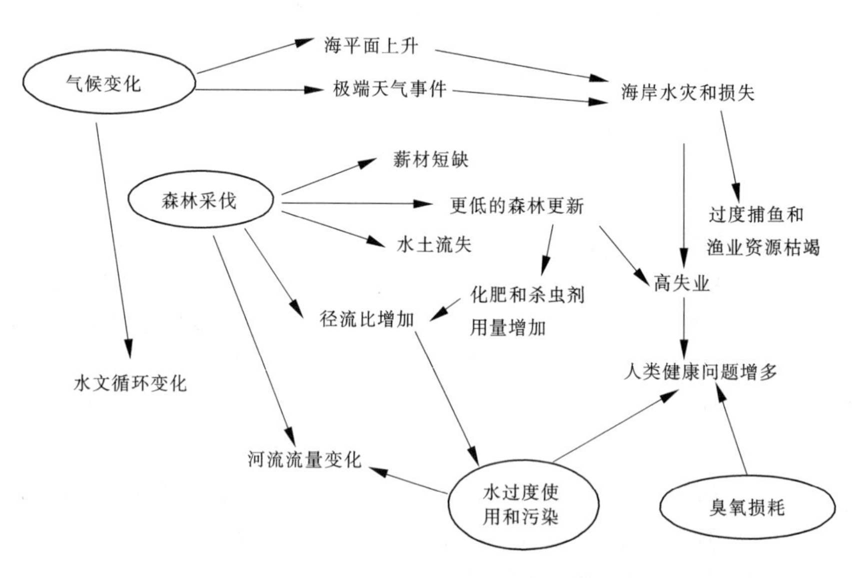


**图 9-2 Nova Scotia 渔业和林业经济体中气候变化与人类过度开发自然资源对人类健康和生态系统健康产生的可能联系和影响**

根据 Homer - Dixon(1999 年)

由于不理解生态系统健康和人类健康之间联系,而表现出来的漠不关心应受到谴责。关心环境不是新事物,减少危害环境的人类活动也不是新事物(Mullin,2000 年)。在 20 世纪 90 年代,在北美洲开展了几次调查发现,实际上绝大多数人非常关心他们周围的环境。例如,在加拿大,73%的被调查者非常关心环境问题,超过一半的人认为保护环境比创造就业岗位更为重要(Krause,1993 年)。然而,他们的所作所为没有反映出环境问题具有优先性。主要的挑战是建立态度和行动之间的联系,尽管多数人说他们具有环境意识,但是他们的态度没有变成实际行动。然而行动经常是受地位控制的。例如,Sadalla 和 Krull(1995 年)研究发现,社会地位较高的人认为和环境保护有关的行为如使用晒衣绳、乘公共汽车和骑自行车等是社会下层人的事,自己这样做有损身份。

最后,宗教、文化和其他类型的信仰也影响理解人类与其周围环境之间的联系。在犹太教和基督教所共有的传统中,人类被认为是自然的主宰(Harper,2001 年)。这种信仰鼓励人类与自然界分离,认为人类控制着自然界。这种信仰怂恿我们生命支持系统的退化和死亡。可是有人会问为什么这种怂恿没导致人类本身和文化的灭亡。答案存在于乐观主义的信仰中,新技术将像过去一样来拯救我们。但是已经没有证据支持对技术的永恒信念,因为减轻生态系统退化的努力通常简单地将问题转移到别处(如施用化肥来补充土壤生产力的降低常引起地下水、河流和湖泊的污染,等等)(Rapport 等, 2001 年)。

现在有必要举一些例子来说明人类活动怎样影响生态系统,生态系统又怎样反过来影响人类健康。在下面的三部分中,考察了与人类健康和生态系统健康相关的全球问题及人类健康和生态系统健康之间的联系。在这里讨论的主题是气候变化、农业生态系统与食物生产、生物多样性与下降的生产能力。虽然还有更多的与生态系统健康和人类健康相关的问题,但是选择考虑这三个问题是因为它们在全球范围内具有重要意义。它们在全球政策水平和在地区和局地尺度上都富有挑战性。

## 4 气候变化

在 20 世纪人类对燃烧化石燃料的依赖性增加了。随着人口规模的扩大和经济活动的增强,排放到大气中的气体在人类历史上达到了前所未有的水平。例如,现在大气中的 $CO_2$ 浓度比前工业时期高 29%,比过去 16 万年中任何时候的浓度都高(UNDP 等,2000 年)。我们也知道工业化国家应该对世界上自 1950 年以来积累的 76% 碳排放负责。这些“温室气体”浓度的上升预测对地球的气候条件具有显著影响(Serreze 等,2000 年)。虽然人们对会在何时、何地发生什么变化有许多争议,但是,不可否认的是,地球气温自 20 世纪早期以来一直稳步上升,而且这种趋势还会继续下去。

研究人员开发了计算机模型,来预测气候变化的潜在影响,其中最复杂精美的模型是全球环流模型(CGMs)(Government of Canada,1996 年;Hengeveld,2000 年)。这些模型把支配全球生态系统的物理参数综合到一起,模拟在各种情景下的太阳、大气、海洋和陆地之间的相互作用。虽然这些模型不能在区域尺度上准确预测气候变化的潜在影响,但是它们在大气中 $CO_2$ 倍增时出现的几种主要的全球变化上存在共识(Government of Canada,1996 年;Draper,1998 年)。例如,CGMs 预测地球温度将升高 1~3.5℃。但是气温变暖在地球上的非均匀分布导致在区域尺度和时间尺度上出现更多的不可预测的气候状况(Sachs 等,2001 年)。

一些生态系统的成分将会受到气候变化的影响。当温度在新闻上公开议论时,人们也预测降水模式的变化,温度的变化使得在一些地区出现沙漠化,而另一些地区的降水则有所增加。随着全球平均气温的升高,极地冰块在更温暖的气候中继续融化,在下个世纪海平面将会以每 10 年 1~10cm 的速度上升(Draper,1998 年;UNDP 等,2000 年)。海平面真会像预测的那样迅速上升吗?我们并不知道。但是,由于有大量人口生活在沿海地带,因此在下个世纪,环境避难者的数量每年将会达到数百万(UNDP 等,2000 年)。这些人将到哪里去?对特里尼达—多巴哥事件的关注在国际会议上被多次提出(Lester Forde,在 FTAA 之前组织的半球贸易与可持续性讨论会的参加者,2001 年),这对健康的影响将会比预测的还要严重,会伴随出现大量死亡、饥饿和传染病。没有去处的避难者将难以找到新的耕地,从而因土地而发生冲突的可能性大增。在退化和贫困条件下,由于缺少必要的卫生条件和生活条件,避难人群中很可能爆发传染病(如霍乱和伤寒等)。

森林可以在短时期内因 $CO_2$ 的增加而受益。气温变暖可以使北美洲森林的适宜生长范围向北移动,但是气温变暖同样也能使南部的不适合居住的干气候北移。如果树种不能随着适宜生长范围的北移而以相同的速度向北迁移的话,那么这些物种的分布将会显著减小。这种现象同样也会出现在农业上,随着光合作用的增强,不可预见的气候变化可能降低重要农业区的作物产量。气候变化的其他影响包括北极冰期变短和永久冻结带减少(Government of Canada,1996 年;Hengeveld,2000 年)。冰破裂的轻微变化将显著影响动物的迁徙和游牧部落在春季到达安全地点。

生态系统的这些变化无疑将影响到人类的活动。降低的食物生产率、森林覆盖率和不可预测的天气变化可能引起更多的人类健康问题。极端高温的影响将变得更加严重,如 1995 年热浪袭击芝加哥造成都市区 700 多人死亡(Patz,2000 年)。在世界上的城市地区,随着气温的升高,高温袭击常有报道,高温紧急状态也时有发布(如 2001 年 4 月加拿大的多伦多地区)。随气温的上升,近地层臭氧光化学烟雾浓度将升高,这会引起更多人患哮喘和其他呼吸道疾病。气温越高可能意味着与寒冷有关的死亡越少,但是在美国死于高温的人数是死于寒冷的两倍(EPA,2000 年)。

气温升高也会使现在仅限于在热带和亚热带地区发生的许多传染病向北蔓延,特别是那些通过蚊子和其他昆虫传播的疾病。疟疾和登革热之类的疾病会在北部地区更加流行。事实上,疟疾已经在热带的南部和北部重新出现(Epstein,2000 年)。

极端天气条件也威胁到水的质量,增加了与水有关疾病(如霍乱)的发生率(Epstein,2000 年)。工业化国家拥有完善的健康保障体系,可以应用有效的预防措施来降低了此类疾病的发生率。但是在还不具备这些资源的国家,气候变化将给人类的健康带来灾难。由于缺少卫生条件和退化的环境条件,传染病通常是发展中国家的医务工作者必须处理的主要问题。在这样的条件下,医药、食物、可饮用水和住所的短缺会使人们更容易患病。因而他们比工业化国家的人在气候变化面前表现的脆弱性更大(Colwell 等,1998 年;Lindgren,1998 年;Woodward 等,1998 年)。

伴随气候变化而发生的不可预见的气象事件(如飓风和干旱等),也直接和间接地影响人类健康。发生飓风时,退化的生态系统导致死亡人数的增加。例如,1998 年 10 月袭击中美洲的飓风 Mitch 造成10 000多人死亡。许多人死于泥石流,这是森林砍伐殆尽的山坡遭受暴雨冲刷而触发的。大雨也会对健康的生态系统造成类似的影响,在人口稠密、边缘地和过度开发的地区,这种影响还会增大。在这样的环境下,食物和饮用水的短缺将是引起饥饿、营养不良、疾病和死亡的另一种因素。

另外一些例子是降水的变化和水资源的短缺问题。在世界上的一些地方,在过去的几十年里时常发生气候变化引起的水资源短缺。这能引起地区之间或国家之间的暴力和政治斗争。以色列限制阿拉伯人使用地下水制造了紧张局势;叙利亚共和国和伊拉克与土耳其之间也存在类似问题,他们在底格里斯河和幼发拉底河上建设水电站问题上引起了政治冲突(Postel,1996 年)。

气候变化已经成为最近 20 年来的重要议题。然而,虽然存在科学预测,相关的国际协议(如《东京条约》)和一些政策制定者的良好愿望,但人类几乎没有取得任何进展。行动和变化的迟缓主要是因为在短期和长期内缺少对问题及其后果的理解。政府部门认为，由于对项目研究的不确定性和人类的响应过程知之甚少，气候变化的人为成本难以估计(Hengeveld，2000 年)。不确定性因受人类观念的影响，使经济学家和其他人相信可以发现气候变化的应对措施，减小气候变化对人类健康的影响(Harper，2000 年)。这在工业化国家(短期内)存在可能，但是发展中国家将面临破坏性影响。即使全球生态系统面临的风险非常高，但是人类几乎没有采取任何预防措施。气候变化将不加选择地影响全球，全球人类只有联合努力才有希望降低或转移它所造成的损失。

## 5 农业生态系统和食物生产

各种各样的农业生态系统都是为生产食物和其他农业产品而建立的人控生态系统(Draper，1998 年)。这些生态系统结构复杂，包括土地、生长在其上的物种和农民的管理方法和技术，受自然规律、政府政策和全球经济的控制。农业生态系统的持续性与粮食生产直接相关，与营养循环和生物多样性等其他生态系统功能的长期维护也存在直接的相关关系。在没有发明新技术的情况下，人口的增长导致对农业生态系统的需求增长，更多的地球土地需要耕种才能满足人类的需求。1997 年食物产量的经济价值大到13 000亿美元。虽然这些数字看起来是向增长的方向变化的，但是谷物储备量并不高而且呈下降趋势(Brown，1998 年)。

农业生态系统占全球陆地面积的 25%，但是其中 75% 的土地土质贫瘠(UNDP 等，2000 年)。怎样在现存生态系统不再发生退化的情况下增加食物产量是现在所面临的主要挑战。大多数土壤贫瘠的农业生态系统位于更容易发生不可预见事件(如干旱和洪水)的发展中国家。在这种情况下，农业发展应该采取谨慎性原则。不幸的是，因为要养活大量人口和全球经济的刺激，常过度开发边缘土地。尽管这些因素激励开发更多的农业生态系统，但是非洲和中美洲的粮食产量却下降了。下降的原因有很多，其中主要的原因是这些农业生态系统健康状况的下降。在发达国家，农业用地的数量正在减少，这可与社会、经济和技术条件的变化联系起来。在所有的案例中，农业生态系统或者消失，或者发生转换用做他用(如城市郊区)，或因沙漠化和退化而消失。

不可持续的行为(如过分利用化石燃料来发展生产，施用化肥和农药)使农业生态系统高度人工化，对任何环境变化都变得很脆弱。它们通过影响土壤、水、生物多样性农业影响周围生态系统的可持续性，甚至也通过增加温室气体影响大气，同时这些也限制了它们自己的生存。目前的农业活动，如单一耕种制度、行间密植、休耕期变短和顺坡种植已经引起农业生态系统物理基质的迅速损失。因土壤板结和集约化农业生产造成的水资源损失和土壤侵蚀是所有农业生态系统所面临的共同问题。随着化肥的过度施用，土壤营养失衡正在成为制约作物生产的另一个重要因素。过度施用杀虫剂减少了土壤的多样性。土壤中的微生物和无脊椎动物是重建土壤物理基质和营养循环的机械手。在大多数集约化农田里，随着土壤中有机质的全部迁移和化学合成物的加入，有机体的数量已下降到不足以维持营养循环的地步(Homer－Dixon，1999 年)。

农业生态系统是复杂的并与周围的其他系统存在相互联系。水蚀、灌溉和因过度施用化肥、农药产生的严重污染也影响了其他的系统。有研究表明，因农田中化学物品使用所产生的严重污染已经出现在周围的水体和森林中(Freedman，1998 年)。流到水体中的残余物和化肥导致人为富营养化，降低了水的质量。因为现代农业容易受到干旱的威胁，灌溉已经成了一项重要的农事活动。

在水资源有限的地方，经常发生的水资源短缺引起了越来越多的暴力冲突，加沙地区就是一个佐证。水资源需求增长和滥施化肥、农药产生的影响已经不仅涉及到农业生态系统，而且也影响到周围的生态系统和人类健康，这已经全面导致公众之间或政府与政府之间的冲突和暴力行为(Homer－Dixon，1999 年)。为了满足增加人口的需求，在过去的年份里加沙地区的农业生产已经急剧增加，这是靠不断增加化学物品、化肥和杀虫剂的使用量来维持的。加沙地区的环境条件很恶劣，水资源是维持农业系统的重要自然资源。但是加沙地区的人们几乎完全依赖从地下含水层中汲水来进行灌溉和饮用。在过去的年份里，加沙地区对地下含水层增加的压力产生了新的环境问题。现在用水量超过了地下水的更新量，每年达到6 000 万 $m^3$。海水入侵和化学污染也威胁到地下含水层，目前加沙地区地下含水层的水正迅速变得不适合灌溉和人类饮用。农业生产产生的压力和人口的增长已经成为该地区的主要问题。世界银行的一份报告指出，加沙地区的肠胃疾病和寄生虫传染病的高发病率与当地的水质有很大的关系(Homer－Dixon，1999 年)。

水生生态系统中的食物生产也能导致生态系统和人类健康问题。在许多国家，过度捕捞造成了水域生态系统中生物多样性的减少，在一些情况下甚至破坏整个生态系统(Kraft，2001 年)。在发展中国家，农业生态系统的食物生产仍然是主要的生存活动。随着这些国家人口的快速增长和对食物需求的增加，这些主要的生存活动对生态系统健康和人类健康的下降负有一定的责任。柬埔寨就是这些问题的一个典型例子。世界上绝大多数地方的鱼类数量和多样性已经因过度捕捞而减少了，在柬埔寨，捕鱼网网孔的缩小有助于发展当前的商业性渔业，但是这种短浅的眼光影响以捕鱼维持生计的渔民的生存(Vasseur，2000 年)。另外，湄公河沿岸的农村居民仍然继续刀耕火种式的农业活动。随着人口的增长和土地的限制，农民被迫使用化肥和农药，没有了休闲地轮作，过度的开发和土地的退化引起水土流失和其他问题。同时，自 20 世纪 80 年代以来，渔业不断强化，更常见的是大中规模的渔业活动。在绝大多数情况下，渔民和他们的家庭生活在水上漂浮的房子里。为维护生计，渔民要么从水中捕鱼，要么在漂浮的房子下面的笼子里养鱼(Ahmed 等，1998 年)。由于缺乏卫生条件，岸上和船上的污水直接排到河中。随着清洁剂和其他化学品使用量的增加，河水被高度污染。随着笼子里鱼的密度变大和污染程度的增加，水域生态系统的健康也快速下降。例如，海藻的多样性发生了巨大变化，现在主要由蓝绿藻组成，鱼的死亡率在这样的环境压力下也上升了，鱼类多样性和个体大小也发生了变化，鱼在这样的条件下也变得容易染上寄生虫病和其他疾病。湄公河生态系统发生的这些变化极大地影响了人们的生活，最主要是影响了人们的健康。尽管有人道主义援助，但是传染性疾病发病率仍然居高不下。虽然河水不适于人类饮用，但是因为极度贫困，人们仍然不得不直接从河中取水饮用，因此在这些人中，患慢性肠胃疾病和寄生虫病的几率很大。因缺少资料(在该国缺乏研究活动)，目前还不能彻底了解这个问题。但是可以猜想，由于过度使用化学物品和水土流失，河中的鱼类可能大都受到污染，农村居民所摄取蛋白质的 75% 来自于鱼类。因此,可以想到人类的健康将随着食物链中化学物质的增加而逐渐受到影响(Vasseur,2000 年)。

## 6 生物多样性和生产力下降

在生物多样性大会上,生物多样性被定义为:"包括陆地、海洋或其他水域生态系统的所有生态系统中,活有机体的可变性和生态多样性。"(Convention on Biological Diversity,1994 年)。这个定义比较模糊,政治上的考虑多于科学上考虑。生物多样性在更加科学的背景下被定义为:"生命的变化及过程,包括基因、物种、群落、生态系统和景观水平上的生物组织、结构、组成和功能成分"(Primack,1993 年)。这意味着如果一个生态系统的所有成分都处于保护状态,该生态系统就是一个功能完好和健康的系统。生物多样性一词包含了生态系统服务和结构的各个方面。

生物多样性由五个综合的成分组成:基因多样性、物种多样性、生态系统多样性、生态功能和物理性质。因为绝大多数物种至少具有几个部分相隔离的种群。每一个适应了当地环境的种群具有不同的基因多样性。当谈论生物多样性的保护时,应该记住的是整个有机体,而不是有机体内的基因是功能完整的实体。这是因为只有生物体(而不是基因)能在生态系统中生存。生物个体中的基因信息是一个巨大的图书馆,这是经过长时期才创建起来的。它代表了未来的新世系潜在的进化机会,更好的作物、饲养的动物、治愈疾病和有用物质生产的生物技术向更好方向演化的潜在机会。同时也提供了适应环境中长期的自然和人为变化的潜力。基因可变性的损失减少了个体适应变化的能力。不幸的是,现行的林业和农业活动由于选择产量更高的品种而导致基因多样性减少。虽然地球上有80 000多种物种可供食用,但是人类过去仅利用了7 000种并高度依赖其中的 20 个物种(如玉米、稻谷和小麦)(Wilson,1990 年),作物种植者们已经用尽了技术提高作物产量。随着生物技术和基因的转让,仍然有希望提高作物的产量,但是因接近了植物的生理极限,产量提高会受到一定的限制(Brown,1998 年)。

已经发现陆地上有近一百万个物种,估计地球上有五百万到五千万个物种(Wilson,1988 年;World Resources Institute,1996 年;Freedman,1998 年)。陆地上的物种大部分是节肢动物,它们主要生活在热带森林(Raven Johnson,1992 年)。但是,由于人类活动的影响,现在全球的物种多样性正在以六千五百万年中最快的速度减少(Hayes,2000 年),这可能预示着地球历史上的第六次大灭绝。生物多样性损失的三个主要原因是:①物种栖息地遭到破坏;②外来物种的入侵;③全球贸易和人口增长的过度开发产生的压力。经济发展破坏了物种栖息地而成为影响生物多样性的最大威胁。许多本地动、植物物种丰富的地方也是城市或农业发展,或从事林业活动的理想场所。世界上多数生物多样性研究和保护的热点地区大多是有开发目的的系统的一部分。破坏这些栖息地存在严重的后果:①生物多样性减少降低了自然系统的生产力和稳定性;②含有新医药开发潜力的动、植物也许会永远消失(Chivian,2001 年)。但是,我们对世界资源的功利心促使开发者和政策制定者采取破坏地球上现存物种的政策。热带雨林每年的损失如此之大,它们影响了全球环流系统、长期降水和 $CO_2$ 循环。没有植被(热带雨林起主要作用),大气中

的 $CO_2$ 含量会比想像增长得更快(Freedman,1998 年)。人类已经改变了大气层和臭氧层,这已影响到其他物种的功能甚至是物种的生存。

当物种丰富度变化时,它对整个群体的影响也会发生变化,会影响到其他物种和整个生态系统。例如,加拿大西海岸的食肉海獭因过度捕捉而近于绝迹,食草的海胆(没有其他的食肉动物捕食)因没有了海獭的捕食而成倍增加,海胆的增加导致沿岸海藻数量的减少,从而引起以海藻为食的物种结构发生显著变化。现在西海岸海獭的恢复正在重现以海藻为基础的许多生态功能(Draper,1998 年)。

生物多样性的消失极大地影响到人类的健康。阿根廷出血热(AHF)提供了很好的例子来说明生物多样性、生态系统健康和人类健康之间的联系(Morse,1993 年)。在第一次世界大战中,减少从欧洲进口粮食促使阿根廷成为一个粮食生产自给的国家,潘帕斯草原因此变成了阿根廷的粮食生产基地。潘帕斯草原这个生物多样,稳定的自然系统开始只生产玉米,玉米的遮挡作用改变了喜阳和喜阴草类之间的平衡,目前仅剩下喜阴草类。从而啃食喜阴草类的田鼠数量激增,成为优势种(以前是以喜阳草类为食的物种为优势种),同时这种田鼠带有使人类产生致命疾病的病毒,在田间劳动的人们患上了这种病后,紧接着传染给了附近村庄里的人。用了七年时间分析这种情形并发现它们之间的这种联系,由于生态系统的生物多样性和复杂性降低,物种之间的失衡导致高传染性疾病在人群中的爆发。这个例子鲜明地揭示了生态系统健康和人类健康之间的相互依赖性。

从受保护的具有重要经济价值物种的原始或野生基因中发现的新药品、食物和纤维来看,人类和生态系统需要生物多样性来长期维持自身的健康状况。在环境退化或自然条件恶劣情况下,能证实现在农业系统不足以满足人类的生存。如在印度,原始部落的人们正回过来利用各种原始的种子来减少饥饿和死亡(Norber - Hodge,1999 年)。在其他国家,自然生态系统达不到一定的生产能力,人们将不能生存下来,因为这些生态系统不仅提供食物,还提供传统的医药。同时主要由于全球贸易趋势和市场的压力,政策制定者趋于过度开发它们的自然资源和生态系统。巴西政府赞成砍掉一半国内目前仅存的热带雨林,这反映了一些人的利益和贪婪,同时也反映了不支持生物多样性的一种功能是维持人类健康将导致生态系统的急剧退化。虽然这种决策在短时期内将带来经济利益,但是从长期来看,这将破坏生态系统和导致当地居民的高度贫困,传染病和饥饿将随之而来成为当地居民所面临的严重问题。

## 7 讨论

我们完全意识到这些例子中的人们怎样使自己的自然环境发生退化。近些年来,这种关注已在世界的许多地方传播开来(Mullin,2000 年;Harper,2001 年)。虽然 Rechel Carson (1962 年)增强了我们对杀虫剂破坏性影响的认识,但是仍然没有改变多数政府对环境的态度。伴随工业化和后工业化社会加速的技术增长,社会对我们的生态系统健康构成了威胁。这些小但日益增加的负面影响源于我们只考虑对环境的需要而没有考虑地球生态系统的可持续性。人应该给环境估值主要有物质、审美和伦理上的三个主要原因,直到人们认识到对生态系统的过度利用引起了它们的退化和健康状况不佳,直到人们认识到生态系统存在审美和道德上意义，生态系统健康和可持续发展才可能实现。

维持健康的生态系统需要负责任的政策框架和基层组织，以有助于执行正确的行动和采取对环境友好的管理选择。对一个生态系统的全面评价应该至少考虑七个要素：生理完整性、人类健康、经济因素、创新的技术、社会的可接受性、公众意识、公共政策和道德。所有这些方面一定不能看成存在相互利益冲突，而应该认为是一个复杂系统的完整组成，具有连续性创新、矛盾、突变和复杂性动力学的特征（Funtonowicz 和 Ravetz，1994 年）。

即使公众和决策者看不到自己的决定和行为对生态系统的影响，他们之间的联系依然存在。事实上，由于人类和环境的关系如此紧密，人类的任何一种行为都会对环境产生影响并影响到生态系统的健康状况（图 9-2）。

为了维持一个健康的生态系统，开发和管理行为应该能够维持前面所提及的所有特征。这看起来比较容易办得到，但是当前几乎没有采取任何措施来保证维护生态系统健康，这问题仍具有全球优先性。考虑地球作为一个整体尤其是针对数十亿不幸的人们而言，争论在于，当我们破坏最后一种资源时，我们的孩子在未来是面临死亡还是存活下来。现在一个经常被引用的数据是每天大约有40 000人死于饥饿，因为这些死亡几乎全部发生在发展中国家，人们几乎不关心这些事情——除非在非常事件中，饥荒在短时期内席卷大片地区，数百万蹒跚不稳的人处于饿死的边缘（如最近发生在苏丹和埃塞俄比亚的饥荒），一些国家（主要是发展中国家）的饥荒和缺少住所问题不可能一夜之间消失。尽管我们承认维护生态系统健康是必要的，但是如果忘记了当前的人口增长问题，我们经常会忽略这一点，我们能采取既有利于生态系统健康，又不阻碍人口增长的有效政策吗？尽管由科学家、决策者和其他人所提出或实施的措施（如人口的重新分布、绝育运动或一家一孩政策）在各种群体中不受欢迎和存在争议，但是这将仍然会回到多数国家的议事日程上来。

决策者所面临的数千种报告和著作中所指出的挑战是富人（国）和穷人（国）更大程度的共同参与维护健康的生态系统。这种参与不仅是金钱上的，还包括科学知识、技术、管理技能和教育等。信息完善和具有环境义务感的公众能给决策者和行业提供更健康的生活方式和生态系统方向发展的激励（Shabecoff，2000 年）。在过去几年的国际会议上，已经显示公众的压力能推动世界领导人改变全球的议事日程。不过，还有其他的机会来改善世界环境决策，环境文学和当地居民参与正在成为较好的例子。其中的一个问题是社会希望越富的国家进行捐赠，越穷的国家不喜欢被指手画脚地管理从富国接收的钱。但是 8 国集团（G8）需要来自于 77 国集团（实际上世界上有 130 个贫穷的国家）的资源。怎样才能克服这种挑战？一届届会议和里约热内卢（巴西）峰会进行了不同的努力来解决这种全球的争论。1972 年的斯德哥尔摩会议和后来诸如布兰伦特委员会（成立于 1983 年）、世界环境与发展委员会（1987 年）的工作对什么是可持续发展及如何解决这个问题提供了最初的草案。里约热内卢峰会是人类历史上规模最大的会议，在本次会议上，制定了描绘地球可持续发展蓝图的《21 世纪议程》。我们能达到这种期望吗？在阐述这个主题的下一章里将讨论在建立更好地联系生态系统健康和人类健康的过程中存在的隔阂、解决办法的来源，及为了能更好地生活在这个健康的星球上我们应该采取的行动。

## 致谢

本文作者在此感谢工作组的组委会成员对开发这一主题的贡献和委托，他们是：Mohi Munawar, Diane malley, Andrew Hamilton, Ken Minns, Sharon Lawrence and David rapport. 同时感谢特邀代表 Robert McMurtry, John Howard, Robert lannigan, Dieter Riedel, William Fyfe, John Cairns, Jr. 和 Thomas Edsall。他们贡献了本讨论主题最核心的内容。

## 参考文献

[1] Ahmed M, Navy H, Vuthy L, et al.. Socioeconomic Assessment of Freshwater Capture Fisheries of Cambodia – Report on a Household Survey (Mekong River Commission, Phnom Penh, Cambodia). 1998, pp. 186

[2] Brown L R. Struggling to raise cropland productivity. In: Brown L. R, Flavin C, French H F, Abramovitz J, Bright C, Dunn S, Gardner G, McGinn A, Mitchell J, Renner M, Roodman D M, Tuxill J, and Starke L (Editors), State of the World 1998 (W. W. Norton and Company, New York, for Worldwatch Institute). 1998, pp. 79～95

[3] Brown L R, Flavin C, Postel S. Foreword. In: Brown L R, Durning A, Flavin C, Heise L, Jacobson J, Postel S, Renner M, Pollock Shea C and Starke L (Editors), State of the World 1989 (Earthscan Publication Ltd, New York). 1989, pp. xv – xviii

[4] Callicott J B. Aldo Leopold's metaphor. In: Costanza R, Norton B G and Haskell B D (Editors), Ecosystem Health: New Goals for Environmental Management (Island Press, Washington, D. C.). 1992, pp. 269

[5] Carson R. Silent Spring (Houghton Mifflin, Boston). 1962, pp. 368

[6] Chivian E. Environment and health: 7. Species loss and ecosystem disruption – the implications for human health. CMAJ. 2001, 164: 66～69

[7] Colwell R R, Epstein P R, Gubler D. Climate change and human health. Science, 1998, 279: 968～969

[8] Convention on Biological Diversity. Convention on Biological Diversity. Text and annexes (Interim Secretariat of the Convention on Biological Diversity, Geneva). 1994, pp. 34

[9] Costanza R, Norton B G, Haskell B D. (Editors), Ecosystem Health: New Goals for Environmental Management (Island Press, Washington, D. C.). 1992, pp. 269

[10] Draper D. Our Environment: A Canadian Perspective (ITP Nelson, Scarborough). 1998, pp. 499

[11] EPA. Global warming – health impacts, www. epa. gov/globalwarming/impacts/health/index. htm.

[12] Epstein, P R, 2000, Is global warming harmful to health? Sci. Am. 283 (August 2000): 50～57. (available at http: //wwwsciam. com/2000/0800issue/0800epstein. htm)

[13] Freedman B. Environmental Science: A Canadian Perspective (Prentice – Hall Canada, Scarborough) 1998, pp. 568

[14] Funtonowicz S, Ravetz J R. Emergent complex systems. Futures, 1994, 26: 568～576

[15] Government of Canada. The State of Canada's Environment – 1996 (Supply and Services Canada, Ottawa). 1996, pp. 825

[16] Harper C L. Environment and Society. Human Perspectives on Environmental Issues (Prentice Hall, Upper Saddle River). 2001, pp. 467

[17] Haskell B D, Norton B G, Costanza R. What is ecosystem health and why should we worry about it? In:

Costanaz R, Norton B G andHaskell B D (Editors) , Ecosystem Health: New Goals for Environmental Management (Island Press, Washington, D.C.). 1992, pp. 269
[18] Hayes D. Mobilizing to combat global warming. World Watch, 2000, 13: 6～7
[19] Hengeveld H G. Projections for Canada's Climate Future. (Meteorological Service of Canada, Environment Canada, Downsview, Ont.). 2000, pp. 54
[20] Homer - Dixon T F. Environment, Scarcity, and Violence (Princeton University Press, Princeton, NJ). 1999, pp. 280
[21] Kraft M E. Environmental Policy and Politics (Addison - Wesley Longman, New York). 2001, pp. 286
[22] Krause D. Environmental consciousness: an empirical study. Environ. Behaviour, 1993, 25: 126～142
[23] Leopold A. Wilderness as a land laboratory. Living Wilderness. 1941
[24] Likens G E. Climate change, tick - borne encephalitis and vaccination needs in Sweden - a prediction model. Ecol. Model, 1998, 110: 55～63
[25] McMichael A J. Global environmental change and human population health: a conceptual and scientific challenge for epidemiology. Int. J. Epidemiol, 1993, 22: 1～8
[26] Mores S S(Editor). Emerging Viruses (Oxford University Press, Oxford). 1993, pp. 317
[27] Mullin D. Environmental Psychology: Human Behaviour and the Natural Environment (NSEIA, Halifax, NS). 2000, pp. 147
[28] Myers N, Mittermeier R A, Mittermeier C G, et al.. Biodiversity hotspots for conservation priorities. Nature, 2000, 403: 853～858
[29] Norberg - Hodge H. Reclaiming our food: reclaiming our future, Ecologist, 1999, 29: 209～214
[30] Patel A, Rapport D J. Assessing the impacts of deer browsing, prescribed burns, visitor use and trails on an oak - pine forest: Pinery Provincial Park, Ontario, Canada. Nat. Areas J, 2000, 20: 250～260
[31] Patz J A. Climate change and health: new research challenges. Ecosyst. Health, 2000, 6: 52～58
[32] Postel S. Carrying capacity: earth's bottom line. In: Brown L, Flavin C, Postel S and Starke L(Editors), State of the World 1994(Earthscan Publication Ltd, New York). 1994, pp. 3～21
[33] Postel S. Forging a sustainable water strategy. In: Brown L R, Abramovitz J, Bright C, Flavin C, Gardner G, Kane H, Platt A, Roodman D M, Sachs A and Starke L, State of the World 1996(Worldwatch Institute). 1996, pp. 40～59
[34] Primack R B. Essentials of Conservation Biology (Sinauer Associates, Sunderland) . 1993, pp. 569
[35] Rapport D J, Whitford W G. How ecosystems respond to stress: common responses of aquatic and arid systems, BioScience, 1999, 49: 193～202
[36] Rapport D J, Gaudet C L, Calow P. Evaluating and Monitoring the Health of Large - Scale Ecosystems (Springer, Berlin). 1995
[37] Rapport D J, Costanza R, McMichael A J. Assessing ecosystem health: challenges at the interface of social, natural, and health sciences. Trends Ecol. Evol, 1998, 13: 397～402
[38] Rapport D J, Costanza R, McMichael A J. The centrality of ecosystem health in achieving sustainability in the 21st century: concepts and new approaches to environmental management. In: Haynes D M(Editor), Human Survivability in the 21$^{st}$ Century, Trans. R. Soc. Canada Ser. 1998, VI, IX: 3～40
[39] Rapport D J, Fyfe W S, Costanza, R, et al.. Ecosystem health: definitions, assessment and case studies. In: Tolba M K(Editor), Our Fragile World: Challenges and Opportunities for Sustainable Development (Eolss Publishers, Oxford). 2001, pp. 2300
[40] Rapport D J, Howard J, Lannigan R, et al.. Thinking outside the box: introducing ecosystem health in-

to undergraduate medical education In: Aguirre A A, Ostfeld R S, House C A, Tabor G M and Pearl M C (Editors), Conservation Medicine: Ecological Health in Practice (Oxford University Press, New York) in press. 2002

[41] Raven P H, Johnson G B. Biology (Mosby Year Books, St. Louis, MO). 1992, pp. 1192

[42] Sachs J P, Anderson R F and Lehman S J. Glacial surface temperatures of the Southeast Atlantic Ocean. Science, 2001, 293: 2077～2079

[43] Sadalla E K, Krull J L. Self－presentational barriers to resource conservation. Environ. Behaviour, 1995, 27: 328～353

[44] Sauvé L. Environmental education between modernity and postmodernity: searching for an integrating educational framework. Can. J. Environ. Educ, 1999, 4: 9～35

[45] Serreze M C, Walsh J E, Chapin Ⅲ F S. Observational evidence of recent change in the northern high－latitude environment. Clim. Change. 2000, 46: 159～207

[46] Shabecoff P. Earth Rising: American Environmentalism in the 21st Century (Island Press, Washington, D. C.). 2000, pp. 224

[47] The World Commission on Environment and Development. Our Common Future, Bruntland, G. H. (Chair) (Oxford University Press, Oxford). 1987, pp. 383

[48] United Nations Development Program, United Nations Environment Program, World Bank and World Resources Institute. World Resources 2000～2001. People and Ecosystems: the Fraying Web of Life (Elsevier, New York). 2000, pp. 400

[49] Vasseur L. Impact of recreational activities in the Kejimkujik campground. Recommendations for future management and conservation, Research report for Kejimkujik National Park (Parks Canada, NS). 2000

[50] Vasseur L. Sustainability of the freshwater aquatic ecosystem in Cambodia: should we change the conditions? Presented at EcoSummit 2000, Halifax, 2000

[51] Wilson E O (Editor). Biodiversity (National Academy Press, Washington, D. C.). 1988, pp. 521

[52] Wilson E O. Threats to biodiversity. In: Managing Planet Earth: Readings from Scientific American (Freeman W H, New York). 1990, pp. 49～59

[53] Woodward A, Hales S, Weinstein P. Climate change and human health in the Asia pacific region: who will be most vulnerable? Clim. Res. 1998, 11: 31～38

[54] World Health Organization. Health and Environment in Sustainable Development: Five years after the Earth Summit: Executive Summary. 1997 Available at http://www.who.int/environmental-information/Informationresources/htmdocs/execsum.htm.

[55] World Resources Institute, 1986, World Resources 1986: An Assessment of the Resources Base that Supports the Global Economy (Basic Books, New York). 1986, pp. 582

# 第十章 生态系统健康和人类健康:健康的星球和健康的生活[1][2]

**摘要:**尽管许多人已经清楚地认识到人类健康和生态系统健康之间的联系,但缺乏维持两者之间平衡的行动,这在决策者和社会部门中都很普遍。首先我们需要共同努力来教育和告诉世界上所有人,告诉他们人类健康和生态系统健康之间的联系和支撑我们生活的生态系统的脆弱性。虽然在没有人类的干预下,一些生态系统可以自行恢复,但是很显然有些系统的恢复可能需要我们的帮助。这里有几种潜在的解决办法,存在的挑战是吸引世界如何来执行这些行动。本章讨论了一些潜在的解决方法和行动方案。在生态峰会上,讨论组提出了在许多情况下可采取的优先行动方案,参与者对这些优先行动方案达成了高度共识,通过了一个保护和改善生态系统健康和人类健康的解决办法。我们社会发展的主要目的应该是向健康的星球和健康的生活方向迈进。

## 1 前言

人类正在以显著的和越来越普遍深入的方式改变着地球的环境。人类通过各种活动(如工业、农业、娱乐和国际商业)正在改变基本的自然过程,如气候、生物地球化学循环甚至进化所依赖的生物多样性(Vitousek 等,1997 年)。随着证明人类支配地球生态系统证据的日益增多,人类已经认识到生态系统的健康是维护人类健康和福利的先决条件(Cortese, 1993 年)。很清楚,如果没有诸如清洁的空气、洁净的水、食物和适宜的气候等关键的生态系统服务,生命(人类和其他生命)就不存在。另外,其他的生态功能(干扰调节、生态控制和有机质分解等)在支持长期的生态健康和稳定性方面具有的作用也获得广泛的认同(Costanza 等,1997 年)。世界上越来越多这方面案例研究使我们对人类与自然和被改变的生态系统之间的关系有了更好的理解。参与者一致认为,这些努力有助于界定已经认识到的(如暴露在石棉、重金属和有机溶剂下)和正在出现的(如内分泌失调、抗生素抗病性和相互作用的毒性)生态系统和人类健康问题给人类施加的风险。

科学证据已经说明了环境退化所产生的一些与人类和生态有关的成本。但是当代人

---

[1] 作者:L. Vasseur P. G. Schaberg, J. Hounsell and P. O. Ang Jr., D. Cote, L. D. Duc, J. S. Ebenzer, D. Fairbanks, B. Ford, W. Fyfe, R. Gordon, Y. Guang, J. Guernsey, Hadi Harman A. Shaa, A. Hamilton, W. Hart, H. Hong, J. Howard, B. Huang, Y. Huang, D. Karnawati, R. Lannigan, S. Lawrence, Z. Li, Y. Liu, D. Malley, L. McLean, R. McMurtry, V. Mercier, N. Mori, M. Munawar, M. A. Naragdao, K. Okamoto, D. Rainham, D. Riedel, E. Rodriguez, M. Saraf, H. Savard, N. Scott, A. Singleton, R. Smith, H. Taylor, N. T. Hoang, S. Xing 和 H. Xuan Co。

[2] 我们愿意将本章献给我们工作组工作报告的起草人 Andrew Hamilton. Andrew Hamilton 在联系人类健康与环境的关系研究方面德高望重。感谢他在本章决议部分对我们讨论做出的生动形象的概括,他在一个共同的视点上将我们的思想高度综合在一起。

的认识还不可能完全包括生态系统和人类健康所面临的所有威胁。事实上，有充分的理由认为当前的环境问题是未来恶果的前奏。人口持续的增长同消费爆炸性的增长一起，通过农业、人类定居、自然资源开发利用、运输和娱乐活动的土地利用，家庭、城市和工业发展中产生的废弃物，恶化和扩大了对水域和陆地生态系统的压力。甚至无视与人类有关的生态系统破坏的驱动因素和结果之间的相互关系都能加剧系统的退化，而且生态系统和人类健康的进一步恶化还可能阻碍人类有意义的响应，这一点非常清楚。但是，我们并不清楚生物系统响应能力的降低将在多大的程度上改变现在的发展趋势。举例来说，到处散布的合成化学药品可能改变对动物的生长、发育和抵抗疾病有用的荷尔蒙和免疫系统的证据正在增加(Soto 等，1996 年；Nilsson，2000 年)。也有研究工作表明人类对生态系统营养关系的干扰可能降低了植物在大量的环境压力面前的感觉、响应和存活能力(DeHayes 等，1999 年)。另外，生物多样性的减少可能减少了关键物种，中断生态系统中营养和能量流动的路径，增加了在自然或人为干扰下对生态系统服务的脆弱性(Tilman，2000 年)，而且物种体内基因多样性的损失也能降低种群适应环境变化的能力(DeHayes 等，2000 年)。特别的是，如果环境的扰动是显著的(像气候变化情景所预测的那样)，那么对生物系统适应变化能力的破坏可能产生显著的生态、健康、经济和社会影响。

实质上，由于影响了对环境压力响应的生物机制，人类活动将个体和生态系统呈现在史无前例的环境压力面前(图 10-1)。另外，社会冲突(如收入分配和商品消费方面增加的不公平)能加剧对脆弱人群的有害影响。这些相互结合的因素可能在世界范围内以从来没有认识到的速度和强度威胁到生态系统的功能、健康和可持续性。尽管我们不断提高了对人类干涉活动产生的原因和后果的认识，但是在对全球健康所进行的“试验”进一步发展之前，还会存在很多不清楚的事情。

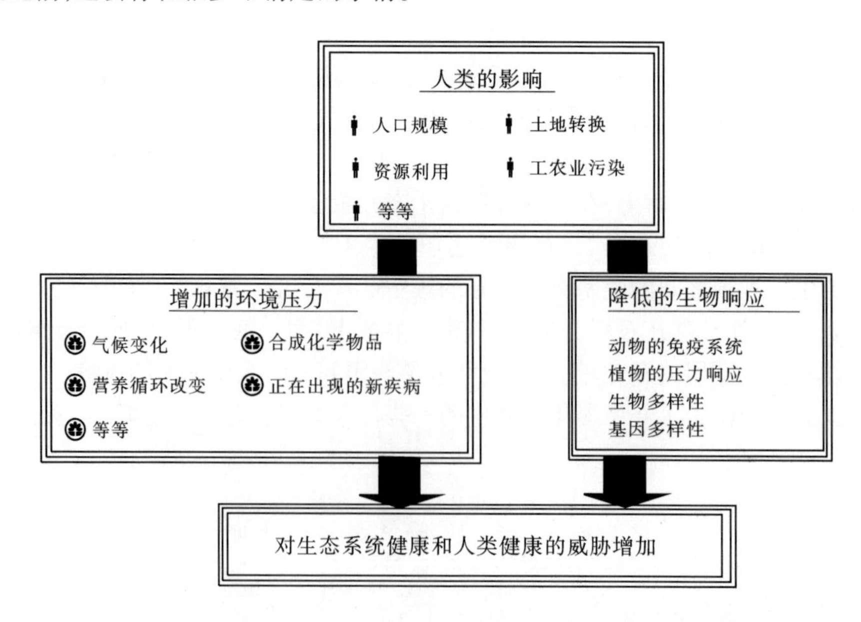


图 10-1　双重威胁的概念模型(人口增长及其行为对生态系统健康和人类健康的压力增加和响应/抵抗力降低)

人类活动对生态系统健康和人类健康的威胁是确确实实存在的。当代具有破坏性的例子已经被很好地证实,而且对将来影响的预测也有可靠的科学证据支持。但是,只有人类不能做出充分反应时,预测的逐步增加的危害才有可能真正发生。在面对复杂的环境问题时,我们适当的反应是什么呢?

本章概述(总结)了在"2000 年生态峰会"上生态系统健康和人类健康工作组对当代生态系统健康问题的讨论和分析。这个小组由超过 12 个国家的不同类别的参加者组成,具有多学科性(包括来自社会、经济、生物、工程、环境和医学专业的科学家以及圣职者、决策者和多学科领域的学生)。参与者对所讨论的问题提出各种各样的观点。生态峰会的目的是为了更好地理解复杂的环境问题,鼓励自然和社会方面的科学家与政策和社团决策者相互交流。一个基本的前提是,对构建保护生态系统和人类健康的可持续性未来所引发的争论和需要的行动而言,加强沟通是解决这些争论和行动的必要先决条件。

本章结构反映了这个工作小组讨论的进程。为了帮助理解它们之间的相互关系,下面依次阐述五个主要方面的问题:

(1)人类健康/疾病与生态系统健康之间的联系;

(2)解决这些问题的技术、社会、政治和经济资源有哪些;

(3)保护和恢复生态系统和正在增长的人口的健康应采取哪些优先行动;

(4)有效行动的障碍是什么;

(5)衡量进步的有用措施、指标和单位有哪些。

虽然第一个问题重复了前一章有关生态系统健康和人类健康的总体评价,但是这里包含的几个观点强化了生态系统和人类健康之间概念性和功能上的联系。因为所讨论的内容本质复杂且范围广阔,这里以三个全球性问题(气候变化、农业生态系统和食物生产、生物多样性)为背景初步检测了这些问题,并提供了新的关注焦点。作为讨论的压顶石,最后以声明的形式总结了出现的形势和优先行动,全体号召加强改善生态系统健康和人类健康的交流和行动。该声明以决议的形式附于本章后。

## 2 生态系统健康与人类健康之间的联系

对小组讨论起支撑的共同观点是人类健康和生态系统健康是绝对相互联系和相互依赖的。"大气、肥沃的土壤、淡水资源、海洋和它们支撑的生态系统在为人类提供住处、食物、安全水源和大多数废物的循环利用等方面起了关键性的作用"(World Health Organization,1997 年)。本节强调了关键性资源(如空气、水、食物、土壤和生物多样性)和作为小组讨论目标的生态系统/人类健康之间的一些联系。虽然有许多有关生态系统退化的健康损失的例子,并且在世界范围内到处可见,但是本节突出了作为 2000 年生态峰会主办国——加拿大和参与者大都熟悉的其他地区的例子。另外,为了充分说明世界上所面临的环境问题的复杂性和多样性,小组建议需要有理解生态系统健康和人类健康之间关系的新范例。因此,当考虑集成环境与生物健康的模型时,本节关于联系的讨论与小组扩大视点的号召非常接近。

## 2.1 空气质量

因为通过长距离迁移,空气传播的污染物能够与世界各地的生态系统联系起来,所以可以在区域或全球尺度上监测空气质量。不幸的是,一些作为大气污染残余物吸收汇集(由于空气环流和(或)地形的变幻莫测)的生态系统比其他生态系统更易受到空气污染物的影响,结果造成这些生态系统所承受健康的负担不断增加。例如,北极地区明显地受到长途跋涉污染物的影响,这些污染物已经污染了食物链中所有节点。原始部落和因纽特人的本土已经不同程度地受到这些生态系统污染物的污染(Commoner 等,2000 年)。虽然加拿大的近地表臭氧年平均水平在 1979～1993 年间升高了 29%,但是,加拿大的空气质量普遍得到改善(Health Canada,1997 年)。在过去的 25 年当中,暴露在近地表高危害性臭氧水平下的总天数减少(虽然由于天气和其他原因的扰动引起年际间存在较大的波动),但是当局地和迁移的先锋污染物浓度很高时,伴随着高温无风的天气,近地表高浓度臭氧水平也会在一些地区时常出现(Health Canada,1999 年)。

空气污染对生态系统和人类健康造成了惊人的全球性威胁。估计全世界每年大约有 300 万人死于空气污染(World Health Organization,1997 年)。在加拿大每年大约有5 000 人死于空气污染(Environment Canada,2001 年)。多数加拿大人可能通过许多途径(包括降低肺活量,眼睛、鼻子、喉咙刺激,肺病和心脏病加重等)在生活中的某些时间里受到质量较差空气的影响(Health Canada,1997 年)。

虽然难以定量,但可以肯定的是空气污染也改变了森林生态系统的健康状况(Mickler 等,2000 年),这预示着当系统弹性和缓冲力衰竭时,生态系统的结构和功能将受到更大范围的破坏。空气污染的影响可以是直接的(如臭氧对叶面生理和树木健康的损害),也可以是能引起更大破坏的化学物在环境中的转化。例如,二氧化硫和氮氧化物能与大气中的水汽起化学反应生成硫酸和硝酸,最终作为酸沉降到地球上。这些酸性物质的输入能够降低湖泊和其他地表水体的 pH 值,加速具有较低生化活性的铝和汞等金属的溶解,减少水域生态系统支持的动植物数量,从而破坏周围环境的能量和营养关系。相似地,污染造成的具有保护作用的臭氧层的耗竭使更多的 UV 辐射到达地球表面。因为 DNA 吸收 UV 射线增加了遗传基因突变的几率,所以臭氧层的破坏增加了皮肤癌的发病率,这也可能使易受影响的野生物种(如青蛙)基因突变率增加(Wardle 等,1997 年)。在许多情况下,人类对一种资源的破坏可能存在"溢出效应",从而影响到其他一些具有重要作用的生命支持系统。

## 2.2 水资源

加拿大拥有地球上 9% 的可用淡水资源( Environmental Canada, 2000 年)。虽然加拿大属于世界上最安全饮用水供应的国家之一,但是它的水资源并不都是远离污染的。例如,像所提及的空气质量一样,原始部落和因纽特人不同程度地面临水源污染。事实上,土著居民当中水传播疾病的发病率比其他加拿大人高数倍(Federal, Provincial and Territorial Advisory Committee on Population health,1999 年)。加拿大农村居民面临着被污染的水源,而且面积呈增大趋势,除此之外,加拿大其他地区的水供应系统也有问题。

例如,在加拿大安大略省的 Walkerton 地区水供应中爆发的 E. coil(大肠杆菌)造成这个乡村小镇 7 人死亡,2 000多人患病。这个悲剧激起了加拿大加强对全国地下水的分析,结果表明,各种原因造成的全国地下水微生物和化学污染状况要比以前所想像的严重得多。有预言称,全球范围内可用淡水量的限制将成为人类健康问题的一个焦点。当围绕水资源的争论升级时,水问题也能成为地区冲突的诱发因素(Postel,1999 年)。根据世界卫生组织研究,世界上有超过 10 亿的人口没有充足和安全的生活用水保证(World Health Organization,1997 年)。虽然这个数字已经非常大,但是没有充足和洁净的水供应的人数,在近期会随着人口的增长和对水需求的增加超过其供应能力而大幅度上升。有人预言,印度、中国、美国的部分地区和非洲的一些地区水资源短缺将变得特别大(Postel,1999 年)。随着对城市和制造业用水的支持超过对农业用水的支持,水资源的短缺迫使对正在减少的水的自然储备量进一步开发来满足人类的需要。不管人类将怎样使用有限的水资源,有一点已经相当清楚,就是人类越来越多地占用水资源减少了对维护生态系统功能和健康的水资源供应。

大坝、防洪堤和其他形式的水利设施因服务于人类而大量存在(如增加生活、灌溉和工业的供水、防洪和水力发电)。但是,这些水道在历史上有重要的生态功能,如缓冲洪水,支持养分循环和扩散,同时保持盐分和沉积物平衡,保护湿地和湿地吸纳污染物的能力,为多种水生物种提供重要的栖息地(Postel,1999 年)。不幸的是,当前所设计和运行的水资源控制系统几乎是专门满足人类的需要,很少为生态系统提供服务。从人类不断增加对淡水资源的控制来看,割裂人类和生态系统的用水需求具有明显的实用性(Postel,1999 年)。例如,据估计美国、加拿大、欧洲和苏联有大约 77%的河流系统因修建大坝、水库、改道和灌溉而发生中等和强烈程度的变化(Dynesius 和 Nilsson,1994 年)。实际上,人为改道和利用水资源如此强烈,以致世界上的许多河流经常发生断流,这些河流包括黄河(中国)、科罗拉多河(北美洲)、恒河和印度河(南亚)、Amu Darya 和 Syr Darya(中亚)、尼罗河(东北非洲)(Postel,1999 年)。在水资源过度开发利用的许多影响中,过度利用淡水资源已经严重威胁到依赖淡水资源的动植物物种,这说明与其他生命形式广泛相关的鱼类存在上升的灭绝风险(Postel,1999 年)。

## 2.3 食物资源

在世界上,食物是病原体和有毒化学物质污染的主要物品之一(World Health Organization,1997 年)。世界食物供给不断增长的相互依赖和复杂性使生产和分配系统趋于紧张,也增加了最近与食物有关的疾病(World Health Organization,1997 年)。加拿大的食物供给一般来说是安全的。但是据报道,加拿大每年估计仍有 10 000 例与食物有关的疾病是由于食物上的细菌污染造成的(Health Canada,1997 年)。虽然其他形式的污染在目前还很少,但是人们却越来越关心食物污染问题。食物中挟带了我们每日摄取的持久的有机污染物(如 PCBs、二氧芑、呋喃和 PAHs)的 80%~95%(Health Canada,1997 年)。就像受空气和水资源污染一样,原始部落和因纽特人不同程度地受到食物污染的侵害。特别是他们吃鱼和海洋哺乳动物的传统习惯使他们更容易受到 PCBs 和汞这些环境污染物的侵害(Health Canada,1997 年)。例如,魁北克东北部因纽特妇女母乳中的 PCB 浓度比南魁北克地区妇女的高 5 倍(Health Canada,1997 年;Commoner 等,2000 年)。如 PCBs 和二氧芑这类空气传播的污染物多数经过长途跋涉,北极地区是其主要的吸收源,这些污染物通过在食物链中的生物积累影响到从藻类到人类的所有生态系统(Commoner 等,2000 年)。但是,鱼类和野味污染不仅关系到生活在极地生态系统中的人们生活,而且还涉及到吃野味的许多地区(Langlois 等,1995 年;Tsiji 等,1999 年),一些贸易性食物已经被证实含有这些污染物。例如,美国食物与药品管理局最近警告说,鲨、旗鱼、王鲭和方头鱼(这些都是长寿命、以个体较小的鱼类为食的大个体鱼类)体内能积累高浓度的甲基汞。因此,建议易受影响人群(如孕妇、育龄妇女、乳母和儿童)忌吃这些市场上可以买到的鱼(US Food and Drug Administration,2001 年)。

消费者报告中确切的污染结果可以限制对人类消费群体健康产生的直接威胁。但是没有官方证明的污染情况是什么样子呢?提醒人们存在这些可能的危险了吗?重金属和合成化学物积累对生态系统健康和功能会产生怎样的影响?水生食物链中化学物质的生物积累所产生的潜在生态损害已经被很好地证实,陆地生态系统的风险也正在评价中(Lasorsa 和 Allen - Gil,1995 年)。某些形式的污染对生态系统功能和健康所产生的影响仍然被长时间报道。Rachel Carson 如大地春雷般的著作《寂静的春天》实际上通过披露没有被谈及的威胁,诸如 DDT 等杀虫剂对食物链和相关野生群体产生的危害,对现代环境保护运动的出现起了帮助作用。近期更多著作将对普遍的杀虫剂污染的关注扩展到许多正在出现的问题中,包括杀虫剂对有益的自然天敌和寄生虫造成的可能危害和害虫体内的杀虫剂抗性造成的生态后果(Pimentel 等,1992 年)。即使随着理解的不断加深,杀虫剂和化学物质/重金属污染的其他形式对生态系统健康造成的长期、积累、相互作用和潜在的综合性影响还远没有被解决。

## 2.4 土壤

土壤在地球生命支持系统中起着关键作用。加拿大大约有 5% 的土地适于耕种,其中仅有一半的土地是精华部分(Acton 和 Gregorich,1995 年)。有许多种原因降低了加拿大的土壤质量,包括土壤侵蚀、有机质损失、板结、城市扩展、农业化学物质使用量的增加和废物的不合理管理(Acton 和 Gregorich,1995 年)。土地退化的极端例子是沙漠化。尽管干旱和火灾被认为是沙漠化发生的自然原因,但增大的人口密度、过度放牧、樵采和砍伐森林是比以前所认识的更重要的沙漠化驱动力(Barrow,1991 年)。世界上所有地区的草地都受到过度开发和不适宜天气模式的影响,这也能加速沙漠化过程。沙漠化诱发生态系统结构、功能和健康发生显著和剧烈的变化,这转化成依赖生态系统的人类社会中的一些可怕问题(如可能的营养不良、饥荒、逃难和迁移问题,伴随而来的是传染性疾病和死亡的增加)。

## 2.5 生物多样性

人类活动正在以高于所估计的自然水平的数千倍速度驱动着动植物和微生物的灭绝(Chivian,1993 年)。实际上,人类对地球环境的改变有可能触发地球生命史上第六次主要的灭绝事件(Chapin 等,2000 年)。目前在美国,栖息地破坏和退化、外来物种、污染、过度开发和疾病(重要性依次降低)被认为是生物多样性所面临的主要威胁(Wilcove 等,1998 年)。在局地甚至地区水平上,这些物种损失的驱动力的相对影响是经常发生变化的。例如,在加拿大外来物种所产生的影响可能在上升。据估计,加拿大约有 25%的植物是非本地物种(Vitousek 等,1997 年)。大湖区中斑马贻贝和七鳃鳗繁殖扩散的例子也暗示了这方面的威胁不只限于植物领域。此外,因为人类在继续改变这个行星,其他的因素也有可能成为促使生物多样性损失的重要驱动力。到 2100 年,气候变化、氮沉积和大气中二氧化碳浓度的升高将成为影响世界物种生存能力的主要影响因素(Sala 等,2000 年)。使事情更复杂的是,人类经常集中在生物多样性非常高的地区,从而使这些生物储备处于特别紧张的状态。实际上,估计全世界约有 20%的人口居住在生物多样性的热点地区(Cincotta 等,2000 年)。

对生态系统健康和人类健康来说,地球上生物多样性损失的巨大后果是令人惊愕的。因为综合许多生命形式的生物活动有助于调节生态系统内部的能量和物质流动,甚至影响到重要的非生物环境(如资源限制、干扰和气候),减少的生物多样性能改变维持生命的基本生态系统服务,这些是可以测度的(Chapin 等,2000 年)。生物多样性损失通过降低自然生态系统抗干扰的恢复能力和增加疾病的爆发机会来影响自然生态系统(包括人类获取食物和纤维的系统)的可持续生产力(United Nations Development Program 等,2000 年)。除了对生态系统平衡和生产力有破坏性影响,毫无疑问,生物多样性的损失还影响潜在医药的获取,从而减损人类的健康。重要医药原型的损失(据研究能更好地了解人类的生理和疾病,具有增强抗癌性等不同寻常生理特性的物种),哪些可能是人类重要的新药来源的动植物和微生物的灭绝,生物多样性损失对医药科学所产生的影响可能是巨大的(Chivian,1993 年)。

生物多样性损失的后果和伴随的对生态系统功能的影响在全球变得越来越显著。小组讨论中一个生动的例子是热带地区红树林破坏所产生的影响。在这些地区,人类施加的压力(如城市发展、高强度捕虾、木炭和薪材砍伐、海岸开发导致的高沉陷速率和污染)导致红树林快速消失,这使得许多国家超过 50%的原生红树林遭到破坏(United Nations Development Program 等,2000 年)。这些关键物种的损耗已经通过红树林生态系统产生反应,通过干扰能量和营养循环威胁到现存本地物种的生存,影响到人类的居住——当红树林提供的缓冲地带减小时,增加了人类住所遭受暴风雪破坏的可能性。

## 2.6 其他模式

尽管在理解生态系统健康和人类健康方面取得了很多进展,但是很显然还有更多的东西需要我们去学习和了解。为了促进这方面的学习,需要形成新范式来扩展传统观念并理解对生物功能和健康有贡献的所有系统之间的联系。在小组讨论中指出,解铃还须系铃人,理解新模式还在于人类自身。当生态学家/环境学家在大尺度上研究生物多样性时,药物病理学者也在人类水平上看待这个问题。例如,人的肠道里有许多由细菌和其他生命组成的生态系统。这种多样性是维持消化道功能和健康的必要部分,也是保持营养充足的状态所必需的。但是这种多样性可能遭受使用抗生素的破坏。尽管使用抗生素是现代医药治疗的关键,但是许多抗生素(特别是广谱类药品)在灭杀病原细菌的同时,也杀灭了肠道中的对我们自身有益的一些有机体(Rabsch 等,2000 年)。结果导致一个问题(病原的感染)被另一个问题(消化不良和潜在营养失衡)所替代。这个例子强调说明人本身就是一个内在的生态系统,依赖于体内的平衡和完整,而且也与干扰这种平衡的改变其功能和健康的外部因素相联系。

不管使用何种相互作用的模式,只有普遍理解所有生命和环境之间基本的相互关系,人们才能提出和支持真正恢复和维持生态系统和人类健康的管理措施。工作小组强调,不管采取怎样的策略,目标是达到世界卫生组织(1984 年)所定义的健康标准:完美的物质、精神、社会福利状态,不仅仅是指不患病。

## 3 解决办法

通过讨论,小组总结了一些基本的人类和环境条件,并认为这些条件是达到支撑着更全面定义人类健康的先决条件。这些先决条件包括和平、住所、教育、洁净的水和空气、有营养的食物、足够的收入、生态系统稳定、可持续的资源、社会公平和平等。真正意义上的生态系统健康应包括完全维持所有生态功能和服务,这些功能和服务有许多直接支撑着人类的生计需要(如食物生产和气候控制等)。因为人类活动正以史无前例的水平威胁着生态系统健康和人类健康,所以需要采取明确的行动来保护所有生物区的存在和安宁。已经有许多生物区处于威胁之中,也有很多具体的环境问题需要阐述。很显然,我们需要确立那些需要集中人力和财力来增加生态系统健康和人类健康的公开行动的优先性。尽管建立这些行动的优先性是一项重要的社会责任,但是工作小组提出了一系列应该考虑的事项,小组成员认为这些问题是继续争论的核心。参与者总结认为,解决生态/人类健康问题应该集中在:

(1)最大化全球人类福利;

(2)确保长期的生态可持续性/完整性;

(3)保护生物多样性的所有方面;

(4)创建与可持续发展的必要联系。

由于小组成员来自不同的地区,地方和文化总是成为讨论的核心问题——尤其是当谈论解决环境问题的办法时,成员们意识到解决办法应该适合于发生问题的社团或群落。通过讨论,只要谈及环境问题的解决办法,需要考虑的基本事项就是该解决办法是否适合当地的生态和社会系统。小组成员一个接一个地举例讲述了用意很好但失败的解决环境问题的办法,大部分是因为这些办法不适应当地需要。因而,形成的一致意见认为方法的适应性常常是成功解决环境问题的基础。不管是否定义捕获“当地”变化所需技术的适当水平,相关的社会约束或增加的机会,采用的尺度(近邻?地区?还是区域?),参与者都主张规划应该具有灵活性,方案应该适应周边的形势。他们强调,尽管需要涉及环境质量的严格目标来阻止生态系统服务的继续恶化,但是如果运用灵活的办法可能会更快、更有效地实现这些目标。

## 说明 1

### 解决问题的来源

组织者的用意是通过生态系统健康和人类健康工作小组参与者的讨论及伴随的行动来提供解决生态系统健康和人类健康问题的办法。通过鼓励自然的、社会的和卫生科学与政策制定团体之间的综合,希望对复杂的环境问题有更深刻的理解。期望所发起的辩论和讨论能刺激参与者在会后采取有意义的行动。也希望在生态峰会中建立的职业联系在会后能够进行有效的合作,用新的创新的方法来帮助阐明生态系统的健康问题。

实际上,虽然小组的讨论以本章集中阐述的五个问题为中心,但是一个潜在的希望是小组的努力能引起更有建设性的行动,而不是更多的言论。讨论明显地使参与者认识到生态系统健康和人类健康是相互依赖的,并且同处于危险之中。这种认识如此强烈,以致成员们也感到迫切需要行动起来。本章试图帮助人们更好地理解生态系统的健康问题,促进采取制定解决问题方法的行动。另外,参与者列举了目标范围广泛和对象具体的清单,用来指导会后他们自己改善生态系统健康和人类健康的努力。这些目标集中在:

(1)改进关于人类健康和生态系统健康之间联系的知识;

(2)支持通过教育和更好的交流来传播这些知识;

(3)运用这些知识来指导和促进有意义的变化。

为了使行动更有成效,建议这些行动应该从小到个人、目标人群,大到整个社会的各种水平上运用。具体的目标中清楚地勾勒出了参与者参加的更具有优先性的行动(如,举行地区性会议和课程,努力使领导相信生态系统健康对人类健康具有重要意义,促进个人改变生活方式,减少对不可更新资源和能源的消费等)。其中的一些行动现在正在被认识到。为生态峰会上的谈论所驱使,在 2001 年,西方大略大学医药与牙科系的生态峰会参与者在学校的主持下编写了生态系统健康初级教程(www. med. uwo. ca/ecosystemhealth)。该教程为那些没有把生态系统完整性和维持人类健康联系起来的专业人员和学生提供了有力的关于生态系统健康的基本背景知识。

只有时光能告诉我们参与者是否实施了生态峰会 2000 年上提出的目标和具体对策。但是,如果小组讨论产生的热情是一种暗示的话,有理由希望这些参与者将策动个人和社会发生有意义的变化,来改善世界生态系统和人类的健康。

另一个体现工作小组多样性的分支是经常提到的公平问题。不可否认的是,那些驱动环境退化的人类计划经常使某些人群或个体受益。显然,健康的生态系统或环境破坏的正负外部性都不会平等地影响所有人或国家。环境的“好处”和“害处”的分配是不平等的,这种不平等本身就是环境影响加剧和生态系统功能持续下降强有力的驱动者。实际上,如果个人、单位或政府觉得行为的净影响(收益 - 损失 = 净影响)对他们有利,就很难采用新的激励措施来改变当前的行为。但是,对净影响的传统评价是不全面的,而且也经常少计引起生态系统功能紊乱的全成本。考虑到这些问题,一个有前景的解决问题的办法就是教给人们有关的生态系统退化和人类健康方面的知识。个人认识程度的提高可以促使人们调整他们的“内部账户系统”(他们支持的感性认识行动)来更好地反映存在的真实成本。但是怎样的教育经历才足以在事实上改变对世界运行存在的根深蒂固的观念呢?对一些人来说,这种内部成长来源于“依赖经验”(来自个人经历传递下来的经验)。

工作小组中有几个成员为改善当地环境质量,在天天亲自参与的奋斗中积累了相当的经验。这方面的一个好例子是美国伊利诺斯州芝加哥的 Reverend Joseph Ebenezer 设立的城市农业项目。Reverend Joseph Ebenezer 向工作小组描述了他们雄心勃勃的计划,利用废弃的土地、住宅的场院和屋顶发展社区农业和水产养殖业项目。这些项目会对他们所服务的社区产生许多好处:提供有营养的食物,鼓励自力更生,有助于建立积极的社区平等。重要的是,使用这些园艺技术也传播了生物学和生态学方面的知识,这转变了那些可能很少与土地打交道的城市参与者对食物和健康的基本观念。

另一个突出的经验学习的例子是大学趋向于要求学生进行社区服务,并把它作为毕业的一项要求(如加拿大、美国和南非)。这些计划的目的不仅是希望学生给社区福利做贡献,而且隐藏了下面的认识:为别人服务可能是改变自己的生活经验。学习新的和与现实有差别的知识,哪里有比身在其中更好的方法呢?确实,如果我们中更多的人经历其他人被迫忍受的环境影响,我们的感知和随之而来的行动将会减小我们对环境的破坏。

## 4 需优先考虑的行动

说明 2

优先性问题:小组分析和系统评论

作为集中小组讨论和指导后来个人或集体行动的一种手段,参与者列出了严重威胁生态系统健康和人类健康的清单。会议期间,参与者把问题按“最重要”到“最不重要”的次序进行了优先性排列,在综合的基础上,产生了对辨明问题相对重要性的综合评分。综合结果后列出了 17 个问题:从 1 号——气候易变性及伴随的自然灾害到 17 号——遗传修正有机体潜在的生态威胁。小组成员认识到这样的集体优先性排序有许多不完善性。显然这里有多余的问题,例如,17 个问题中的 6 个与气候变化相互联系(如,气候的易变性、上升的大气 $CO_2$ 浓度、上升的全球平均温度等)。另外回溯可以发现,还存在或正在出现许多对生态系统健康和人类健康产生重要威胁的问题(如,重金属污染、微生物对抗生素抵抗力的增强、人类免疫和生态系统压力响应系统潜在的降低等),但这些问题没有出现在这个清单中。用什么标准来判断问题的重要性也有点混淆不清。是根据问题对生态系统健康和人类健康当前所产生的威胁来判断其重要性,还是根据问题在未来某个时候对生态系统健康和人类健康产生的潜在威胁来判断其重要性呢?是不是基于问题范围的重要状态(如全世界的对当地的或地区的)?或者判断标准受问题对及时补救敏感程度的影响(因为现在的政策可能在减轻或防治以后的问题上有意义)?

尽管对这些问题进行非正式排序存在不合理的成分,但是小组成员一致认为,需要对生态系统健康问题进行一些优先性排序以便指导研究的方向和政策行动。进行生态系统/人类健康问题方面研究的经费有限,决策者在解决最具威胁性的环境问题时,怎样才能使钱用在刀刃(使钱发出最大的响声)上,理所当然地需要提出建议。因此,应该引入综合的成本—收益分析来解释存在的行动和变化的所有成本(包括健康、财政、社会、社区和个人影响的变化等)和收益(包括广义的生态系统和人类健康)。这类分析综合了许多对风险评估有影响的相关准则(如考虑问题范围和及时补救等)。最近出版的一本书提供了这方面所需要的综合分析例子。

在这本名为《消费者有效环境选择指南》的书中，来自相关科学家联盟的 Michael Brower 和 Warren Leon (1999 年)分析了许多有关消费者行为产生环境影响的科学资料，列出了对环境最具破坏性的 10 种消费者行为，重要的是他们提出了具体的方法，帮助消费者减轻他们对生态系统的整体性和人类健康产生的越来越严重的威胁。作为分析的结果和建议，建立了一个有证明文件和理由充分的需优先考虑的行动表，这不仅为消费者提供行动指南，也能帮助决策者评价政策替代方案。当然，即使这个相对全面的评估也有其使用和实用方面的局限性。例如，因为它特别重视消费者行为的效果，所以回避了对生态系统产生大范围相关影响的内容：政府部门的影响。另外，像其他任何报告一样，它是一个充满信息的“时间胶囊”，这种情况反映在本书出版时(1999 年)的合理成本—效益分析上，但是我们不知道这种分析有效期的长短。尽管存在这些局限性，仍需要对许多威胁生态系统健康和人类健康的相关风险进行优先排序。虽然在小组成员中进行观点调查有助于强化风险意识，但是还应该定期开展更多严格的分析，以便客观地对健康的威胁进行重要性排序，追踪当前正确行动的进展，更好地定义出现的问题。

小组讨论中反复强调的是变化的种子起源于个人层次。小组对话实质上集中在个人变化的重要性上，认为它是更广泛社会变革的先决条件。然而，为了充分发挥作用，在一定意义上个人信仰和行动必须在制度上和社会层次上转化为技艺。政府和公司的政策和管理能对生态系统健康和人类健康产生深远和广泛的影响，它们显然不能被忽视。实际上，通往未来更健康的道路将可能构筑在对公共政策和管理上的具体变化分类上。另外，一旦确定了一系列的管理选择，就需要全球一致同意。已经证实过去在斯德哥尔摩、里约热内卢和东京达成的协议还远远不够的。恢复生态系统健康和人类健康需要在全球范围内开出和颁布彻底的措施。虽然有时许多人认为人口零增长是解决生态系统健康问题的答案，但是现在广泛认识到包括减少资源消费(特别是不成比例耗竭世界资源储备的发达国家)在内的全面变革必须与控制人口的政策同时执行。

如前所述，人口增长和人类活动加剧产生了许多有害环境和健康的后果。甚至像气候调控等基本地球过程也面临风险。考虑到对所有生命产生威胁的本质和范围，最终将需要范围广泛的行动来降低人为驱使的环境破坏，在恢复地球生态系统的同时确保人类作为地球上的一个物种生存在其他物种之间。小组成员一致认为一些具体政策看起来明显具有优先性。例如，为了对付全球环境的继续变化，工业化国家(如加拿大、美国和欧盟国家)将必须共同承担国际温室气体减排，进行其他有意义的投资来监测和维护生态系统和人类的健康。对减缓和适应性措施方面的投资大部分应来自经济部门，这些经济部门大都直接与环境破坏的原因和后果相联系。当然个人通过减少消费，更多地采用保护环境和健康的生活方式，这种新的个人伦理定位使个人在促进和支持政策变化方面具有关键作用。另外，卫生部门(包括当地的和国家卫生机构)需要通过增强公众对与环境退化有关的健康问题的认识，通过帮助确定公众健康问题的优先性和制定恰当的预防和响应措施来提供指导。重要的是，因为生态系统健康和人类健康产生的威胁与政治地理边界无关，各国应该与邻国在行动上相互合作。

许多参与者持有的一个强烈信念，认为地区(和国家)内和地区(和国家)之间平等地开发和消费资源应该具有政策优先性。例如，南非在许多歧视习惯中的种族隔离就给了资源分配极大的不公平性。虽然许多年来世界银行通过评估年均收入来测度进步的状况,但是现在开始利用有水源和卫生设施的家庭和村庄的总数这类指标来评价关键资源的分配。在南非,人们希望提供"基本物质"以促进社区和环境共同发展。南非宪法宣布:"一些水永远属于所有国民。"这个简单的声明涵盖了在小组讨论中被反复提及的一个基本前提:公平问题和环境问题是完全相互联系的。认识到这一点,小组得出结论:富国和穷国之间非常需要开展友好的合作。虽然这在过去反复被提及,但是有一点可能变得更加明显,即工业化国家如果不停止过度利用世界资源的话,发展中国家的经济和环境健康将不能实现长期改善。

甚至在考虑国际公平性问题时,小组成员认为小尺度(个人和社区)上的行动是变化的扳机。在许多情况下,"放眼世界,立足本地"的声明仍然是紧密相关的。虽然大多数环境影响具有全球的含义,但是许多预防和治理行动根植于地区层次中。地区层次是个人和社团最具有控制性的地方,也只有在地区层次上,每个人才真正有机会体现自己的意义。

## 5 有效行动的障碍

尽管越来越多的人意识到人类活动对自然和人类本身构成的威胁越来越大,但是保护生态系统健康和人类健康并不能马上就发生变化。随着世界范围内人们环境意识的增强,改变个人生活方式和公共政策的许多尝试(从地球日到里约热内卢世界首脑会议)不断增加的频率出现。但是为阻止人为诱发的环境损害和重建生态系统和人类健康,仍然需要有采取有意义行动的切实证据。不幸的是却有很多不采取行动的理由。其中一些原因在前一章有所评论。但是小组讨论认为,由于存在行动和变革的障碍,因此克服其中关键的障碍具有更大的重要性。下面阐述五个主要的障碍。

### 5.1 基本生存需求

许多发展中的社区,基本和直接的目标是短期生存。这很容易理解,如果食物、水和住所等基本生计需求不能满足的话,就不可能长期关心教育和环境质量。例如在越南,当前森林采伐速度很快,我们的一位越南参与者解释说,"没有足够的水来种植水稻和饮用,不能指望饿汉为明天储存食物,每天人们都得吃东西。在这里有什么解决方法呢"?实质上,这是在有关世界范围的环境和健康争论中,公平问题如此突出的一个原因。社会不公平使一些人缺乏基本的生活必需品,迫使他们在边远、脆弱和生产力低下的生态系统中生活。从长期的角度来看,当地资源利用和开发模式(如刀耕火种式农业的快速轮作)对生态系统和人类健康都产生危害。当一个人吃饱喝足,并且拥有充足的其他基本生活必需品后,要想不让他谴责不可持续的资源和使用都不容易。但是如果你面对不确定的短期生存前景时,你将怎么办?显然,许多地区阻碍长期规划和管理的一个主要障碍是贫穷得没办法,农村居民对解决基本的生计需求都无能为力。如果要改善这些地区长期的生态系统健康,必须打破贫穷与人类剥夺资源间的循环机制。

## 5.2 很少联系土地

另一个变化的障碍是可以在现代西方文化中找到根源的感知问题。小组成员认为，由于工业化地区的生活变得更加城市化，职业变得更加专门化，人们已经忘记了他们依赖自然，并且是自然的一部分。他们已经与祖先们在其中进化的自然和自然循环失去了联系。人们没有认识到他们是属于地球的，因而许多当代文化所开展的一些活动不时破坏地球，这可以用对农业和食物不断变化的感知为例来说明。城市居民通常忽视食物生产的细节(如生态的、环境的、健康的和其他联系)，但是他们经常要求食物保持低价格。人们在有“更重要”义务的繁忙时间表中间奔走，食物获取和消费习惯上成了匆匆忙忙的“家庭琐事”，食物在健康和个人、家庭和社区中的作用也已经减弱。随着社会价值的衰退，食物同样也经历了货币价值的减小。消费者看起来不愿为食物付出太多，萧条的商品价格使农民难以维持生计，农业需要补贴支持，但补贴反过来会减弱农民对市场和种植的农作物的影响力。实质上，农业管理的动机是为了经济上的生存，而不是为了生产有营养的食物或为土地(使用)服务。

## 5.3 变化的阻力

惰性和不愿接受变化是解决长期环境问题的另一障碍。尽管有关生态系统衰落和伴随的影响健康的例子不断增多，但是通常在越过关键的生态极限前，人们仍然保持破坏利用的模式。小组成员列举了资源开发、枯竭、生态系统衰落、遗弃和重新在其他地方开发这样的循环例子。例如，在 20 世纪 40 年代中期，加利福尼亚海岸系统的崩溃使凤尾鱼消失了。虽然现在认识到过度捕捞仅仅负部分责任，但是这段插曲敲醒了资源有限的警钟。在新斯科舍，鱼群数量的下降使渔民转向其他生态系统和资源——到森林中砍伐木材——这引起国内移民，加速了国内林地的消失。目前全世界的商业性渔业资源的衰落反映了渔业资源枯竭将会在全球范围内发生。从过多的过度开发的例子中可以得出，不负责任的资源开发模式总是滞后于变化。可能是因为处于“智力前沿”，人们坚持认为世界上总会有新的资源或储备等待被开发。实际上，随着人口和消费爆炸性的增长，迅速增长的资源需求与资源有限的观念的斗争看起来比以前更加强烈。当然，人们难以接受资源开发上的克制，特别是当储量变少时(就像荒地存量一样)。但是小组成员清楚地认识到，如果要维护生态系统的结构和功能及人类健康，人类必须采取更大程度的克制。

## 5.4 无知

另一个突出的原因是个人和群体表面上忽视生态系统和人类健康之间的整体联系，这是因为他们没有意识到这种联系的缘故。缺少环境意识和有关地球与人类生态学知识是采取有效行动的重要障碍。虽然经常主张“无知是富”，但是缺乏对生态系统的稳定性和人类健康的理解可能要被描绘成“无知会害死你”。显而易见，我们需要开展内容广泛的教育使所有的人认识到环境和生态系统健康之间的基本相互依赖关系。这种理解是指导政策变化所需要的信息完备的公众争论的基础。但是，环境健康的很多方面还蒙着神秘的面纱。因此，非常需要进一步开展研究，为关键的决策提供坚实的科学基础。

## 5.5 缺少一定数量的支持者

新思想在获得足够的“支持者”证明它对公众看法和政策产生影响前,需要在某种程度上为人们所普遍接受。实际上,一些人主张不仅接受新思想很重要,而且谁接受新思想也很重要。例如,在任何混合的人群中,不是每一个人都会对一种新观念产生相同的反应,也不是每一个人都会等同地接受和传播新思想。小组讨论认为,任何一个群体中一般有10%~15%的人是革新者(较有可能接受和传播新思想的人),35%左右的人属于早期变革者(在接受新思想前有些等待),35%的人属于后期变革者,大约15%的人倾向于成为恐龙(永远不发生变化的人)。如果这个论点正确的话,那么当一种新观念(如生态系统整体性对人类健康的重要性)呈现在公众面前时,最好以那一小部分具有影响力的人群(如革新者)为目标来最有效地散布思想和形式影响社会变革的支持者。这种策略性的目标选择在任何尺度上(从局地到世界)都是有价值的。实际上,一些参与者叙述了集中的扩大服务项目和教育是怎样帮助促进他们社区内积极变革的例子。

# 6 测度进步的措施、指标和标准

目前开发生态系统健康指标的研究热情空前高涨,人们现在正在运用各种指标评价人工生态系统的健康状况(如生态系统健康指标,Environment Canada,www.ec.gc.ca/cehi/en/indic-e.htm; 全球生态系统的领航分析(PAGE),联合国发展署等,2000年)。研究者希望,如果开发出了测度环境质量的正确指标,那么能够应用适应性的管理措施来避免危害(当指标代表了其内在特性)和调节资源的使用和开发(提供的指标表现出环境质量没有受损)。

小组成员原则上认为有意义的测度生态系统健康的指标应当具有代表性、对变化的敏感性、与公共政策的相关性、易理解科学可信度/透明度。计算指标的数据也应该在适当的尺度上具有可测量性和可获得性。同时理想的指标应该具有大的操作平台,使全球范围和长期的监测具有可行性。而且,参与者感到有意义的生态系统状况的数据对于有效的风险评价和监测的环境质量是非常必要的。小组成员对这个问题的探究最初提出了一个长长的清单来列举测度环境质量的措施/指标。这个清单中包括了许多已经开始测量的或推荐在全世界范围运用的标准环境指标。虽然这些指标在评价生态系统健康的特定方面非常有用,但是决策者或公众难以对它们产生直观的理解。小组成员断定:需要的是一种简单的与人类健康相关的生态系统健康指标;指标应该提供固定的标准来判断环境质量是有所改善还是正在下降,有时应该反映随着时间和条件的变化人类健康面临的风险是更大还是更小。

当然,相关的挑战不是定义指标,而是把它们与生态系统和人类健康联系起来。一个相关的指标要作为一个有用的工具使决策者和普通老百姓相信有必要减小威胁生态系统和人类健康的压力。但是,因为任何一个环境参数都不可能完全反映生态系统的完整性,小组成员认为有意义的指标应该需要综合一些可防御的,环境质量之外的参数。但是怎样的措施才能使指标体系包含最有意义的参数呢?目前关于这方面的科学争论很活跃。

对细节的关注总是遇到意想不到的困难。小组成员反复强调,不管选择什么内容,产生的指标应该具有足够的集中性、战略性和吸引性,让决策者把它们体现在决策过程当中。

### 说明 3

### 实现生态系统健康

实现和维持生态系统健康毫无疑问需要人们改变他们驱使生态系统发生退化的一些基本观念、态度和行为。虽然许多人普遍对生态系统健康表现出关注,但是付诸行动则完全是另一回事。一些社区仍然在重新评价针对环境问题的根深蒂固的态度和行为,有些社区评估对环境问题的一些开拓的富有成效的反应。尽管人类对生态系统健康施加了普遍的威胁,但是借鉴这些“成功例子”的经验会对突出下面的思想、采取积极的社区行为具有重大的意义。

在“2000 年生态峰会”的举办地——加拿大新斯科舍省能发现类似成功的例子。作为加拿大东海岸的一个面积较小的省份,新斯科舍省传统上是资源型经济,它对环境的利用胜过对它的保护。但是,该省在 1996 年依据所建立的国家环境保护优先活动确定了在 2000 年之前把本省废物产量降低 50%的目标。促使该决定产生的部分原因是缺少废物掩埋场所。该决定要求全社会努力改变废物产生的数量和处理方式。通过实施包含循环利用、堆制堆肥、还原处理和再利用等方面的综合政策,新斯科舍省已经超过全国平均值(22%)而几乎实现其雄心勃勃的降低 50%废物产量的目标。由于新斯科舍省废物处理行业(包括循环利用和制造肥料)创造了3 000个工作岗位,废物已经开始被认为是一种“资源”。

新斯科舍省废物处理系统主要包括:

(1)饮料罐的保证金/退还系统。新斯科舍省目前每年回收 1.6 亿个饮料罐,回收率超过 80%。

(2)新斯科舍省 100%的居民已经参加了路边再循环计划。

(3)新斯科舍省 100%的商业也已经参加了再循环计划。

(4)1998 年就禁止把有机材料投入废物掩埋场。现在已经有 72%的居民收集路边的有机废物。所有的城市鼓励在庭院中用树叶和庭院进行垃圾堆肥。

(5)通过一个大约有 900 个登记注册的轮胎零售商合伙倡导的“废旧轮胎管理运动”,该省每年有900 000个轮胎被重新利用或循环利用。

(资料来源:Nova Scotia Department of the Environment,2001 年)

虽然降低废物产量仅仅是迈向更健康的生态系统的一个步骤,但是新斯科舍省的行动已经表明社区能够成功地进行变革。同样重要的是,那些已经认识到变革好处的社区也有可能直接寻求和制定其他计划来全面地改善整个生态系统的健康状况。通过在过去成功例子上的经验积累和对新方法的试验,类似新斯科舍省的一些地区行动有助于引导人们走上具有广阔社会变革的道路,创造一个具有健康生活的健康的星球。

即使设计出测度生态系统健康的科学指标,对它的使用和解释开始都会遇到很多问题。无数的有关指标使用和解释的问题需要回答。其中的一些基本的问题是:怎样的值是“正常的”,多大量级的变化预示着环境质量的显著变化?最有可能的是,指标需要在各种环境和条件下进行校正。对不同地点和时空尺度上的指标解释是许多在使用前要阐明问题中的一种。

尽管在开发和应用反映生态系统整体性和健康状况的指标时会面临许多技术问题,

但是这种工具的前景太好以至根本不能将它忽略。因而,进一步的讨论集中在开发指标的两种方法上:生态指标和生物—社会集成指标。当涉及到与人类健康有关的质量数据(如空气和水的质量)时,生态指标应用这些环境数据来评价生态系统的状况比较合适。生物—社会集成指标在沿袭常用的指标(如国内生产总值,GDP)的基础上,补充了人类健康和福利方面的测量。后一种方法可能对那些已经对类似 GDP 等指标非常熟悉的决策者来说更具有吸引力。"2000 年生态峰会"生活质量小组对此类系统进行了更详细的讨论(见第十一、十二章)。

小组成员对个人和社区行动给予了很高的优先性,建议开发一些社区层次上的环境进步度量方法。例如,相关的个人和社区的数量可能是描述进步恰当的"性能指标"(至少考虑信息和教育方面的要素)。基于社区的生态指标也能用来直接评价社区对局地和全球生态系统健康产生的影响。例如,一个社区的"生态足迹"可以计算出来,并与其他社区、国家平均值进行比较,或者进行时序估计来追踪发展状况和突出需要改善环境条件的地区。如前所述,一旦人们受到更好的教育和意识到当地环境问题(和当地行动的全球影响)时,他们经常更愿意进行变革和从事寻求解决方案的工作。因而,许多国家开始实施以社区为基础的管理项目。经验表明,利用志愿者基于社区水平的环境行动常常比单靠政策决定的行动更持久和有效。因为志愿者通常热情很高,能长期坚持自己的参与行动。尤其当志愿者感到他们的努力有助于改善自己社区的环境条件时,他们更有可能继续参与,甚至促使其他人加入到他们的行列。在这种条件下,小组成员认为社区参与对局地生态系统健康的可持续性进步可能具有关键性作用。志愿者和社区本身的投入能够改善决策过程的透明度,提高社区权利的意义,增加对制定决策的信任。

开发生态系统健康指标背后的一个关键目的是用它们来监测和改善生态系统和人类健康。但是谁使用生态系统健康指标呢?明显地答案是决策者,特别是当简短的关键性指标清单与特定领域/管辖范围的评估官员(如 $CO_2$ 的相关数据对气候变化决策者)有关时,有关环境质量的数据对决策者特别有用。同时我们也需要集成生态和社会方面的数据以及对生态系统健康和社会福利进行完整描述的全面指标。例如,生物—社会集成指标可能是一个有用的教育工具,它能用来帮助教育公众有关生态系统和人类健康方面的知识,甚至可能被一些决策者接受作为跟踪"大图像"(如目前的政策是全面改善了健康状况还是使之有所下降?)的一种工具。

对这些数据和它们的解释怎样才能进行最好的交流?虽然科学家传统上潜心于数据管理、分析和解释,但是具体学科的专家常常不是把数据传达给最理想的公众和决策者。这里显然需要与公众更有效的交流方法。一个可能的选择是医生能担当有关生态系统和人类健康联系方面的信息的沟通者。因为医生已经与社区成员建立了良好的联系,他们被尊称为健康问题的领导者。在许多方面,医生已经成为科学专业人员和更广泛的社区群众之间沟通的联系人。可以认为相互依赖的生态系统健康和人类健康问题自动需要更广泛的医生—病人式沟通。但是因为接受良好教育和具有主动性的公众有助于改进改善生态系统和人类健康的生活方式和社团及政府政策,更直接的对话能起到更重要的防治作用。毫无疑问,医生和其他关爱健康的专业人士是环境科学家和普通公众之间未充分利用的联系人。但是还不清楚低成本的卫生保健(经常是以医生看望病人的时间为代价)

的压力能否怎样影响他们作为生态系统和人类健康信息传播者的有效性。

小组成员也主张,宗教领袖,至少在某些国家(如南非)能成为传播和联系生态系统和人类健康知识的有用使者。宗教领袖(牧师和巫医等)常常是社区最信任和最具影响力的成员,因而经常会对公众的看法产生显著影响。如果获得这些领袖的帮助,政府和其他人(机构)能插进已经建立起来的交流网,从而能更有效地向当地社区传播环境健康信息(包括生态系统健康指标)。但是小组成员警告说,宗教领袖并不被一致认为是公共物品的保护者,特别是当他们与反政府力量和运动结盟时,宗教领袖可能会失去公众的信任。在这种情况下与宗教领袖的公开联系可能会对生态系统健康改善计划产生实际的阻碍作用。

教育者可能是另一个生态系统健康数据使用群体。实际上,通过讨论已经变得很清楚的是科学家和初、中级中学的教育者之间的联系在一些地区已经成功地建立起来了。来自越南的一位与会代表报告说,在越南科学家早已认识到今天学校里的儿童是明天的公民和决策者。于是,科学家制定了一个基于社区环境教育的积极计划。加拿大已经制定了一些针对学龄儿童和所有年龄段公民的教育计划(例如采纳 A 制,加拿大环境部生态监测与评估网络和加拿大自然联盟在 2002 年发布的一项基于社区的监测项目——自然观测,它包括植物观测、青蛙观测和冰冻观测等项目)。美国把学龄儿童纳入酸雨监测网络是另一个引人注目的范例。过去的成功仅是有限的努力,小组建议应该制定更全面的计划收集学校面积范围内的广泛生态系统健康资料。当地的学生和教师可以收集用来制定生态系统健康指标的数据,为社区、地区、国家和世界领导人提供详细的生态系统健康发展趋势的衡量标准。虽然这是一项雄心勃勃的工作,但是制定这样的计划需要有科学专业人员和由教育者激发的基层人员的一致努力来完成。例如,在工业化国家,我们当中许多在学校董事会的成员能够影响科学课程的安排,影响能利用这样的计划来授课的教师的聘用。

最后,另一个对环境健康数据感兴趣的群体是媒体。它们的职业角色(给公众提供影响其生活的信息)使之成为焦点群体。而且,新闻工作者常常支持决策者的兴趣,这可能有利于与决策者之间的沟通。但是,要提醒的是,新闻工作者并不总是“科学学者”,科学家通常不是“媒体游说者”。科学信息的细微差别和局限性常常难以讲述,特别是遇到“细节”使“故事”变得模糊和令人混淆的情况时。为将来有一天充分利用提出的生态系统指标,发挥指标的潜在价值,显然非常需要一系列专业人员和使用者之间的沟通和合作。

## 7 结论

通过讨论,小组成员在凸显的生态系统健康和人类健康主题内延伸了广泛的话题,为依次阐述的 5 个问题提供了一个必需的框架,这有助于指导大众和共同进步。但是,即使有这个指南,由于具有相当差异的参与者极大地扩展了争论问题的广度和深度,讨论还需要进一步延伸。

尽管讨论的主题范围广泛,辩论开放、参与者相互之间差异大,但是参与者在所讨论问题上达成的一致意见是令人吃惊的。支撑这种一致性认识的是有关生态系统和人类健康高度相互依赖和人类活动正在越来越大地威胁着两者的健康方面的知识。实际上,参与者花费了大量时间，详细阐述了正在增多的人类活动诱发的生态系统功能紊乱和伴随而来的对人类健康的影响。但是，像所争论的关键性问题和本章所反映的问题一样，我们更多的注意力集中在考虑适当的响应上。小组成员一致深信，不加约束的人类活动威胁着支持所有生命的复杂生物和生态网。参与者看起来都清楚，由于这种威胁如此严重和直接，必须采取广泛和及时的行动，而且也是势在必行。

许多参与者认同“我们没有管理整个生态系统，而只是管理我们自己”的观点。因为地区甚至全球的环境问题最终来源是我们个人、集体的决策和行动所产生的累计效果，所有解决办法都应该阐明个人信念和行为、文化规范和公共政策。虽然小组成员一致认同生态系统健康和人类健康已经受到严重威胁，但是他们也惊讶地发现地球上也有许多居民不赞成这种看法。这不能不令参与者惊叹：“这是我们所面临的环境问题的根源吗?”

像早些时候所详述的那样，变化的障碍有许多，并且范围广泛。但是，小组成员认为教育和沟通是克服这些障碍和培育个人和社会变化的主要工具。因为教育和沟通的目标很具雄心(如增进对生态系统健康和人类健康相互依赖性的理解)，并且这个目标不仅仅交流事实，而且还帮助人们重新评价传统的态度和行为，所以要进行革新。

需要进行许多态度上的转变，一些基本的出发点很明显。为了减少人类对环境的影响，许多工业化国家公众的 NIMBY(不要在我的后院)观点将需要改变，取而代之的是 SIMBY(从我的后院开始)的新观念。它能够用来突出在形成有意义变革的个人作用。当然，这种变革要从小处开始，最终渗透到社会的各个角落。有许多成功的前期计划已经帮助人们转变成为他们自己的生态系统、健康和未来的服务员。如小组成员讨论的那样，许多例子(如犯人在社区恢复项目中工作，无家可归者义务为公园服务，发展新型的绿色工业)已经表明，在健康的生态系统中，有可能在保持经济繁荣的同时改变公众的态度和生活方式。但是，为了在全球生态系统水平上广泛地孕育变革和影响所有的社区，还要做更多的工作。

不单是工作小组关心生态系统健康和人类健康，在“2000 年生态峰会”之前，来自许多不同国家的学生在同样的主题下聚集到一起，讨论他们对生态系统健康和人类健康的未来的看法。作为目光远大的领导者和利益团体，他们介绍了许多变化，虽然比我们小组的发现更为具体，但是却非常相似：

(1)用道德和同情代替贪婪；

(2)环境教育的质量与数量；

(3)环境政策应该是贸易政策的保护伞；

(4)需要环境责任；

(5)至于经济措施，应该用 GPI(真实进步指数)或联合国的人文发展指数(HDI)来代替没有考虑分配公平性的 GDP。

学生们总结认为：“关注生态系统健康和人类健康不应仅仅把目标对准决策者。虽然当代人把事情搞得一团糟，但是未来一代已经知道他们要来进行清理”(Singleton，2000 年)。这些最近的声明强化了源于这个主题的声明应该与尽可能直接的行动联系起来的想法。

现在世界上越来越多的人意识到人口膨胀和资源消费越来越大地威胁到生态系统健

康和人类健康。危险是真实的，风险是相当高的，无疑需要采取行动。但是应该做些什么，从哪里开始呢？

参与者作为来自世界许多专业的领头人，他们感到有责任发动公众进行辩论，帮助个人成长，引导人类通过我们自己制造的环境沼泽地。为了概括小组的发现，成员们提供了下面的解决方案（见附录）。该方案由小组报告起草人 Andrew Hamilton 起草。

**致谢**

本章是许多人在“2000 年生态峰会”之前和期间共同努力讨论的结果。感谢工作小组委员会的各位成员，特别是 Andrew Hamilton，Jennife Hounsell，Sharon Lawrence，Diane Malley，Ken Minns，Mohi Munawar，David Rapport 和 Liette Vasseur 在本主题开发过程中的贡献和提供的服务。同时感谢 John Cairns Jr.，Thomas Edsall，William Fyfe，John Howard，Robert Lannigan，Robert McMurtry 和 Dieter Riedel 较早时候的供稿。特别感谢工作小组主席 Liette Vasseur，协助员 Diane Malley 和小组报告起草者 Andrew Hamilton。

## 附录

# 健康的星球，健康的生活

## ——保护和增强生态系统健康和人类健康的方案

**认识到** 人类的健康和福利完全依赖地球这个生命支持系统的健康；

认识到地球是一个动态的、持续变化的生命系统，它由相互联系的空气、水、土地和包括人类在内的活有机体组成；

**关注** 地球生命支持能力的状态和发展趋势，包括局地、区域和全球尺度上的空气污染，气候变化和气候变率，淡水质量的恶化和供给的减少，土壤生产力的降低，渔业储量的减少和在基因、物种和生态系统水平上生物多样性的加速损失；

**注意到** 地球生命支持能力中发生的许多不希望发生的变化直接或间接地严重影响人类的健康，如使人类患一些急性和慢性疾病。特别是对那些最脆弱和易感的人群（在许多情况下常常是未出生婴儿和幼儿、穷人、营养不良者和老人）来说，这种影响最严重；

承认地球生命支持能力中发生的许多不希望发生的变化都可直接或间接地归于人类及其活动对地球生命支持能力产生的需求和施加的压力上；

**忧虑** 普遍的人类行为。认为人类健康和生态系统健康就是如此，在严重灾难发生前，忽视明显的警告信号，耽误提前和及时地采取有效防范行动来预防灾难的发生和减轻灾难引起的后果；

**关注** 我们用来降低、减轻或消除压力的个人和集体行动，注意到与人类和生态系统健康有关的一些结果经常是在一些治标不治本的政策指导下得到的；

**坚信** 如果没有解决世界各国、地区内部和相互之间权利、影响力和资源分配不平等的平行措施，那些恢复、维持和增强地球生命支持能力的有效和持久措施就很难发挥实际作用；

**认识到** 决策和行动需要适合于所讨论问题的范围、尺度和时间框架，这些决策和行动不可避免地受到我们自身能力的影响，如受我们预见、阻止和减轻不希望发生的压力及后果的能力，以及我们对预料之中和预料之外的情形和事件的反应和适应能力的影响；

**重视** 在局地、国家和区域水平的持续努力上产生的责任、义务及发展的机会，我们用这些努力来减轻个人及集体对地球生命支持系统产生的压力和不可持续的需求；

**乐观地认为** 个人、社会和公共机构有能力做出包含更多信息、更具责任感和更有启迪性的决定来减小我们对地球生命支持系统产生的个人和集体压力及不可持续的需求；

因而，我们一致认为：

科学家、民选官员、政府官员、管理者和相关的公民，包括本地居民和作为各种组织、社团和全球社会成员，应一起共同努力工作以便相互理解和交流观点；

激发政治家、经济学家、社会学家、生态学家、媒介工作者和其他人，理解和交流全球、地区和当地的自由市场和贸易体系中破坏地球生命支持系统的部分：

鼓励开发和使用包含生态系统健康、人类健康及福利指标来作为测度进步的方法，而不用国内生产总值这类指标；

促进开发和利用适当的环境政策、实践活动、合适的技术和人类行为，来更好地保护地球生命支持系统；

通过提供信息和专门技术及其他恰当的途径来提供机会，使个人、当地和环境群体能影响或做出保护和改善生态系统健康和人类健康的决策；

鼓励当地、国家和国际上的舆论、领导者和基金团体来认识受侵蚀的地球生命支持系统，认识到问题的紧迫性和行动的优先性，并通过单独或联合工作来阐述这个问题。

Andrew Hamilton，小组报告起草人

生态系统健康和人类健康小组
生态峰会 2000
哈里法克斯，新斯科舍省
2000 年 6 月 22 日

## 参 考 文 献


[1] Acton D F, Gregorich L J. The Health of Our Soils: Toward Sustainable Agriculture in Canada, Publication 1906/E (Centre for Land and Biological Resources Research, Research Branch, Agriculture and Agri-Food (Canada). 1995. Available on-line: http: // sis. agr. gc. ca/ cansis/ publications/ health

[2] Barrow C J. Land Degradation (Cambridge University Press, Cambridge). 1991, pp. 295

[3] Brower M, Leon W. The Consumer's Guide to Effective Environmental Choices: Practical Advice from the Union of Concerned Scientists (Three Rivers Press, New York). 1999, pp. 292

[4] Chapin Ⅲ F S, Zavaleta E S, Eviner V T, et al.. Consequences of changing biodiversity. Nature, 2000, 405: 234～242

[5] Chivian E. Species extinction and biodiversity loss: the implications for human health. In: Chivian E, McCally M, Howard H and Haines A (Editors), Critical Condition: Human Health and the Environment (MIT Press, Cambridge, MA). 1993, pp. 193～224

[6] Cincotta R P, Wisnewski J, Engelman R. Human population in biodiversity hotspots. Nature, 2000, 404: 990~992

[7] Commoner B, Woods Barlett P, Eisl H, et al.. Long range air transport of dioxin from North American sources to ecologically vulnerable receptors in Nunavut, Arctic Canada, Research report (North American Commission for Environmental Cooperation, Montreal). 2000, Available on – line: http: //www. cec. org/ files/ PDF/ POLLUTANTS/ dioxrep/ -EN. pdf

[8] Cortese A D. Introduction: human health risk, and the environment. In: Chivian E, McCally M, Howard H and Haines A(Editors), Critical Condition: Human Health and the Environment (MT Press, Cambridge, MA). 1993, 1~11

[9] Costanza R, d'Arge R, de Groot R, et al.. The value of the world's ecosystem services and natural capital. Nature, 1997, 387: 253~260. See http: //www. floriplants. com/ news/ article. htm

[10] DeHayes D H, Schaberg P G, Hawley G J, et al.. Acid rain impacts calcium nutrition and forest health. BioScience. 1999, 49: 789~800

[11] DeHayes D H, Jacobson G L, Schaberg P G, et al.. Forest responses to changing climate: lessons from the past and uncertainty for the future. In: R. A. Mickler, R. A. Birdsey and J. Hom (Editors), Responses of Northern U. S. Forests to Environmental Change (Springer, New York) . 2000, pp. 495~540

[12] Dynesius M, Nilsson R. Fragmentation and flow regulation of river systems in the northern third of the world. Science, 1994, 266: 753~762

[13] Environment Canada. Urban Air Quality, SOE Bulletin No. 99 – 1. 1999, Available on – line: http: // www. ec. gc. ca/ind/ English/ Urb-Air/ Bulletin/uaindl- e. cfm

[14] Environment Canada. Environmental P riorith – Clean Water. 2000, http: // www. ec. gc. ca/ envpriorities/ cleanwater-e. htm

[15] Environment Canada. Clean Air webpage. 2001, http: // www. ec. gc. ca/ air/ introduction-e. cfm

[16] Federal, Provincial and Territorial Advisory Committee on Population Health. Toward a Healthy Future: Second Report on the Health of Canadians, Prepared by the Federal, Provincial and Territorial Advisory Committee on Population Health for the meeting of Ministers of Health, Charlottetown, PEI. 1999. (Ministry of Public Works and Government Services Canada, Ottawa) Available on – line: http: //www. hc – sc. gc. ca/hppb/phdd/ report/toward/eng/index. htm

[17] Health Canada. Health and Environment: Partners for Life (Ministry of Public Works and Government Services, Ottawa, Canada). 1997, pp. 208

[18] Langlois C, Langis R, Pérusse M. Mercury contamination in Northern Québec environments and wildlife. Water Air Soil Pollution, 1995, 80: 1021~1024

[19] Lasorsa B, Allen – Gil S. The methylmercury to total mercury ratio in selected marine, freshwater, and terrestrial organisms. Water Air Soil Pollution, 1995, 80: 905~913

[20] Mickler R A, Birdsey R A, Hom J. (Editors) Responses of Northern U. S. Forests to Environmental Change (Springer, New York). 2000, pp. 578

[21] Nilsson, R. Endocrine modulators in the food chain and environment. To xicol, path 01, 2000, 28: 420~431 Nova Scotia Depaxtment of the enceirou ment. Nova scotia: Too Good to Waste, Status Report 2001 of Solid Waste – Resource Management in Nova Scotia. 2001. Available on – line: http: //www. gov. ns. ca/envi/wasteman

[22] Pimentel D, Acquay H, Biltonen M, et al.. Environmental and economic costs of pesticide use. Bio-

Science,1992,42: 750～760

[23] Postel S. Pillar of Sand (Norton & Company, New York). 1999, pp. 313

[24] Rabsch W, Hargis B M, Tsolis R M, et al.. Competitive exclusion of Salmonella Enterieidisby Salmonella Gallinarum in poultry. Emerg. Infect. Dis. 2000, 6(5): 443～448. Available on－line: http://www/cdc/gov/ncidod/EID/vol6no5/rabsch. htm

[25] Sala O E, Chapin Ⅲ F S, Armesto J J, et al.. Global biodiversity scenarios for the year 2100. Science, 2000, 287: 1770～1774

[26] Singleton A. Report from the Student Forum Ecosystem Health and Our Future, presented to the working group on Ecosystem Health and Human Health at the EcoSummit 2000, Halifax, Nova Scotia, Canada. 2000

[27] Soto A M, Sonnenschein C and Colborn T E. Endocrine disruption and reproductive effects in wildlife and humans. Comm. Toxicol, 1996, 5: 315～506

[28] Tilman D G. Causes, consequences and ethics of biodiversity. Nature, 2000, 405: 208～211

[29] Tsiji L J S, Nieboer E, Karagatzides J D, et al.. Lead shot contamination in edible portions of game birds and its dietary implications. Ecosyst. Health, 1999, 5: 183～192

[30] United Nations Development Program, United Nations Environment Program, World Bank and World Resources Institute. World Resources 2000～2001. People and Ecosystems: The Fraying Web of Life (Elsevier, Amsterdam). 2000, pp. 400

[31] US Food and Drug Administration. FDA Announces Advisory on Methyl Mercury in Fish, FDA Talk Paper T01－04. 2001. http: /vm. cfsan. fda. gov/ ～lrd/tphgfish. htm

[32] Vasseur L. Environmental Science. Lecture notes ENV 300. 1 (Saint Mary's University, Halifax, Nova Scotia, Canada). 1997

[33] Vitousek P M, Mooney H A, Lubchenco J, et al.. Human domination of the earth's ecosystems. Science, 1997, 277: 494～499

[34] Wardle D I, Kerr J B, McElroy C T, et al.. Ozone Science: A Canadian Perspective on the Changing Ozone Layer (Environment Canada, Ottawa). 1997

[35] Wilcove D S, Rothstein D, Dubow J, et al.. Quantifying the threat to imperiled species in the United States. BioScience, 1998, 48: 607～615

[36] World Health Organization. Preamble to the Constitution of the World Health Organization as adopted by the International Health Conference, New York, 19～22 June, 1946; signed on 22 July 1946 by the representatives of 61 States (Official Records of the World Health Organization, No. 2, p. 100) and entered into force on 7 April 1948. 1948 http: /www. who. int/m/topicgroups/who-organization/en/index. htm

[37] World Health Organization. Health and Environment in Sustainable Development: Five years after the Earth Summit: Executive Summary. 1997. Available on－line: http: /www. who. int/environmental-information/Information-resources/htmdocs/execsum. htm

# 第十一章　生活质量与财富和资源的分配[1]

**摘要:**提高和维持人类的生活质量是环境、经济和社会政策的一个基本目标。但我们应该如何定义和测量生活质量(QOL)?QOL在当代人之间、当代与后代人之间是如何分配的?我们应该如何模拟QOL对所有的环境、经济和社会变量的依赖?回答这些问题是理解和解决21世纪环境问题的基础。

## 1　怎样定义生活质量(QOL)

如果我们要评估财富和资源分配对QOL的影响,就必须清楚QOL是什么。它是否与满足、幸福、人类福利、消费等是同义的?通过快速的文献浏览可以发现QOL是很多学科研究的论题。在广告、经济学、工程学、工业、医学、政治学、心理学和社会学等完全不同的领域,经常都将改善QOL作为一个基本目标。但在解释QOL时却存在自相矛盾。例如,环境运动背后的真正动机是改善人类的QOL,但环境运动的反对者也经常宣称工业发展也具有同样的动机(如砍伐森林、采矿、汽车制造)。Farquhar认为(引自Haas,1999年),这个术语是很多学科常用的术语之一,但即使在单个学科内就其实际定义也很难取得一致意见。事实上,对"生活质量"这个术语的常见批评是:"这个概念缺乏具体的含义,生活有多少方面它就有多少含义。"

尽管提高QOL似乎应该是任何政府的主要政策目标(Schuessler和Fisher,1985年),然而在过去50年中,这个优先的问题让位于增加生产用于消费的商品和服务。决策者们似乎认为消费就代表着QOL。在现代消费/用户至上的社会中,消费与真实的生活质量还存在多大的距离呢?用户至上主义曾被定义为一种文化倾向,认为"拥有和利用数量和品种日益增加的产品和服务是基本的文化渴望,是判断个人幸福程度、社会地位高低和国家成功与否的最合适的方法"(Ekins,1991年)。1990年,美国近3/4的大学生认为"非常富有"是"必需的",大概就是指对QOL而言(Durning,1992年)。Bloom等(2000年)断言,"在不断扩张的文献中,没有什么论述像'更高的收入带来更大的人类发展'这个论点那样博得一致的赞同",这里的"人类发展"暗指QOL。一些人认为经济对消费的依赖已经到了必须将增加消费作为提高QOL的手段这样的程度,如果还没有这样做的话,就需要尽早行动。用零售业分析家Victor Lebow的话说,"我们的庞大生产性经济……要求我们以我们的生活方式进行消费,我们在消费中追求精神满足,追求自我满足……我们需要以前所未有的速度使东西被消费、烧毁、用旧、代替和丢弃"(Durning,1992年)。然而,QOL一词在20世纪60年代开始普遍应用是为了说明随着物质的日益繁荣犯罪和暴力也在不断增加这样的问题(Haas,1999年),QOL与消费显然是有明显区别的。美国英语

[1] 作者:R. Costanza,J. Farley,P. Templet。

字典中将 QOL 定义为“**个人日常生活中明显区别于物质舒适性的、感情的、理智的或文化的满足程度**”(American Heritage Dictionary of English Language,1992 年)。另外,人们可能认为更多的消费将增加他们的 QOL,但心理学研究发现消费和幸福之间几乎没有关联性。

从 20 世纪 60 年代早期 QOL 术语开始普遍应用以来,其定义得到不断发展。早期的研究者常常探讨客观的定义(Mishan,1967 年)。然而,经验研究发现,客观测量的 QOL 与主观评估的 QOL 之间的关系不大。因此,自从 20 世纪 70 年代晚期以来越来越多的研究者认为,QOL 根本不是客观情形而是主观情形,与人类对他们自己的福利估计有关。有证据表明,人们通常是与一个理想标准或一组参考人群的状况相比来主观地解释自己的 QOL(Haas,1999 年)。因此,有时会发现,生活水平低的人群认为他们的 QOL 与生活水平高的人群相比相当甚至更高,这大概是因为他们的欲望较低或者是与那些处于类似适当条件的人做比较得出的结论(Schuessler 和 Fisher,1985 年)。在考虑各种各样影响因素后,Haas(1999 年)将 QOL 定义为“个人在他们生活的文化氛围和拥有的价值观范畴内对目前生活状况的多维评价。QOL 主要是对包括物质、心理、社会和精神方面在内的福利的一种主观评价。在某些情况下,客观指标可以作为 QOL 的补充评价,或者在个人主观上不能理解时作为 QOL 的一种替代评价”。

Haas 对 QOL 的定义有 4 个值得注意的方面。第一,尽管有许多文献强调 QOL 的主观特性,但这个定义允许有客观指标。这两个目标和第十二章将提出提高 QOL 的政策建议,并且建议用客观指标来判断这些政策是否成功。虽然 QOL 可能主要是主观性的,但比较容易提出和评估具有可衡量的客观目标(不是主观目标)的政策的成功性。第二,对 QOL 的主观特性的强调,开启了制定影响人们理解他们自己的 QOL 的政策之门。第三,在这个定义中,QOL 的物质方面(如,财富和资源)仅仅是其许多特征之一,并且是惟一具有物质限制的特征。由于这一章主要讨论的是财富、资源、分配与 QOL 之间的相互关系,因此 Haas 定义中的上述后两个方面为我们提供了这样的可能性,即更公平地分配财富和资源而不会影响那些已拥有最大份额人们的 QOL。Haas 的定义中第四个令人感兴趣的方面是,QOL 定义兼有文化和价值观两方面的含义。许多经济学家认为,偏好是固定的和特定的。经济学家的目标只是确定如何才能最有效地满足这些偏好,而决策者的目标是创造条件来实现之。然而,由于文化和价值观是不断变化的,因此,QOL 的特定决定因素也会随之变化。

如果 Haas 定义中的第二个和最后一个方面是正确的,就意味着一个社会能够通过有目的地改变人们的偏好来提高他们的 QOL。有目的地改变人们的偏好似乎有点强人所难和让人屈尊俯就,这也与拥有独立自主的偏好是个人不可分割的权利的自由主义观念相违背。然而,现实中个人的行为确实对其他人的福利有影响,广告业确实每天都在不遗余力地改变着我们的偏好观念。如果我们关注全世界的 QOL 及后代的 QOL,那么,以改变偏好的方式来维持和提高一个国家或一代人的 QOL 而不损害其他人的 QOL 似乎就是合理的。因为财富和资源是 QOL 的惟一能被耗尽的组成部分。因此,任何人过度消费(以及挥霍)财富和资源都将危害到其他人的 QOL。

热力学定律告诉我们,财富和资源的最终来源,以及资源利用产生的废弃物的最终接受者是环境(见图 11-1)。所以,我们必须深入研究 QOL 与自然环境的相互关系。Collados 和 Duane(1999 年)建立了一个适当的框架。自然环境(它的资源存量和产生的服务在下面的讨论中被称为自然资本)产生大量的产品和服务,这些产品和服务将通过 3 种途径来提高 QOL。首先,自然环境提供了人类用于生产所有人造产品的物质资源;第二,自然环境直接为人类提供不能从其他地方进口的益处;第三,自然环境是再生产额外的环境物品和服务必不可少的。在从自然资本生产的人造物品中,有一些是人类生活所必需的(虽然"必要性"也许具有文化特殊性),另一些并不是必需的。自然资本依据其产生环境服务的能力可以分为 4 类:第一,生产必需的人造资本所需要的自然资本本身是不可少的;第二,自然资本本身的再生产需要的自然资本是由其生命支持的;第三,不存在人造替代品的自然资本是不可替代的;第四,一旦被破坏就不能再形成的自然资本是不可再生的。尽管特定形式的自然资本可能不一定具备所有这些特征,但显然,QOL 与自然环境之间的相互关系非常密切。

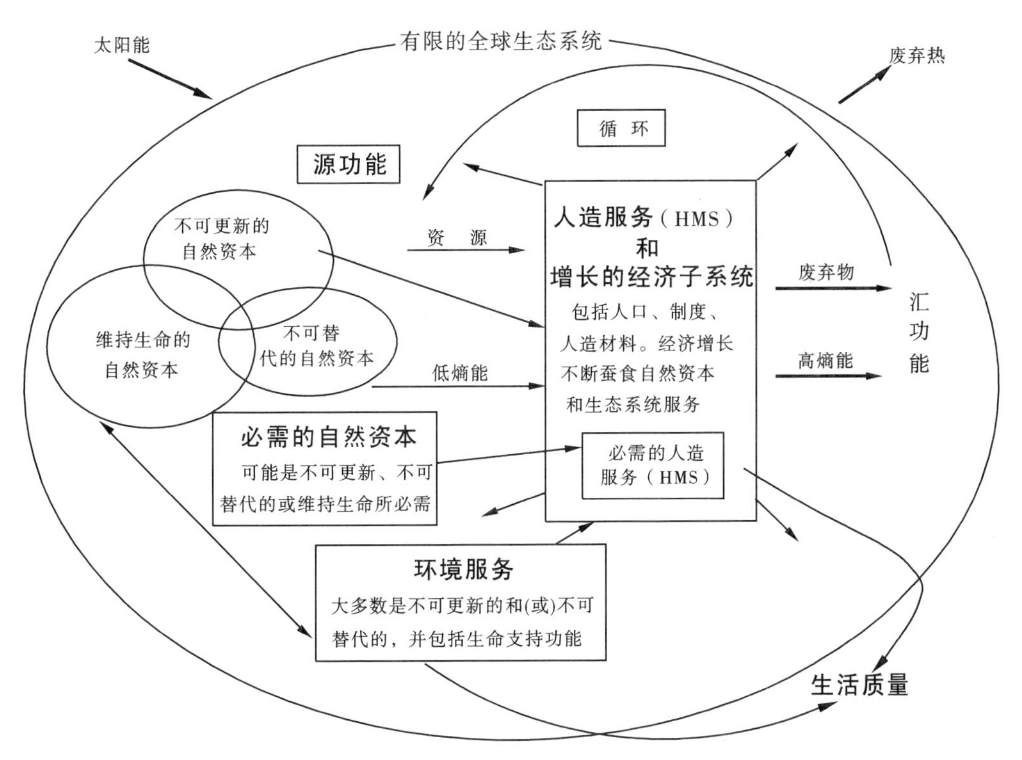


**图 11-1 双重威胁概念模型(人口增加和人类活动使生态系统和人类健康的胁迫增加、抵抗力降低**(根据 Collados 和 Duane(1999 年)修改)

总之,QOL 是一个复杂的、多维的,而且基本上是主观性的概念,但是可以通过某些客观因素来提高。提高或维持 QOL 的政策目标是寻求创造与更高的 QOL 相联系的客观条件,或者试图改变人们对自身状况的主观评价来提高他们的 QOL。财富和资源作为 QOL 的惟一能被耗尽的组成要素,某些国家或世代对财富和资源的利用能影响其他国家或世代的 QOL。而且,财富和资源的耗尽会威胁到自然的生命支持功能,而如果没有这种功能,人类生命本身将受到威胁。因此,财富和资源的合理分配是维持和提高我们目前拥有 QOL 的最关键的因素。然而,如果我们希望政策指向这个目标,我们就必须首先能够衡量这些政策的后果,接下来我们将讨论这个论题。

# 2 如何测量生活质量(QOL)

## 2.1 经济收入、经济福利与人类福利

如果改善 QOL 的确是社会政策和计划的目标,那么接下来的工作就是,恰当的国家综合核算体系应该尝试测量政府政策改善 QOL 的实际程度,而且这也是一种可论证的对政策意图的公平陈述。虽然 QOL 在很大程度上是主观评价,但在实践上它必须用客观参数来衡量。现有的和已提出的综合核算体系在关于什么是最恰当的参数上存在明显的不一致,而且,使用不同核算体系的条件也不同,因为它们依赖的参数不同。这些代表参数包括:①经济活动的水平和模式;②可持续的经济收入,指不会消耗资本存量的可消费数量(Hicks,1946 年);③经济福利——总福利中的净经济部分(Daly 和 Cobb,1989 年);④人类福利——人类需求被满足的程度(Max - Neef,1992 年)。这些参数见图 11-2 和表 11-1。

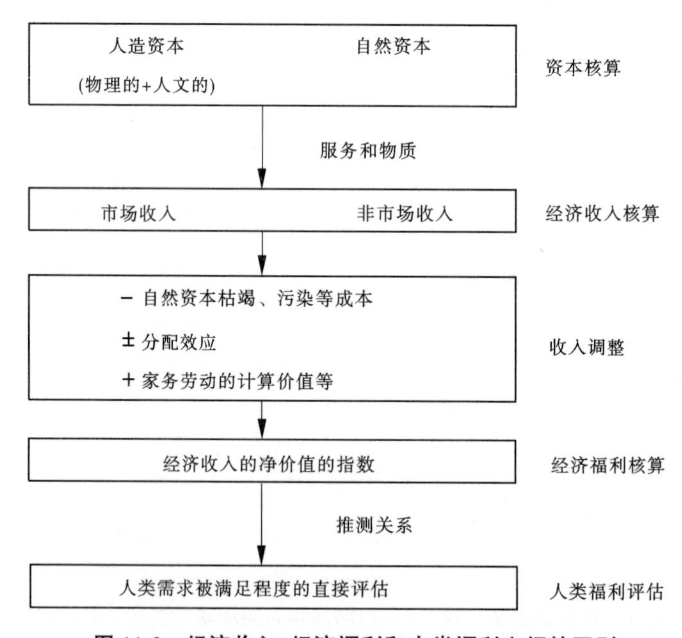

图 11-2 经济收入、经济福利和人类福利之间的区别

## 2.2 经济活动的水平与模式:国民生产总值(GNP)

综合核算体系最基本目标是开发一个反映经济中商品和服务生产的指标,从而可以在空间或时间上进行相互比较。为了避免重复计算,可以只关注“最终”产品和服务(即,在核算期间达到它们使用终点的产品和服务,而不是可以进一步结合在其他产品和服务中的中间产品和服务)。作为一个核算程序,如果生产活动可以完全用货币支付来补偿,

那么,从生产活动得到的总收入或者总支出就能够用做一个指标。这两种测量总收入或总支出的方法应该是等同的。这个测量方法被称为国民生产总值(GNP,表 11-1,列 1),是迄今最广泛使用的一种测量方法。

表 11-1　　国家核算的一系列目标及其相应的框架与测量方法

| 目标 | 经济收入 | | | 经济福利 | 人类福利 |
|---|---|---|---|---|---|
| | 市场化<br>(1) | 弱可持续性<br>(2) | 强可持续性<br>(3) | (4) | (5) |
| 基本框架 | 一种经济中生产和消费的市场物品和服务的价值 | 1+非市场物品和服务的消费 | 2+关键自然资本的保存 | 收入和其他因素(包括分配、家务劳动、自然资本损失等)影响的福利的价值 | 评价人类需求满足的程度 |
| 非环境调整的衡量 | GNP(国民生产总值)<br>GDP(国内生产总值)<br>NNP(净国民生产总值) | | | MEW(经济福利测量) | HDI(人文发展指数) |
| 环境调整的衡量 | NNP′(包括非生产资产的净国民生产总值) | ENNP(环境净国民生产总值)<br>SEEA(综合环境经济核算体系) | SNI(可持续国家收入)<br>SEEA(综合环境经济核算体系) | ISEW(可持续经济福利指数) | HNA(人类需求评价) |

GNP 作为 QOL 的一个指标存在着许多严重的缺陷。经济收入是衡量产品和服务的生产及利用的一个指标,对环境服务、自然资本和其他非市场产品的处理上有所不同(表 11-1 中的 1~3 列)。很显然,总的经济收入最终来自人造资本和自然资本存量("财富"核算),而且包括市场和非市场的收入。但是,常规的市场经济收入和支出测量(即,GNP)并没有充分考虑这些。可持续经济收入测量试图考虑非市场自然资本的变化。如果假定自然资本和人造资本是可以相互替代的,那么核算的目标就是测量弱可持续收入(表 11-1 第 2 列)。如果假定自然资本和人造资本不可替代,那么核算的目标就是测量强可持续收入(表 11-1 第 3 列)。但是,经济收入增长可能与经济福利增长不相关(粗略地讲,福利是 QOL 的同义语),特别是当收入测量方法不能严格区别"成本"与"利润"时。

经济福利(表 11-1 第 4 列)试图不仅核算有多少收入,而且要核算产生了多少经济福利。如图 11-2 所示,这些核算一般要调整收入以便更好地反映收入核算中的成本和利润项。具体做法是:减去成本(如自然资本损耗和污染),对忽略的服务(如家庭劳动)计算价值,利用收入分配指数对收入分配效应进行调整。最后,作为净收益来核算的经济福利可能仍然与总的人类福利不相关,因为人类的许多需求与经济产品和服务的消费无关(Max-Neef,1992 年)。人类福利(表 11-1 第 5 列)直接着眼于人类需求被满足的程度,经济生产只是满足这种目标的许多可能方法中的一种。可持续经济收入、经济福利和人类福利之间的这些区别和特殊性将在下面详细展开论述。

## 2.3　可持续经济收入

通过 GNP 测量的"会计收入"是核算期间付给生产中投入的所有者的货币数量。而"希克斯收入"(Hicksian Income)是从会计收入中减去维持资本存量生产能力的成本

(Hicks,1946年)。这些成本可能包括维持有效的资本存量的一系列预防性活动,如更换、维修和保养等。它还包括用来避免资本生产能力损失的回避成本。Weitzman(1976年)、Atkinson等(1997年)以及其他学者已经证明,通过国家收入统计-消费加上净投资,或GNP-测量的净国民生产总值(NNP)在理论上等于可持续收入,或者在一些"大胆的"假设下,如在国家核算中包括所有的资本、投资和消费,测算的结果与可持续收入差不多。

我们如何将NNP扩展成包括其他形式的资本,如市场自然资本:虽然原理与上面所述的相同,但自然资本存量的实际调整却更加复杂。我们可以区别出两种类型的自然资本——市场自然资本、可更新与不可更新自然资本[1],这两种自然资本的调整方法略有不同。在任一情形下,调整方法(净成本或使用者成本)取决于替代自然资本存量损失的生产力采取的最廉价的方法(El Serafy,1989年;Costanza等,2001年)。

### 2.3.1 绿色核算

可持续收入的有效测量还必须核算非市场产品和服务,尤其是健康生态系统生产的产品和服务。结合这些产品和服务的国家核算称为"绿色核算"(例如,Nordhaus和Kokkelenberg,1999年)。除了从GNP中扣除自然资本的损失外,对所有收入进行绿色核算调整需要评价来自自然资本的收入流量。有一系列方法可以用来估计这种收入流量,具体方法可以基于取得收入的类型。表11-2中列出了一些这样的评价方法。前面一节叙述了一些从自然资本角度评价可持续收入的方法。用不着过分简化,绿色核算主要通过重新定义生产能力来改变这些方法以核算自然资本的市场和非市场收益。具体方法的细节可参见Costanza等(2001年)或Nordhaus和Kokkelenberg(1999年)的著作。

显然,绿色核算要求不仅调整人造资本的损失成本,也要调整自然资本的损失成本。从定义可知,人造资本是可以以一定的成本进行复制的,核算资本损失的成本调整相对简单。但对于自然资本,要计算未来的收入损失,或者替代、避免资本生产力的损失或退化所必需的成本却是非常困难的。从以下几个方面来看都是如此。

(1)没有功能良好的、可以测量所有形式自然资本价格的市场。

(2)没有功能良好的、可以用其替代成本衡量自然资本价格的市场。当然,正如前面所定义的,不可替代的、不可更新的自然资本是不能够被替代的。

(3)自然资本的生产力比人造资本更复杂和更不易测量。

(4)自然资本的生产状况或健康比人造资本的生产状况或健康更难测量。

(5)我们根本不知道人类如何影响生态系统健康、生态系统健康如何影响自然资本生产力、生态系统健康恶化何时对生态系统生产力造成不可逆转的影响。

这些困难在以复杂的方式提供各种产品和服务的生态系统中更加严重。森林和湿地就是很好的例子,它们都代表了复杂的生态系统,这些复杂生态系统中某些产品和服务流是市场上交易的,而其他的则不是。这里,资本形式的私人市场价格并不能够完全反映它们的价值或替代成本,因此测量这些生态系统的健康和生产力非常复杂(Daily,1997年;Costanza等,1997年)。

---

[1] 值得注意的是,不可再生资本(如石油)是不容易耗竭的,因为最终其发现和开采成本会超过其市场价值;可再生资本(如森林)是会被耗竭的。

表 11-2 **某些环境功能的价值评估技术**

| 功能 | 价值评估技术 |
| --- | --- |
| **系统价值**<br>侵蚀控制;减少区域性洪水;河水调节 | 生产率变化法;预防性支出法;有效成本法;权衡博弈法;替代成本法 |
| **生态价值**<br>营养的固定和循环;土壤形成;空气和水的清洁 | 生产率变化法;利润损失法;机会成本法;权衡博弈法;有效成本法;替代成本法 |
| **生物多样性**<br>基因资源;物种保护 | 机会成本法;有效成本法;替代成本法;影子工程法;重置成本法 |
| **美学** | 财产价值;工资差别法 |
| **娱乐** | 旅行成本法 |
| **文化** | 旅行成本法 |

### 2.3.2 弱可持续性与强可持续性

收入的可持续性需要替代足够维持消费机会所需要的一些资本,或者避免这些资本的损失。这意味着可替代性在任何对 GNP 进行调整的可持续收入中起着重要的作用。"弱"可持续性要求保持总的资本存量,它假设各种资本形式之间具有高度的可替代性。"强"可持续性假定自然资本与其他资本形式之间存在有限的可替代性,因此强可持续性要求从其他资本形式中将某些自然资本区分出来并保持其存量(Costanza 和 Daily,1992 年;Pearce,1993 年;El Serafy ,1996 年)。当然,最终我们不能做无米之炊,这意味着自然资本是其他任何形式的资本的必需投入。然而,从一些东西也肯定能生产出另一些东西,生产不出任何东西也是不可能的,这个事实意味着某些自然资本可以永远利用,即使处于极高熵的状态,弱可持续性意味着人造资本的改善能够允许我们利用最高熵的自然资本。

在弱可持续性的情况下,有一系列的替代成本选择可以利用,包括资本的替代形式以及损失或退化的资本形式。在强可持续性的情况下,退化的自然资本必须以可比较的资本形式来替代。当前并没有明确的界线将弱可持续性和强可持续性这两种情形区别开来。它们区别的本质在于各种不同的资本形式提供收入流的能力差异上,如,资本形式之间可替代性的程度。那些在长的时间和大的空间尺度上提供基本的生命支持功能的自然资本(如周围的气体、水文循环、紫外线防护等的可用性)一般没有合适的替代资本形式,尽管在小尺度上可能存在着可替代性。

风险和不确定性是强持续性和弱可持续性之间争论的主要问题。我们目前对生态系统的了解很不充分,无法预测人类活动对生态系统自身再生能力的影响,也无法预测未来会开发出何种技术以替代生态系统功能。因此,我们可以将强可持续性定义为一个社会概念。社会需要确定自然资本的一种水平,超过这个水平就不可能替代,也就会有已经接近了不可逆转的生态界限的担忧。比如,社会可以定义低于某一个界限的生物多样性水平为不能接受,对超过这些界限的退化成本进行核算调整,需要估计生物多样性水平达到可以接受水平的恢复成本。这就是说,如果一个湿地的生物多样性低于这个极限水平,对收入的调整必须核算恢复成本。这个恢复的成本可能是湿地恢复的工程成本,并包括已灭绝物种的恢复成本。如果工程方法不能成功地修复这些损失,而自然过程可以恢复这些损失，就需要对在自然恢复期间不能使用这些湿地造成的收入损失进行核算调整。

环境净国民生产总值(ENNP)(Maäler,1991 年;Hamilton 和 Lutz,1996 年)和联合国环境经济核算系统(SEEA)(Bartelmus,1994 年)都是核算弱可持续性的方法。核算强可持续性需要计算将特定形式的退化自然资本恢复到“可以接受”的状况的成本(Hueting,1989 年)。可持续国家收入(SNI)(Hueting,1995 年)和 SEEA 的一些版本体现了这种观点。

## 2.4 测量经济福利

至此，我们一直在讨论经济收入的各种测量方法，以及对反映经济收入可持续性的各种调整方法。表 11-1 中第 4 列从经济收入评价目标转到了经济福利评价目标。后一个目标更复杂，需要清楚地区分成本和效益。虽然在讨论福利而不是收入的时候，对成本和效益的区分是绝对必要的，但这种区分本质上是困难的甚至有些主观和武断。

这里所讲的可持续收入测量和绿色核算都不需要调整 GNP 的支出项，因为，支出被设计为减少或减缓环境退化和污染的影响。这些成本被称为“防御性支出”，当被家庭或政府掌握时这些支出将有助于增加 GNP(而当被企业掌握时，它们体现为中间性成本)(Markandya 和 Perrings,1993 年)。对防御性支出调整的一个问题是要区别“招致性的”和“防御性”的支出。例如，医疗支出可能纯粹是为了抵消经济活动造成的有害结果，以及为了维持原来的福利水平(即完全修复或避免危害人类资本)。另一方面，某些医疗支出也确实能提高福利水平，因此应该被看成是对人类资本存量的净投资。实际上，区分这两种类型的支出——一种改善福利而另一种维持福利是很困难的。而且存在着与防御性支出不能减缓的经济活动有关的成本。例如，由污染引起的健康成本或工作天数损失，显然都不是防御性支出。由于流域被破坏导致娱乐垂钓花费的时间增加或者娱乐乐趣减少的成本，这里并没有明显的能够观测到的防御性支出，也不能用来调整 GNP。这些成本必须从收入中扣除以便获取净收入测量，因为它们并不反映创造正效用的消费品。明确的防御性支出，比如，当以前的娱乐设施已经破败而不能使用时，为了到达一个适当的娱乐设施而增加的旅行时间成本应该从收入中扣除。然而，传统核算中将这些成本计入收入，错误地指明福利在改善。

Nordhaus 和 Tobin(1972 年)在他们的经济福利测量(MEW)中提出了这类指标的一种早期版本。MEW 基于 GNP 进行计算，做了 3 类调整：①“将 GNP 的支出重新划分为消费、投资和中间支出；②对消费资本的服务、休闲、家务劳动的产出予以作价；③对城市化不舒适的某些方面进行修正”(Nordhaus 和 Tobin,1972 年)。

MEW 强调个人福利的加总，它是“原子论的”。MEW 不包括对分配效应或环境成本的任何调整。Daly 和 Cobb(1989 年)提出了一个可持续经济福利指数(ISEW)，这个指数将消费作为起点，但考虑了被 MEW 忽视的环境和分配问题。总的来说，ISEW 具有以下特点：

(1)允许进行收入分配调整；

(2)包括固定的可再生资本存量的变化，但在计算中排除了土地和人类资本；

(3)包括对空气、水和噪音污染的成本的估计；

(4)包括对湿地和农田损失、不可更新资源枯竭、资本替代、都市化、交通事故、广告和长期环境破坏的成本的估计；

(5)包括对没有报酬的家务劳动的价值估计；

(6)忽略了对休闲价值的估计。

Daly 和 Cobb(1989 年)及 Cobb 和 Cobb(1994 年)计算了 1950～1993 年美国经济的 ISEW。其他一些研究人员计算了其他几个国家的 ISEW，图 11-3 中表示了几个国家的 ISEW 指数以及对应的 GNP 指数。从图 11-3 可以看出，在大多数情况下，在开始时期人均 ISEW 和 GNP 指数是平行的，但在 20 世纪 70 年代至 80 年代二者却分开了。Max－Neef(1995 年)提出，这个分离是存在“阈值假说”的证据。该假说认为，在到达阈值以前，经济收入的增长增加了福利；到达阈值之后，额外增长的成本(在 GNP 中核算为收益)开始超过实际的收益。Nordhaus 和 Tobin(1972 年)计算了 1972 年的 MEW，此时尚未达到阈值，所以他们得出了 GNP 是经济福利的一个适当的测量指标的认识。

当然，ISEW 肯定不是经济福利或 QOL 的完美测量工具，但它明显比 GNP 要好得多。正如我们已经指出的，这是因为 GNP 根本不是对福利的测量，而只是对收入的测量。

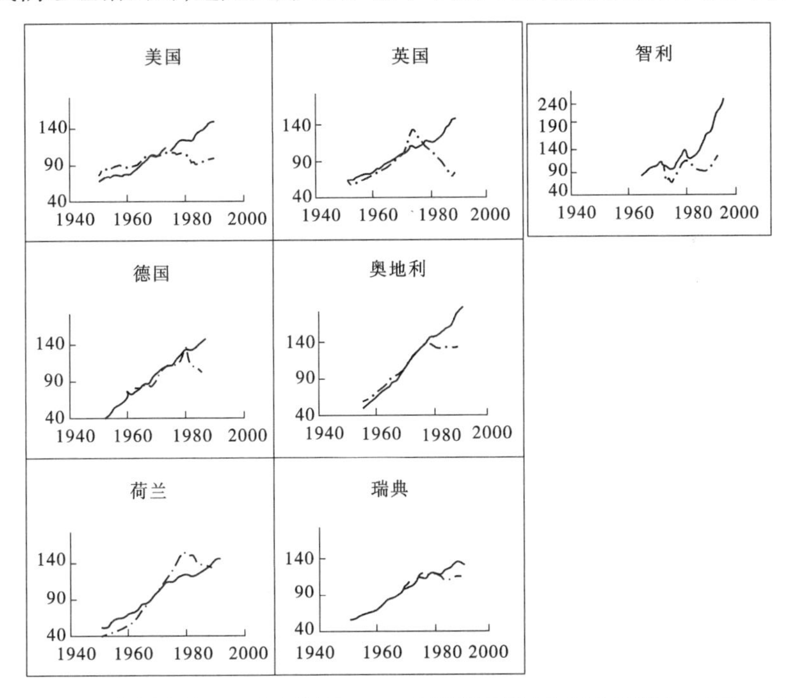


图 11-3　几个国家的 GNP(实线)和 ISEW(虚线)指数(在各种情况中，1970＝100)

## 2.5　直接评价人类福利

虽然 ISEW 提供了一种测量环境调整的经济福利的方法，但它仍然是基于更多的消费带来更大的福利这个假设，根据消费的多少来测量的。一个完全不同的方法将直接测量取得的实际福利或 QOL，这将可以把“手段”(消费)与“目标”(QOL)相分离，而不用假设二者相联系(图 11-2)。联合国人文发展指数(HDI)是评估人类福利的初步尝试，它由在国家尺度上一般可以获得数据的 4 个基本需求变量组成，这 4 个变量是：①出生时的预期寿命;②成人识字率;③平均受教育年限;④人均 GDP(转换为人均购买力平价)。尽管它包括了经济收入之外的其他 3 个因素,但它仍然是基于“手段”的评估,并且不包括对环境退化的任何测量。相比之下,Max－Neef(1992 年)提出了一个人类需求矩阵,并开始直接从“目标”的角度评估福利,它通过交互式的对话方式来进行人类需求评价(HNA,表 11-3)。该方法的关键思想是,人类对经济产品没有基本的需求,经济只是达到某种目

**表 11-3** **人类需求矩阵**[①]

| 价值论类型 | 存在论类型 | | | |
|---|---|---|---|---|
| | 存在[②] | 拥有[③] | 行为[④] | 相互影响[⑤] |
| 生存 | 身体健康,脑力健康,平衡,幽默感,适应能力 | 食物,居住所,工作 | 饮食,生育,休息,工作 | 居住环境,社会背景 |
| 保护 | 关怀,适应,自治,人身自由,平衡,团结 | 保险系统,储蓄,社会安全,健康系统,权利,家庭,工作 | 合作,保护,规划,照顾,医疗,帮助 | 居住空间,社会环境,住处 |
| 友情 | 自我尊重,团结,尊重,忍耐,宽宏大量,接纳,热情,决断,肉欲,幽默感 | 友谊,家庭,合作伙伴,与自然的关系 | 表示爱情,关怀,表达感情,共享,照顾,培养,感谢 | 隐私,亲密,家庭,聚集空间 |
| 理解 | 批评意识,接纳,好奇心,惊奇,纪律,直觉,推理 | 文学,教师,方法,教育政策,交流策略 | 调查,研究,实验,教育,分析,考虑 | 形成相互作用的环境,学校,大学,研究院,团体,社区,家庭 |
| 参与 | 适应,接纳,团结,意愿,决断,奉献,尊重,热情,幽默感 | 权利,责任,义务,特权,工作 | 附属,合作,规划,共享,异议,遵从,相互影响,同意,表达意见 | 参与相互影响的环境,团体,协会,教堂,社区,邻居,家庭 |
| 赋闲 | 好奇心,接纳,想像力,鲁莽,幽默感,平静,肉欲 | 游戏,场景,俱乐部,参与,平和心情 | 白日梦,沉思,梦想,回忆往事,幻想,记忆,休息,取乐,游戏 | 隐私,亲密,紧闭空间,自由时间,周围环境,景观 |
| 创造 | 热情,决断,直觉,想像力,勇敢,推理,自治,创造力,好奇 | 能力,技术,方法,工作 | 工作,发明,建造,设计,解释 | 生产与反馈环境,工作室,文化小组,观众,表达空间,时间自由 |
| 身份 | 归属感,判断力,一致性,区别,自我尊重,自信心 | 符号,语言,宗教,习惯,风俗,参照组,肉欲,价值,规范,历史,记忆,工作 | 承诺自己,融合自己,面对,决定,逐渐了解自己,认识自我,实现自我,成长 | 社会规律,日常环境,个人所处环境,成熟阶段 |
| 自由 | 自治,自我尊重,决断,热情,自信心,坦率,勇敢,造反,忍耐 | 平等权利 | 异议,选择,区别,冒险,意识,承诺自己,不服从 | 时间/空间可塑性 |

**注:**①据 Max－Neef(1992 年);②“存在”(Being)一栏记录个人或集体的属性,以名次的形式表达;③“拥有“(Having)一栏记录制度、规范、机制和工具(不是物质意义上的工具)、法律等,可以用一个或多个字表达;④“行为”(Doing)一栏记录位置和环境(时间和空间),在时间和空间的概念上,代表西班牙语的 Estar 和德语的 Befinden;⑤由于在英语里没有对应的词,不得已而选择了“相互影响”(Interacting)一词。

标的途径之一，这个目标是人类基本需求的满足程度。食物和庇护所是满足生存需求的方式。保险系统是满足保护需求的方法。宗教是满足身份需求的方法。Max－Neef 建议：

已经建立了“需求”(needs)和“满足品”(satifiers)这两个概念之间的区别，这里可能表述两种基本原理：第一，人类的根本需求是有限的、少量的和可分等级的；第二，人类的根本需求在所有文化和整个历史时期是相同的。随着时间和文化而变化的是满足需求的途径或方法。

这是一个与表 11-1 中的其他框架有很大差别的概念框架，表 11-1 中的其他框架假定人类的欲望是无限的，也是相同的，而且更多的消费总是比较好的。根据这个概念性福利框架，我们就应该直接测量如何更好地满足人类的基本需求，因为总的人类福利与消费并不是必然相关的，而且事实上也可能走向相反的方向。但是，定量化 HNA 甚至要比定量化 HDI 或 ISEW 或其他基于“手段”的测量方法更困难，尤其是跨时间和不同国家之间的定量化，而这恰恰是我们最想获得量化数据以进行比较的情况，这显然是一个需要更进一步研究的问题。

总之，我们已经提供了几个可供选择的测量国家收入和福利的框架，在某种程度上，所有这些方法都意图测量 QOL。从表 11-1 的左边到右边，暗示对简单的国家收入核算的变化变得更有争议和更困难，但很多人也认为这更能贴切地反映 QOL。越往表 11-1 的右边，QOL 与财富和资源的积累与消费之间的关系也变得更加微妙了。财富和资源与 QOL 之间的联系并不一定是一对一的单调关系，这对下面要讨论的公平和分配有着重要的意义。

## 3 财富和资源分配公平性的两种途径的比较

对分配的任何关注都暗含假定存在一些规范性的目标。在财富与资源分配中，规范性的目标很明确，就是当代人之间以及代际之间的公平。这里介绍两种实现公平的途径。第一种是市场经济的程序性途径，第二种是从公平理论衍生的基于结果的途径。虽然传统上认为市场经济不能形成“公平理论”(theory of fairness)，但它是这颗星球上决定财富与资源的分配的主导体制。因此，需要强调它对公平的作用和影响。

### 3.1 空间上个人之间的公平

自由市场经济学家认为经济学是一门不包含规范性判断的实际科学。但是，如果硬要给公平下定义的话，也可以将公平定义为自由市场经济许可的自由选择的必然结果。市场是公平的，因为它(理论上)提供了应得的公平(Lane，1986 年)。所有的工资都是公平的，因为如果有人认为不公平的话，他或她都有自由不为这些工资而工作。所有的价格都是公平的，因为没有人被强迫着去买卖任何东西。但它也可以是不公平的，一些人比另外一些人生得更聪明、更漂亮或更有天才，因此他们在自由市场中更游刃有余。然而，这种遗传性天资的差异是一个简单的自然事实，没有理由在人类社会中需要像在自然中一要区别对待。另外，由于自由市场提供了对生产和创新的丰富激励因素，因而导致了消费和发明的持续增加。其结果是新发明和不断下降的价格使那些遗传天资较差的人的境况比他们处在另一个不同的系统之下要好。不仅经济学家按这个思路进行论证，民意调查也表明，至少至1977年，大多数美国人相信自由经济系统是“公平和贤明的”(82%)，“给了每个人公平的机会”(65%)，“是一个公平有效的系统”(63%)(McClosky 和 Zaller，1985年，引自 Lane，1986年)。这一公平理论以后将被称为公平赏罚(just deserts)理论。

最终，检验市场化系统是否公平应该看由这个系统决定的财富和资源分配是否具有公正性。占全球人口仅为25%的工业化国家却消费着地球40%～86%的各种资源(Durning，1992年)。美国的人口仅为全球人口的4%，消费着25%的全球资源，产出的废弃物占全球废弃物的比例也与该数据相当。比尔·盖茨(Bill Gates)控制了大约相当于45%的美国穷困家庭的财富，世界上最富有的三个人控制的财富远远超过了全球最不发达的48个国家的GDP之和。在国家内部和国家之间，财富的集中程度正在变得越来越明显(Gates，1999年)。即使我们相信市场系统在程序上是公正的，而要证明它产生的结果也是公正的现在却变得越来越困难了。经济学在很大程度上是一门说明性的“科学”而不是描述性的科学。当经验事实与经济理论相矛盾时，经济学家们的标准反应不是去改变他们的理论，而是提出能使现实更符合其理论的政策建议。因此，要给许多经济学家证明市场经济系统是不公平的，我们就必须用市场经济理论的术语证明该理论是不公平的。

市场的各种失灵如外部性、公共物品、市场失灵等，确实会使经济理论本身就不公平，尤其是当这个理论驱动自然资本的分配时。我们将在本章第4节(我们能测量公平性吗?)中定义和讨论外部性的影响，在第十二章中定义和讨论公共物品和市场失灵。同时，我们将从公正理论(theory of justice)的观点来看待公平性。

主要基于市场的结果，许多公正理论学家(以及普通百姓)发现公平性的缺乏是市场经济体系的弱点之一(Lane，1986年)。许多公正理论学家认为，公平性是公正的基本条件，从某种意义上讲两者在本质上是难以区别的。如 Barry 所述，“任何公正理论的中心问题都是人们之间不平等关系的防御性”(Barry，1989年)。

柏拉图在其《共和政体》(Republic)中阐述的一种公正理论是：“公正起因于互利”。简洁地说，“公正是我们对有理性的利己主义者为获取他人的合作而同意支付的最低价格的限定条件的名称”(Barry，1989年)。在《共和政体》中 Glaucon 说，让能够造成不公正而不承受这种不公正的人自愿签订一个防止他这样做的协定是愚蠢的，从这点上说，不会有代际公平这种事情，因为我们可以对后代造成任何的不公正而不用担心报复。如果我们承认我们对后代有伦理责任，那么我们就必须相信另一种公正性理论。

也许，最广泛接受的替代理论通常被称做“不偏不倚的公正”或“公平的公正”。根据这个理论，给予其他人他们没有要求的东西是公平的(Shue，1992年)。正是对公正的这种理解激发 John Rawls 写了《公正理论》(A Theory of Justice)(1971年)一书，在该书中，他确切地提出什么是“公平”。由于该书的深远影响，这里值得对 John Rawls 的方法予以简要介绍。

Rawls 利用“无知的面纱”思想实验以得到公平社会的准则。这一思想就是，假如有理性的人能决定他们愿意在其中生活的社会类型而不知道他们在那种社会中所扮演的角色或者他们的个性特征将会怎样(即在无知的遮盖背后)，这样的社会必定是公正的。

Rawls首先假定一个人的财富和社会地位来自于三次精神上抽签的结果:第一次是对他的出身和诞生时的社会地位;第二次是对运气;第三次是对遗传潜能。由于在财富和权利方面的所有不平等均来自于精神上的任意抽签的结果,只有最初的地位是平等分配的。然而平等分配却减少了激励性。通过提供激励因素,允许不平等将会导致更多的财富,而且能在原先平等分配的基础上增进每个人的福利。如果增加不平等性可以增进每个人的福利(帕累托改进❶),每个人都会同意的。但是,当超过了某一点的时候,增加不平等性会使一部分人群境况更好而另一部分人群境况更糟。如果我们能够达到从平等开始的某一位置,说明我们正在超过帕累托改进。

Rawls的结论是,在最大化境况最坏人群的福利之前,不平等性会增加。当然那些处在底层的人群支持这样做,因为这能最大限度地提高他们的福利,可以以较低的不平等性使一些人群得到更高的福利,因而他们就会赞成不再增加使他们得到最大福利的不平等性。Rawls认为由于这种差别来自于最初的任意抽签,因此对那些境况最坏的人群来说是公平的东西,那么对那些比他们境况好的人群也同样公平。此后,那些境况最坏的人群对不平等性的程度拥有否决权利。Rawls将这一概念称做"差别原则"。可是,Rawls没有大胆去详细说明哪种类型的体制满足这些标准。这里所概括的Rawls的理论下面将被称为"公正理论"。

许多人都会说,尽管他们从不同的起点走到了这一步,但"公平赏罚"和"公正性理论"的信奉者也会得出同样的实践结论,即自由市场经济确实是一个能通过提供适当激励因素而使那些境况最坏的人群获得最高生活质量的体制。经济学家们已经清楚地阐明,统计数据揭示了一种"不可避免的关系",这就是,"财富即收入越集中在少数人手里,资本供给就越多,因此国家福利的获益也就越多"(Snyder,1936年)。通常被称为"积极投资的理论"的供给经济学也有相同的基本假设。如果像Rawls所认为的那样,市场体系是公正的,那就意味着剩余的贫困要么是能够被消除的市场不完善的结果,要么是因为社会没有足够的资源以结束贫困。认为西方国家缺乏资源以消除贫困,这似乎是荒谬的。有些人坚信,重新分配财富来消除贫困所采取的措施将不可避免地破坏激励机制,以致从长远来看实际上增加了贫困❷。但是市场经济不可能产生比它开始的条件更为公平的条件,即,只有当最初的财富和资源分配公平的话,市场经济能够公平地分配商品。而且,即使在理论上市场分配是惟一公平的,但如果市场机制垄断所有的资源分配的话,情况显然就不是这样,下面我们会详细阐述之。

## 3.2 时间上个人之间的公平

上述讨论涉及空间上个人之间的公平,时间上个人之间的公平却更为复杂。当代人

---

❶ 帕累托改进(Pareto improvement)就是分配上的任何变化在使一个人的境况变好的同时,不使其他任何人的境况变差。从理论上讲,所有的市场交易都会导致帕累托改进,因为市场交易是自愿的,如果这种交易使人吃亏,就没有人会愿意做这种交易。

❷ 例如Milton Friedman在下面的论述中清楚地阐述了这一点:几乎没有什么趋势能够如此彻底地毁坏我们自由社会的基础,因为这个社会被具有社会责任感的全体官员们所接受,而不是为他们的利益团体们谋取尽可能多的利益(Friedman,1963年)。对Ayn Rand的追随者来说这同样是正确的,Ayn Rand在其著作中明确提出她的论点,即更加平等的财富再分配将会给所有人带来痛苦(如Rand and Peikoff,1996年;Rand,1964年)。值得注意的是,当今美国联邦储备委员会主席艾伦·格林斯潘是Ayn Rand哲学的公开支持者,并且已经资助了她的一本著作的出版(Ramo,1999年)。

对后代人产生影响的主要途径有三种:人口增长、创造的人造资本的质量和数量、保存的自然资本的质量和数量。人造资本可以进一步分为资本商品(基础设施、机器等)和知识(技术、文化等)。自然资本可以分为具有不同特征的三种类型:不可再生的自然资源、可再生资源(包括环境的废弃物吸收能力)和环境服务(包括生态系统的生命支持功能、环境舒适性价值、基因资源和气候稳定性等)。进一步讲,正如在本章第一节中所定义的那样,自然资本是最基本的、生命支持的、不可替代的和(或)不可再生的。

经济学家们几乎都坚定地认为,自由市场经济体制从时间和空间上来看是最公平的体制。自20世纪中叶以来,技术的持续进步和生活标准的不断提高导致代际经济分析的焦点集中在最佳储蓄率问题上。按照目前的消费成本,这一代人应该为下一代人积累多少资本? Phelps的“资本积累的黄金法则”是这类分析中最有影响的结果之一(Phelps,1961年、1965年)。其基本概念就是当代人应该为下一代人做出牺牲直至达到最大可持续人均消费水平。由于当代人们因受益于过去世代人们的贡献而生活得更好,那么,理所当然的我们也应该为后代生活得更好而做出牺牲。

由于人口数量和人均资源消费在不断增长,很显然,在可预见的未来,人类很有可能耗尽某些自然资源。经济学上代际之间的分配论争已经转变为不可再生资源的利用和可再生资源的不可持续利用的问题。Hotelling(1931年)在这方面作出了可能是最早的重要贡献,他认为一种不可再生资源应当以如下的速率被耗尽,即其价格应以与资本租金率同样的速率不断上涨❶。关于可再生资源,经济学家们认为,当在某些情况下资源可能被用尽时,维持最大可持续产出的利用速率在经济上不可能是最佳的(如Clark,1990年)。然而,这些结论已通过使这种资源的净现值最大化而被证实。其中隐含地表明这种资源的全部权利属于当代而并不属于后代。实际上,这个假设对经济分析是必需的❷。相反,经济学家认为后代确实对资源有权利,就不能再用市场来分配资源,因为很清楚,让还没有出生的后代人参与市场体系的资源分配是不可能的。那种认为后代人对财富和资源没有权利的假定几乎不会符合任何人对公平的定义。

Solow(1974年)和其他人研究了资源枯竭对代际公平的含义。形成的共识是,即将来临的资源枯竭将导致更高的价格,进而激发开发新的替代资源或使用现存的后备资源的动机。自我调节的市场机制根本不需要非市场的干预。因此,在自由市场经济中,对所有的现实目标而言,资源从时间上讲是无限的,我们确实不必关心后代所得资源是否公平。当很多科学家得到资源枯竭已经迫近的警告时(如Meadows等,1972年),经济学家们却普遍地趋向于更加心安理得。

从20世纪60年代和70年代开始人们对环境退化日益关注。污染变成了一个严重的问题,很多经济学家们认为这是市场失灵的结果。环境经济学由此得到了快速发展,并且提出了评估环境物品价值和把环境外部性内生化于生产和消费过程的机制。经济学家们认识到,不确定性和不可逆性是环境问题的关键方面,并在他们的模型中考虑了这些方

❶ 尽管理论上如此,但目前没有任何经验证据表明这是有效的。

❷ 据Arrow(2000年):“根据Koopmans,效用折旧率是确定的,在数学上也是必然的。否则,我们将不能为从现在至遥远的未来的后果定义偏好……折旧率……或许是决定成本—效益分析和管理选择的最具影响力的参数,然而它的正确抉择却极其困难。”因而,经济学家开始认识到折旧是由方法(数学)驱动的而不是由问题驱动的,这里的问题是指代际公平的伦理问题。

面。而且一般认为,如果我们解决了外部性和公共物品问题(即扩展自由市场以包含所有物品和资源),并且包括选择价值以补偿不确定性,市场价格将会为当代人决定资源和环境物品的最佳使用,也会保证为后代人开发新的替代资源。这样,来自自由市场经济学家们的整个伦理争论就完全可以通过市场力量拉动的技术进步得以解决。

Rawls 的分析也不容易扩展来解决代际之间的公平。Rawls 在著作中认为代际之间最重要的问题是资本积累问题而不是资源枯竭问题。把 Rawls 的差别原则应用于处理代际之间的公正,将导致我们在使后代比我们更富足方面毫无作为。Rawls 本人也认识到了这一点,而且没有尝试将其差别原则应用于代际之间的公平问题。事实上,Rawls 指出:

……世代之间的公平问题……如果有可能检验的话,应检验所有的伦理理论……我相信在目前无论如何也不可能确定储蓄率的准确限度。资本积累和文明程度提高的负担将如何在代际之间来分担,目前似乎没有确定的答案。(引自 Solow,1974 年)

相反,Rawls 提出了一个:

有意更加含糊的原则,该原则是以下二者之间的平衡,即:一个人认为他向他的父母要求些什么是合理的,以及他打算为他的孩子做些什么。(引自 Solow,1974 年)

这个"含糊的原则"与经常听到的下面这种观点很相似,即只要我们关心自己的后代,自由市场将会为后代提供适当数量的资源。如果确定最佳的储蓄率是惟一的问题,这种认识也许是正确的;但是它忽视了长期的环境问题的潜在危害,例如全球变暖、核废料等。我们今天的行动能足以影响未来许多代人。

Rawls 将其差别原则应用于代际公平的主要问题显然是他相信"提高文明程度"应该是一个目标。Rawls 的差别原则失败的原因是它不能导致后代人的福利增加。然而,Rawls 这样写道,代际之间的分配争论已经日益演变成了可持续性问题,即:保证后代人能得到与我们所拥有同样多的或者至少足以舒适的生存资源。我们根本不再确信后代人将比我们自己生活得更好,倒是担心他们可能生活得更差。将 Rawls 的分析扩展到代际之间的问题上没有任何意义。

任何人都无法选择自己出生的世代。这意味着代际之间资源和资本的公平分割是公正的。可再生资源只能以其自身可再生的速率进行使用,而且应当保持一定数量的资本存量并将其传递给后代;不可再生资源应当在世代之间平均分割。但这一结果中有两点很荒谬。一是随着科学技术的进步,人造资本的积累日益增加;在没有大的灾变或者人类社会没有根本变化的情况下,后代人将会继承更多的知识。二是可枯竭资源在无数世代之间的平均分割将导致每一世代只能得到无穷小的数量。把有限数量的资源在有限数量的世代之间进行分割是 Pareto 改进。得到资源的那些世代的境况会更好,没有得到资源的那些世代的境况也不会比以前更糟。

差别原则并不强调上一代人有义务让下一代生活得更好,但是从最低限度来看,它也不允许上一代人使其后代比自己生活得更差,以及在资源公平分配后后代的状况还要比他们自己以前更糟的现象发生。因为资源的公平划分意味着对不可再生资源的零使用,因此,只要满足下列条件,好像一代人就没有特别的义务要与后代分享不可再生资源。

(1)后代不应当依赖濒临枯竭危险的不可再生资源而生存。这意味着人类不能依赖于不可再生资源超过地球的承载能力，或者至少在必需的资源枯竭之前必须停止这样做。

(2)如果在没有不可再生资源的情况下不同世代之间的生活状况有差异，那么那些生活境况差的世代有权利使用不可再生资源。然而，缺乏对未来的知识使我们不可能对此确切了解，这意味着，当后代人可能比现代人生活得更好时(这也是历史上常见的情况)，那么当代人就有权利使用不可再生资源。如果后代人可能生活得比现代人差(似乎这种迹象越来越明显)，那么那些不可再生资源就应该为后代节省下来，尤其是当前的资源利用超出了环境对废弃物的吸收能力而使未来变得更差的时候。

(3)当代人开发和利用不可再生资源产生的大量废弃物流和环境退化破坏了可再生资源，引起的对可再生资源的破坏满足下述的可再生资源公平利用的标准时。

差别原则对不同类型的可再生自然资本(RNC)有着不同的内涵。必需的 RNC 必须保持在能够生产足够的必需人造资本以满足未来的需求所要求的数量之上。我们必须维持足够的生命支持的自然资本以保证各种自然资本的充分供应。来自不可替代的 RNC 的产出必需保持完整或者至少在足够的数量内(对 QOL 的边际贡献为零)，因为根据定义，不可能在这方面为后代的损失做补偿。如果以超过最大可持续产出的速率利用非必须的可替代的 RNC(这里的产出同时包括市场和非市场的物品和服务)，则后代必须得到补偿。如果产出超过可持续最大产出而仍然可持续(即每年都能得到相同的产出而不引起资源的进一步退化)，需要补偿(以增加其他资本形式数量的方式进行)的仅仅是后代 QOL 的损失，因为他们得到的可再生资源产出越来越少，直到可再生资源存量重新增加以支持最大可持续产出。如果非必需的、可替代的和不可再造的 RNC 的开发利用超过了其可复原的承载力，这是无限的时间上的有限损失，补偿就必须是无限时间上另一种资本存量的等量的资源流。

几乎可以确定的是，现实世界中有些资源正在以这样的速率被耗尽，即后代不但丝毫得不到资源本身的益处，相反还要承受资源利用产生的负面影响。化石燃料的使用导致全球变暖就是一个很好的例证。后代也要依靠可枯竭的资源以维持生存。如果没有石油作为能源、肥料、杀虫剂并且支撑交通，要保持足够的农业产量以维系地球人口的生存可能非常困难。许多可再生资源的存量也因不可逆转地枯竭而受到威胁。对后代的任何公平观念都要求我们必须保持自然资本和不可替代自然资本的生命支撑功能不受侵害。

问题是，我们的人造资本积累能够补偿后代损失的可替代和不可替代资本吗？问题的答案取决于给后代造成的环境破坏的未知成本、人造资本积累的未知收益、人造资本(特别是未来的发明)替代自然资本(我们目前还不完全确定什么自然资本是不可替代的)的未知能力，以及在什么门槛以下自然资本成为不可再造的自然资本等未知门槛。因此，不确定性是必须考虑的一个决定性因素。

在伦理分析中对不确定性的处理是很困难的，但凭经验估计的方法，如果从赢得赌博所获的收益和输掉赌博所受损失基本相等的话，我们可以说这个赌博是适当的[1]。既然如此，那么，从人造资本作为自然资本的一种替代品的赌博中所获得的收益大约等于失掉这场赌博所受到的损失吗？概括和总结人造资本与自然资本之间的差别有助于我们回答

[1] 理论上，一个中等风险的人是不会关心一场赌博中 A 或 B 的赢利的，如果结果 A 的概率乘以结果 A 的价值等于结果 B 的概率乘以结果 B 的价值。但是，在我们这里讨论的不确定性情形中，我们不知道每种结果的概率。

这个问题。第一,或许最重要的区别是,自然资本可被不可逆转地损毁和破坏,但是我们一般不知道生态系统或可再生资源动力学方面何时会发生不可逆转的变化,就生态系统而言,我们也基本不了解其不可逆转的变化的全部含义。第二,热力学第一定律告诉我们人造资本必需总是依赖于自然资本——这二者是基本的互补物,而且人造资本永远不能完全替代自然资本。第三,迄今还没有证据证明人造资本可以替代生态系统的生命支持功能,而且我们还不能肯定哪种生态系统资源对形成这些生命支持功能是最关键的。第四,资本商品会贬值,如果将它们留给后代作为对一种枯竭的可再生资源的补偿,那么,维持它们所需的资源流也必需保留。第五,人造资本正趋于逐渐过时❶。第六,技术并非总是有益的,甚至有益的技术也常常具有严重的负面作用,只是大部分的负面作用不会立即显露出来而已。第七,我们留给后代的最重要的人造资本可能是累积的知识,它可导致新的技术。然而,在一项新技术被发明之前,不能确切地说它将会是什么❷。因此,我们不能确切地说未来的技术是否将可以补偿自然资源的枯竭。赢得这种资本替代的赌博的益处大概就是现在和将来更高的消费水平,而从中获益的绝大多数人是人类社会中处于最高消费阶层的人们。潜在的损失就是破坏了不可再造的、支持生命的可再生自然资本(RNC),这种损失将对所有人类的QOL甚至人类生存具有潜在的灾难性结果。

即使弱可持续性是适用的,而且全世界的生产不使用任何资源也是可能的,但这仍然不能意味我们可以忽视资源的稀缺。首先,虽然稀缺确实可以促进创新,但技术进步是累积的知识的函数。知识的积累需要时间和努力。自然资源的价格响应政治混乱、不完善的市场和不完善的知识而变化,所以价格的增长速度可能比预期的要快得多(Reynolds, 1999年),这大大减少了可用于发展替代资源和更有效技术的时间。此外,资源被耗尽得越快,或者因关键资源接近枯竭而引起价格突然飙升,就越可能发生经济混乱。严重的经济混乱可以减慢开发替代资源的速度。比如在经济大萧条期间,或者最近的前苏联解体,经济混乱造成很多科学家失业并且国家减少了对研究与开发的投资。当然,资源被耗尽得越快,技术必须越快的发展以进行弥补,但我们无法保证使提高效率和增加替代资源的技术以与资源被消耗的相同速率发展。这意味着,尽管替代资源正在开发之中,资源分配的公正性要求我们减缓对资源的使用,而不是坐等资源突然枯竭之后再引发对其的研究❸。减缓对资源使用的控制措施会造成资源人为的缺乏,同时加快对替代资源的研究开发速度,可以避免突然的资源枯竭发生时引起的经济混乱。

迄今还没有证明马尔萨斯(Malthus)关于资源的无限可替代性的假设是错误的。我们生活在一个不断发展的世界里,每天都看见比以前任何时候更多的全球人口与更多的

---

❶ 把一个良好养护的道路系统留给后代作为对全球变暖的补偿,假如后代不再使用汽车的话,它的作用是非常有限的。如果全球变暖变成为一个严重的问题,那么,我们关于化石燃料燃烧的许多技术甚至在化石燃料枯竭之前就会被废弃。依赖于可枯竭资源的任何技术最终都会被废弃。

❷ 很明显,很多发明都是可以预见的。比如Jules Verne就预见了到月球和海底的旅行,他不可能给出这些发明什么时候产生的现实可能性,这只有当知识和技术达到一个更高的水平时才会成为可能。Jules Verne没有预见喷气发动机的结构,也没有预见到航天飞行所必需的计算机技术,更没有预见到引发计算机革命的晶体管技术。对已知原理的应用至多是发明而不是创新(Proops和Faber,1990年)。

❸ 现代农业提供了一个很好的例证。我们目前完全依赖于石油进行农业生产和运行农业设备,运输生产的商品,制造杀虫剂、除草剂和化肥,以及间接地包括现代农业生产的各个方面。所有这些基于石油的投入也有可行的替代品,但是要尽快地停止石油供给而全部替换为替代品将是昂贵的。食品供应可能要受很大影响,而且结果可能很严重。假如油价不稳,但保持稳定的食品供应又是极为重要的,那么,依赖于至今还未发明的技术就是一种非常危险的策略。

可再生和不可再生资源的耗用，人口增长的速度要远远超过了马尔萨斯时代。基于过去的经验预测这种前所未有的变化是非常困难的。如果盲目相信自由市场体制中技术克服所出现的资源和环境制约的能力，而且可以补偿已经枯竭的自然资源，将严重危害当代和后代人的生活质量❶。

关于不确定性，公平性要求我们采取强可持续性，直到被证实有替代资源为止。当替代资源被证实后，我们可以耗尽资源，但不是在被证实以前。只要当代人的生存受到威胁，他们就会无节制地使用资源来满足他们的需求，即使这样会危及后代人的生存，因为那些生活在生存线上或低于生存线的世代可以争辩他们没有对后代负责的义务。最后这一点表明，代际公平的某些方面是代际公平的先决条件。

## 3.3 空间和时间上国家间的公平

理论上，在经济理论或者在公正理论中公平性的"定义"不受地理的影响。然而，市场经济正处于以空前速率扩张的时期，不仅对经济体制而言是前所未有的，对任何形式的人类体制也是如此。然而，只有当实际的市场系统与理论体系的精确描述一致时，市场经济所声称的公平性才会有效❷。令人遗憾的是，目前的全球市场体系远不如大多数国家的市场体系"完善"。首先，国家之间的市场公平需要资本是稳定的(Daly，1996 年)，然而，对处在全球经济中的个人来说，市场公平则要求劳动力是流动的。但现实却相反，资本可以自由地跨国界流动，而劳动力则不能自由地跨国界流动。第二，市场公平需要一大批相似特征的公司，而不是少数支配世界市场的粮食出口商、石油公司和汽车公司。第三，市场公平要求公司通过彼此竞争来获利，而不是通过诸如贿赂政治家等"寻租"活动而谋求有利的合同。现在已经经常能看到国际性公司在不发达国家贿赂政府官员，欧洲的商人们实际上也能把贿赂的款项消除掉，因为贿赂后税款降低了(Trade Compliance Center，2001 年)。第四，在亚当·史密斯的经典著作《国民财富的性质与原因的研究》一书中，他指出，商业机密(现在称为"专利")基本上是一个垄断的形式，而且"市场垄断者通过保持市场供货不足、不完全满足有效需求作为手段，以远高于正常水平的价格出售其商品……垄断价格比在任何情况下都可得到的最高价格要高"(Smith，1970 年)。

发达国家的居民目前拥有全世界 97%的专利，甚至在欠发达国家他们也拥有 80%的专利。经验数据表明，在贸易自由化进程较快的国家，工资不平等现象已经加剧，非技术工人的实际工资显著下降(Wallach 和 Sforza，1999 年)。过去五年，在拉丁美洲的那些追求贸易自由化的国家里，生活在贫困线以下的人数猛增(Faiola，1999 年)，在同一时期，全世界生活绝对贫困的人口数量增加了 20%。根据上述 QOL 的有关标准，随着世界市场体系一体化的增加，生活状况最差的这部分人口的 QOL 下降了。

---

❶ 核电站就是一个很好的例子。当核反应堆最初被建立起来时，人们还不了解其放射性的全部危险。20 世纪 50 年代时认为，当核废料成为一个问题时，技术可以找出安全分解核废料的办法。钚的半衰期是24 300年，与 1950 年相比，我们现在在解决核废料的处置问题上没有任何进步。

❷ 当大多数科学家在寻找准确描述现实的理论时，经济学家却提出了一个不准确描述现实的理论，而且这种不准确描述现实的理论被广泛应用于指导政策设计以促进现实更接近于理论。

## 4 我们能测量公平性吗?

Rawls的公正理论不能提供对公平的经验测量。然而,它确实提供了一种测度公平性的进程的方法:如果生活最差的群体其生活质量日益变得较好,那么社会就日益变得较公平;如果最差的变得更糟,那么社会就变得更不公平了。经济学理论恐怕是价值中性的,根据其给予应得的赏罚,很多人确实相信经济学是公正的,而且承认自由市场体制能够提供适当的激励因素以使生活最差的人的QOL最大化。这表明根据公平赏罚的观点,社会接近完美的自由市场系统的程度可能是衡量代内公平的合适方法。但这是一个颇具争议性的假设,涉及到在市场交易出现之前资源的最初分配是否具有公平性,这迄今仍然很难衡量。但是据此我们可以假定,没有根据自由市场原则分配的商品和服务是不可能被公平分配的(甚至在程序上),同时也将我们的注意力吸引到了这个问题上。至于代际公平,主要的困难在于怎样保证充足的自然服务供给以便后代拥有可接受的QOL。基于市场经济的对代际公平的任何考虑都取决于人造资本替代自然资本的能力,而且这种替代能力被盲目接受。因此,也许更合理的是衡量代际公平,可以基于被修正的以针对代际问题的Rawls理论(如上所述),来测量社会保证自然服务供给的程度。但是当自然资本的代内分配受市场失灵的困扰时,自然资本的分配就理所当然地成为评估代内公平和代际公平的焦点。

强调自然资本可以更多地提醒我们,环境服务是人类社会所必需的和必不可少的。如果没有环境服务,社会就没有物质和能源来生产商品,社会也将毁灭在自身排放的废弃物中。退化的或削弱的环境基础将减少贡献给个人、社会和经济的服务,从而降低长期的QOL[1]。保存资源环境容量意味着后代可以更多地利用,也就有利于代际公平,同时也增大了实现可持续社会的机会。

就如同传统的供水系统、固体废弃物和污水处理系统以及其他公共设施一样,环境可以被看做是一种对QOL和经济都有贡献的基础设施。如果供水和废弃物处理系统被破坏,就会损失公共福利;同样,对环境的滥用也将降低公共福利。如果资源使用和垃圾排放量超过了环境提供这些服务的承载力,那么自然资本就会减少,污染就会加剧。那些从环境成本外部化于公共领域的活动中获益的人,实际上是毫无补偿地占用开放使用的环境源和汇功能的公共产权——从任何标准来看这都是不公平的。比如,如果污染者在污染控制上比其他污染者花费少的话,污染者实际上就获得了内在补贴。从而,他们会通过消耗更多的公共自然资本而将其污染成本外部化。通过降低污染及其相应的补贴来对这些公共产权重新分配将会改善环境质量,而且这也可以减少贫困和不平等。社会通常处罚那些偷窃或者贪污公众财政资本的人,但却允许未被授权而占用公共自然资本为私人赢利的行为存在。这也许是因为社会还没有认识到自然资本是资本的一种有价值的形

[1] 例如,超过环境吸收能力的工业排放物可以在鱼类和野生动物体内积累,从而抑制商业和体育捕捞业。酸雨和其他形式的大气污染减缓谷物和树木的生长速度,减少经济利润。保持清洁空气和优美环境的城市和区域更有利于人类居住,更有机会吸引投资、旅游和赚取收入。如果人们可得到清洁的、无污染的、不用经过处理的地下水或地表水,则既有利于健康又减少了公众花费。另外,经济活动创造的就业机会常常比其污染导致的工作岗位损失更多。

式。因为经济学家的模型和理论几乎没有认识到自然资本在财富创造方面的价值，或许我们不希望公众有不同的行为。

从亚当·史密斯开始，经济学家才开始关心外部性对市场的影响以及价格需要反映所有生产成本这些问题。贯穿生态经济学的一个主题是，主要因为外部性成本或溢出成本，使用公共资源的放任主义自由市场活动必然导致市场失灵、生态破坏和不公平(Hardin，1968 年；Perrings，1987 年；Tisdell，1991 年；Ophuls 和 Boyan，1992 年)。如果价格不反映全部成本，那么市场就会失灵，表现在无效率和不公平。但是，尽管很多人认识到外部性普遍存在和继续扩大(Bromley，1986 年；Baumol，1967 年)，似乎很少有经济学家特别关心它们对公共福利的影响。另外，很明显，许多(如果不是绝大多数)外部性为成本外部化的活动进行了补贴(Templet，1995 年)，补贴有助于形成分配的不公平。

许多研究者都同意，当负面的外部性发生时，成本就从外部性的产生者传递给了接收者。例如，某一设施的污染造成附近的居民在烟雾中呼吸，迫使他们承担从恼怒到生命受到威胁的成本。在市场体系中外部效应普遍存在(Baumol and Oates，1979 年；Goodland 和 Daly，1993 年)，而且一般都为人们所接受。并且很多经济学家讨论过外部性问题(Mishan，1971 年；Cowen，1988 年)，主要争论是外部性问题是不是一个重要的问题，如果是的话，对它们应做些什么。比如，Coase(1960 年)认为，外部性的成本可以没有政府干预而由受影响者通过讨价还价而解决，只是讨价还价将会使交易成本增加。Oates(1986 年)指出，Coase 的讨价还价的办法由于过高的交易成本而在大群体事例中无效。

但是几乎没有人讨论外部性的制造者通过引起外部性而获得了一份潜在的补贴这一事实。比如，一家向环境排放污染物的公司，如果其污染控制支出等于美国的平均值的话，不是将成本内部化，而是将应当花在污染控制上的钱未花，从而享受节余下来的美元的内部补贴。结果是导致更严重的污染程度和更高的公司利润，但却给污染承受者带来了增加的成本(包括健康花费)。污染者占用了公众的自然资本，公众的福利随着污染增加而下降(Templet 和 Farber，1994 年)。污染补贴是衡量对自然资本的汇功能占用的有用方法。当政府操纵税收结构、能源定价以及其他的生产成本时，通常在受益于减少部门污染成本的公司的强烈要求的情况下，补贴政策就会出台。在早期的分析中，Templet 提出了污染、能源定价和税收方面不平等的指标，后来这一指标被用来计算一种公平指数(Templet，1995 年)和各州的人均补贴(Templet，1995 年)。这些计算结果被用来与一系列社会经济(包括贫困)指标进行统计比较。当公平程度较高和补贴低时，贫困也就较低。研究表明，当补贴增加时，经济健康状况和可持续性都会下降。就税收和能源定价而论，公众直接支付外部成本，并且起着一类“社会经济公共地”的作用。虽然外部化的税收同时影响自然资本的源和汇，但外部化的能源成本是对自然资本的资源占用程度的一个有用测量。包括税收措施是因为，重新确定税收可以通过强制性的内部化那些目前未包括在市场价格和处理成本中的成本，从而提供了重新占用自然资本的途径。

通常，如果成本转嫁给他人，那么，就可避免一些潜在的支出而节约公司的内部资金。在污染的例子中，外部化的成本包括对人口、财产和生态系统的影响。如果这些成本超过了公司得到的内部补贴，最优化(潜在的帕累托最优或者其他形式)就不会实现。一般而言，外部性的影响是，私人利益增加的同时伴随着公众利益的大量损失，最终引起公众福利的净损失;公众的成本超过私人捞取的利益,而且更增大了分配的不公平。

这样,外部性导致了补贴和不平等,这些是导致贫困的最重要的驱动力。补贴增加了某些人的财富,然后通过捐助竞选和政治活动,它们被用于保持和增加现有的补贴。尽管外部性增加了少数人的财富,但考虑这些成本时却减少了其他许多人的财富。外部性成本通过资源耗竭、污染以及对人类、社会和人造资本的负面影响而减少自然资本。这些影响可归纳为三类:①直接影响,损害健康和生活质量,并且因生产力丧失和其他成本而减少可支配收入;②对财政的影响,由于补贴减少了政府的财政收入,其中的一些收入本来是用于帮助贫困的,比如用于改善教育和保健系统(财政影响在本章末做讨论);③对权力分配的影响,这加剧政权和财富的不平等,有助于富人为了自己的利益更有效地操纵政府和市场。这些结果在图 11-4 中做了概括。

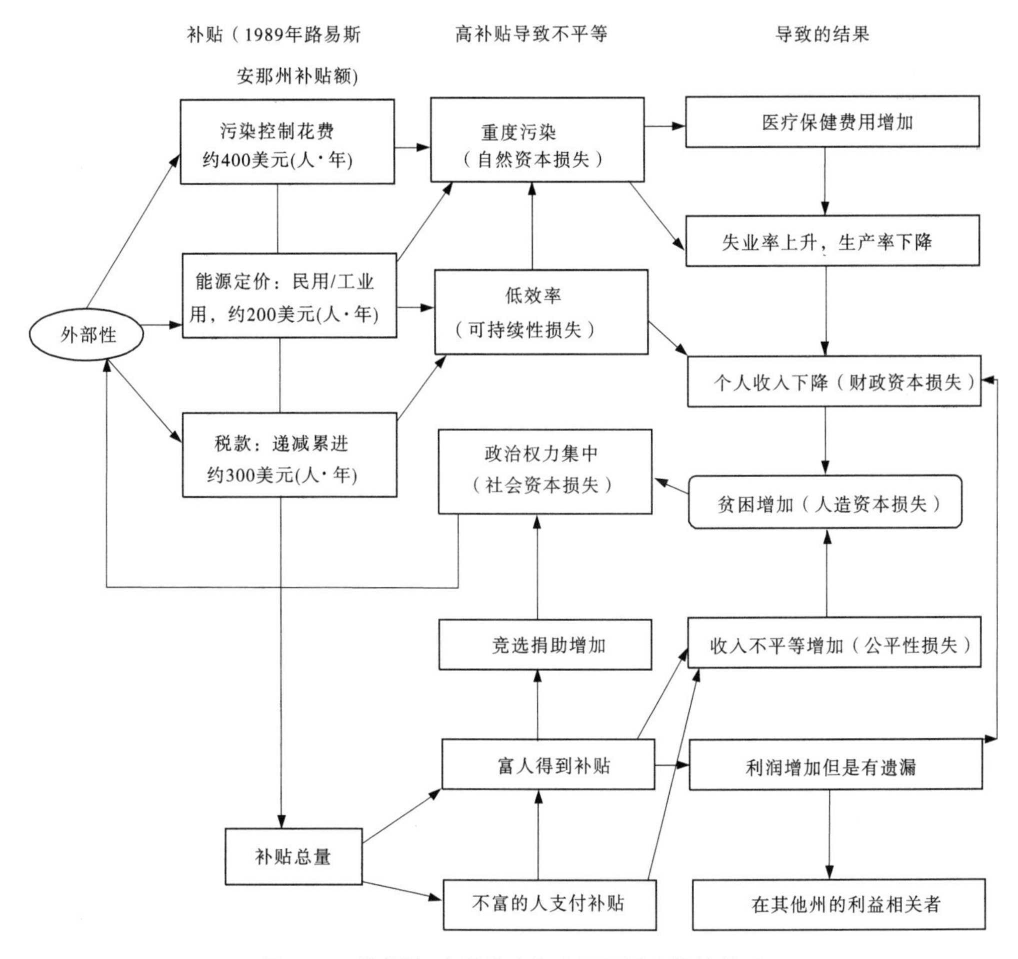


图 11-4 外部性、自然资本与生活质量之间的关系

## 5 公平性与生活质量(QOL)之间是什么关系

如前面部分所述,当私人实体占用了公共财产时,除了直接地和间接地通过一系列反

馈降低普通公众的QOL外,还有一个次要的影响。有确实证据表明,一些人参照一组参考人群或一个理想状态的QOL来评价他们自己的QOL(Schuessler和Fisher,1985年;Frank,1999年;Galbraith,1969年)。一个人的个人情况与这种理想状态之间的差别越大,他主观愿望的QOL也就越低。当社会中的不平等越大,一个人的参考对象或者理想状态就越有可能被认为比自己的状况好。因此,如果一组人对财富和资源的不公平占用使他们比其他人更富有,那么,这笔交易中受损失的人们的QOL就会受到双倍的负面影响。

这种可能性对政府的政策有严重的影响。目前,世界上绝大多数国家的政府都在通过持续的经济增长寻求增加QOL。如果它使人民的生活从贫穷上升到生存线以上(如果低于生存线,QOL或许就不是相应的衡量尺度),这种方法很明显地增加了QOL,但对于那些基本需求已经得到满足的人口来说这可能不是一个富有成效的政策。例如,经济增长可以允许我购买中意的汽车,我渴望这种汽车是因为我的邻居有一辆。可是,假如我的邻居也从经济增长中受益,他就可以购买一辆更好的汽车。相对于邻居的QOL评价我的QOL时,在人造资本方面我并没有比以前更好,而且这两辆汽车的生产和使用已经损害了自然资本以及它所提供的提高QOL的服务。还有,那些没有从经济增长中受益的人的情况变差,即使他们的绝对收入没有改变。如果情况是这样,经济增长伴随着收入分配的不平等增加,我们就不能简单地追求更高的QOL。现在世界上大多数地区的情况正是如此,经济增长实际上将使一些穷人的经济状况更糟,即使他们的绝对收入有所增加。

而且毫无疑问,物质财富和资源分配的不平等导致政治权力分配的不平等,这可以用来积累更多的财富。一个典型的例证就是,公司帮助政治家竞选以换取政治家支持立法,以允许私营部门占用公共财富。在一项经验研究中,Templet(1995年)发现,各州的每个候选人给国会办公室的竞选捐款数额的多少与国会关于环境立法的投票记录正相关或负相关(League of Conservation Voters,1990年)。捐款数额越高,环境立法的投票率就越低。另外,州级的人均补贴的多少也与国会关于环境方面的投票记录正相关或负相关。毫无疑问,竞选捐款数额的多少肯定与一个州制造业规模的大小有关,也表明产业部门是联邦竞选的重要捐赠者。

尽管在被选代表的投票方式与竞选捐赠之间的关系间没有建立确定的关系式,但这种关系确实揭示了竞选捐赠为了既得利益获得补贴,在影响投票以及可能影响其他一些政治特权者方面的作用。为了支持这一观点,Boyce等(1999年)发现,随着政治权利的集中,污染就增加,公共健康和公共福利就下降。用上述术语重申,当政治权力为既得利益而集中时,更严重的外部性和更高的补贴就会通过政治行为而产生,从而导致更严重的污染和其他的不平等。由于这些联系,很明显在补贴、政治权力和贫穷之间存在着恶性反馈循环,这使得补贴—贫困的循环很难改变。如果可以确信民主制度最有可能为满足其公民的需求提供条件,那么与不平等分配相关的对民主的这种侵蚀将进一步降低QOL。

最后,经验研究表明,人们对不公平性有强烈的负面反应,这可以直接影响他们的QOL。研究表明,这些负面反应如此强烈使频繁感受到不公平和不平等的人们觉醒,足以引发他们改变自己的价值观(Walster等,1976年,引自Alwin,1987年)。

## 6　建设可持续的、公平的和高的生活质量(QOL)的社会原则

显然,创立一个能够给当代和后代提供高 QOL 的公正和可持续的社会的基本要求是其所有社会成员愿意追求这样一个目标。形成这种必要的愿望的主要障碍之一是这样一种认识:公平性需要对资源的使用从富人到穷人进行再分配,可持续性要求对资源的使用从当代到后代进行再分配。这两种情况都迫使一部分人少利用资源以便使另一部分人多利用资源。当今世界上支配的经济范例以消费来测定 QOL。在这种范例下,消费较少意味着富人和当代人的 QOL 较低。如上所述,在现代社会中财富等于权力。很清楚,当代人也有支配留给后代人资源的权力。因此,那些有权力强行改变的人也就是那些一定会失利的人,而且改变也不可能发生。本章所讨论内容的一个重要含义是,额外的消费不可能与 QOL 的增加有密切联系,相反,富人可以减少他们的消费但并没有降低他们的 QOL。在这种程度上,人们接受这种观点,它极大地增加建设公正的、可持续的和高 QOL 的社会潜力。

建立一个可持续的社会还有什么要求? Costanza 等(1998 年)提出了 6 条核心原则,被收录在"包括可持续性政府的基本准则 "的一本选集里。这 6 条核心原则详述如下:

原则 1:责任。对环境资源的使用必须肩负着责任和本着生态可持续的、经济有效的和社会公正的态度。个人和团体的责任和动机应当相互调适,并且与广泛的社会和生态目标相适应。

原则 2:尺度匹配。生态问题很少被限定在一个单一的尺度上。有关环境资源的决策应当满足以下要求:①确定在机构一级,以使生态投入最大化;②确保生态信息在公共机构之间的交流;③考虑所有者和行为人;④使成本和收益内生化。管理的适当尺度必须是那些具有最相关信息的尺度,这些尺度能迅速而有效地响应并能进行跨尺度边界的综合。

原则 3:预防性措施。面对潜在的不可避免的环境影响的不确定性,有关环境资源使用的决定应该多一分谨慎。提供证据的责任应该交给那些其活动对环境造成潜在损害的人。

原则 4:适应性管理。由于一些不确定性存在于环境资源的管理方面,因此决策者们应抱着适应性改进的目标不断收集和综合那些适当的生态、社会和经济信息。

原则 5:全部成本分摊。所有与环境资源使用的决策有关的国际和外部的成本和收益(包括社会的和生态的)应予以确定和分摊。在适当的时候,应调整市场以反映全部成本。

原则 6:参与。全部利益相关者应该参与有关环境资源决策的制定和实施。利益相关者的充分意识和参与有助于形成可信的、可接受的、恰当辨明和确定相应责任的规则。

建设一个公平的社会需要什么? 经济理论家会强调"公平赏罚",Rawls 的公正理论倡导要使穷人尽可能的富有。在此叙述的材料建议的一个额外的先决条件是,所有人都应能够适当地使用环境资源。我们已经阐明,负面的外部性造成的市场失灵可剥夺社会成员使用这些资源的权利,下一章中将介绍其他市场失灵是如何造成同样的结果的。对

这些资源不加管理的市场分配是不公平的，因此将需要非市场机构保证当代和后代都可以适当使用资源。财富的明显集中本身就是不公平的，它也会转变为政治权力，从而引致在自然资本的分配上产生更大的不公平。

我们如何建设一个具有更高 QOL 的社会？我们关注的是人类需求的满足程度而不是更大量的生产。要建设一个有高的 QOL、可持续的和公正的社会，我们需要将社会的偏好向非消费性的满足品(satisfiers)转变，这样，满足一部分人或一代人的需求就不会给其他人强加外部成本。

下一章将详细叙述这些思想观点，并且提出实现我们目标的具体政策。

## 参考文献


[1] Alwin D F. Distributive justice and satisfaction with material well－being. Am. Sociol Rev, 1987, 52: 83～95

[2] American Heritage Dictionary of the English Language. 3rd edition (Houghton Mifflin, Boston, MA). 1992, pp.2140

[3] Arrow K, Daily G C, Dasgupta P, et al.. Managing ecosystem resources. Environ. Sci. Technol., 2000, 34: 1401～1406

[4] Atkinson G, Dubourg W R, Hamilton K, et al.. Measuring Sustainable Development: Macroeconomics and Environment (Edward Elgar Publications, Aldershot). 1997, pp.252

[5] Barry B. Theories of Justice, Vol. I (University of California Press, Berkeley, CA). 1989, pp.428

[6] Bartelmus P. Towards a Framework for Indicators of Sustainable Development. Department for Economic and Social Information and Policy Analysis, Working Paper Series No. 7 (United Nations, New York). 1994

[7] Baumol W J. Macroeconomics of unbalanced growth; the anatomy of urban crisis. Am. Econ. Rev, 1967, 57 (June): 415～426

[8] Baumol W J, Oates W E. Economics, Environmental Policy and the Quality of Life (Prentice Hall, Englewood Cliffs, NJ.). 1979, pp.377

[9] Bloom D E, Cannig D, Graham B, et al.. Out of Poverty: On the Feasibility of Halving Global Poverty by 2015 (Discussion Paper No. 52). Consulting Assistance on Economic Reform (CAER II). 2000, Available on－line: http: /www.cid.harvard.edu/caer2/ htm/content/papers/paper52/paper52.htm

[10] Boyce J K, Klemer A R and Templet P H. Power distribution. the environment and public health: a state level analysis. Ecol. Econ., 1999, 29: 127～140

[11] Bromley D W. Markets and externalities. In: Bromley D W(Editor). Natural Resource Economics (Kluwer－Nijhoff Publishing, Boston, MA) ch. 2. 1986

[12] Clark C. Mathematical Bioeconomics: the Optimal Management of Renewable Resources (Wiley, New York). 1990, pp.386

[13] Coase R H. The problem of social cost. J. Law Econ., 1960, 3(October): 1～44

[14] Cobb C W, Cobb J B. The Green National Product: A Proposed Index of Sustainable Economic Welfare (University Press of America, New York). 1994, pp.343

[15] Collados C, Duane T P. Natural capital and quality of life: a model for evaluating the sustainability of alternative regional development paths. Ecol. Econ., 1999, 30: 441～460

[16] Costanza R, Daly H E. Natural capital and sustainable development. Conserv. Biol., 1992, 6: 37~46
[17] Costanza R, d'Arge R, de Groot R. et al.. The value of the world's ecosystem services and natural capital. Nature, 1997, 387: 253~260. See http:/www.flooriplants.com/news/article.htm
[18] Costanza R, Andrade F, Antunes P. Principles for sustainable governance of the oceans. Science, 1998, 281: 198~199
[19] Costanza R, Farber S, ñeda B, Casta and Grasso M. Green national accounting: goals and methods. In: Cleveland C J, Stern D I and Costanza R (Editors). The Nature of Economics and the Economics of Nature (Edward Elgar Publishing, Cheltenham, England). 2001
[20] Cowen T (Editor). The Theory of Market Failure; A Critical Examination (George Mason University Press, Fairfax, VA). 1988, pp. 384
[21] Daily G C (Editor). Nature's Services - Societal Dependence on Natural Ecosystems (Island Press, Washington D C). 1997, pp. 392
[22] Daily H E. Beyond Growth: The Economics of Sustainable Development (Beacon Press, Boston, MA). 1996, pp. 253
[23] Daily H E, Cobb J B. For the Common Good: Redirecting the Economy Toward Community, the Environment, and a Sustainable Future (Beacon Press, Boston, MA). 1989, pp. 482
[24] Dixon J, Sherman P. Economics of Protected Areas: A New Look at Benefits and Costs (Island Press, Washington D C). 1990, pp. 234
[25] Durning A T. How Much is Enough? The Consumer Society and the Fate of the Earth. 1st edition (Norton & Company, New York). 1992, pp. 200
[26] Ekins P. The sustainable consumer society: a contradiction in terms? Int. Environ. Affairs, 1991, 3: 243~258
[27] El Serafy S. The proper calculation of income from depletable natural resources. In: Ahmad Y J, El Serafy S and Lutz E (Editors). Environment Accounting for Sustainable Development (World Bank, Washington D C). 1989, pp. 10~18
[28] El Serafy S. In defense of weak sustainability: a response to Beckerman. Environ. Value, 1996, 5: 75~81
[29] Faiola A. Argentina's lost world: rush into the mew global economy leaves the working class behind. Washington Post, December 8, 1999
[30] Farquhar M. Elderly people's definitions of quality of life. Soc. Sci. Med., 1995, 41: 1439~1446
[31] Frank R. Luxury Fever: Why Money Fails to Satisfy in an Era of Excess (Free Press, New York). 1999, pp. 326
[32] Friedman M. Capitalism and Freedom (University of Chicago Press, Chicago, IL). 1963, pp. 202
[33] Galbraith J K. The Affluent Society. 2nd, revised edition (Houghton Mifflin, Boston, MA). 1969, pp. 333
[34] Gates J. Statistics on Poverty and Inequality. 1999. Available on - line: http:/www.globalpolicy.org/socecon/inequal/gates99.htm (Global Policy Forum)
[35] Goodland R and Daly H E. Why northern income growth is not the solution to southern poverty. Ecol. Econ., 1993, 8(2): 85~102
[36] Haas B K. A multidisciplinary concept analysis of quality of life. West. J. Nurs. Res., 1999, 21(6): 728~743
[37] Hamilton K, Lutz E. Green national accounts: policy uses and empirical experience, Environment Depar-

tment Paper No. 039 (The World Bank, Washington D C). 1996, pp. 47

[38] Hardin G. The tragedy of the commons. Science, 1968, 162: 1243~1248

[39] Hicks J R. Value and Capital (Oxford University Press, Oxford). 1946, pp. 340

[40] Hotelling H. The economics of exhaustible resources. J. Polit. Econ., 1931, 2: 137~175

[41] Hueting R. Correcting national income for environmental losses: toward a practical solution. In: Ahman Y J, El Serafy S and Lutz E (Editors). Environmental Accounting for Sustainable Development (WORLD Bank, Washington D C). 1989, pp. 32~39

[42] Hueting R. Estimating sustainable national income. In: W. van Dieren (Editor). Taking Nature into Account: Toward a Sustainable National Income (Springer, New York). 1995, pp. 206~230

[43] Lane R E. Market justice, political justice. Am. Polit. Sci. Rev., 1986, 80 (2): 383~402

[44] League of Conservation Voters. The 1990 National Environmental Scorecard (League of Conservation Voters, Washington D C). 1990

[45] M äler K -G. National accounts and environmental resources. Environ. Resour. Econ. 1991, 1: 1~15

[46] Markandya A, Perrings C. Accounting for an ecologically sustainable development: a summary. In: Markandya A and Costanza C(Editors). Environment Accounting: A Review of the Current Debate (Harvard Institute for International Development, Cambridge, MA) ch. 1. 1993

[47] Max - Neef M. Development and human needs. In: Ekins P and Max - Neef M(Editors). Real - life Economics: Understanding Wealth Creation (Routledge, London). 1992, pp. 97~213

[48] Max - Neef M. Economic growth, carrying capacity and the environment: a response. Ecol. Econ., 1995, 15: 115~118

[49] McClosky H and Zaller J. The American Ethos: Public Attitudes Toward Capitalism and Democracy (Harvard University Press, Cambridge, MA). 1985, pp. 342

[50] Meadows, Donella, Meadows, Dennis, Randers J et al.. The Limits to Growth (Universe Books, New York). 1972, pp. 205

[51] Mishan E J. The Costs of Economic Growth (Frederick Praeger, New York). 1967, pp. 190

[52] Mishan E J. The postwar literature on externalities: an interpretive essay. J. Econ. Lit., 1971, 9: 1~28

[53] Nordhaus W D, Kokkelenberg E C. (Editors). Nature's Numbers: Expanding the National Economic Accounts to Include the Environment. Panel on Integrated Environmental and Economic Accounting, National Research Council (National Academy Press, Washington D C). 1999, pp. 250

[54] Nordhaus W D, Tobin J. Is growth obsolete? In: Economic Growth, Fiftieth Anniversary Colloquium V (National Bureau of Economic Research). 1972, pp. 509 - 532. Available on - line: http:/cowles. econ. yale. edu/P/cp/p03b/p0398a. pdf

[55] Oates W E. Comment to 'markets and externalities' by David Bromley. In: Bromley D W(Editor). Natural Resource Economics. (Kluwer - Nijhoff Publishing, Boston, MA). 1986

[56] Ophuls W, Boyan Jr S A. Ecology and the Politics of Scarcity Revisited; The Unraveling of the American Dream (Freeman, New York). 1992, pp. 195~216

[57] Pearce D W. Economic Values and the Natural World (Earthscan, London). 1993, pp. 129

[58] Perrings C. Economy and Environment: A Theoretical Essay on the Interdependence of Economic and Environmental Systems (Cambridge University Press, Cambridge). 1987, pp. 179

[59] Phelps E. Communications: the golden rule of accumulation: a fable for growthmen. Am. Econ. Rev., 1961, 51: 638~643

[60] Phelps E. Second essay on the golden rule of accumulation. Am Econ. Rev. ,1965, 55: 793~814
[61] Proops J and Faber M. Evolution, Time, Production and the Environment (Springer, New York). 1990,pp.240
[62] Ramo J C. The three marketeers. Time,1999, 153(6): 34~42
[63] Rand A. The Virtue of Selfishness: A New Concept of Egoism (Signet Books, New York). 1964,pp. 144
[64] Rand A, Peikoff L I. Atlas Shrugged (Signet Mass Market Paperback, New York). 1996. pp.1088
[65] Rawls J. A Theory of Justice (Harvard University Press, Cambridge, MA). 1971, pp.607
[66] Reynolds D B. The mineral economy: how prices and costs can falsely signal decreasing scarcity. Ecol. Econ. ,1999, 31: 155~166
[67] Schuessler K, Fisher G. Quality of life research and sociology. Annu. Rev. Sociol. ,1985, 11: 129~149
[68] Shue H. The unavoidability of justice. In: Hurrell A. and Kingsbury B. (Editors), The International Politics of the Environment (Clarendon Press, Oxford). 1992, pp.373~397
[69] Smith A. The Wealth of Nations: Books Ⅰ - Ⅲ (with an introduction by Andrew Skinner) (Penguin Books, Harmondsworth, Middlesex, UK). 1970, pp.535
[70] Snyder C. Capital supply and national well-being. Am. Econ. Rev. ,1936, 26: 224
[71] Solow R. Intergenerational equity and exhaustible resources. Rev. Econ. Stud. Symp:29~45,1974
[72] Templet P H. Grazing the commons; externalities, subsidies and economic development. Ecol. Econ., 1995,12: 141~159
[73] Templet P H. Equity and sustainability; an empirical analysis. Soc. Nat. Resour. ,1995,8: 509~523
[74] Templet P H and Farber S. The complementarity between environmental and economic risk: an empirical analysis. Ecol. Econ. ,1994, 9: 153~165
[75] Tisdell C A. The environment and economic welfare. In: McKee D. L. (Editor). Energy, the Environment and Public Policy; Issues for the 1990s (Praeger Publishers, New York). 1991, pp.6~18
[76] Trade Compliance Center. Addressing the Challenges of International Bribery and Fair Competition: July 2001. Available on-line: http:/www.tcc.mac.doc.gov/cgi-bin/doit.cgi? 204: 71: 57005119: 1
[77] Wallach L. Sforza M. Whose Trade Organization?: Corporate Globalization and the Erosion of Democracy (Public Citizen, Washington D C). 1999, pp.229
[78] Walster E, Berscheid E, Walster G W. New directions in equity research. In: Berkowitz L and Walster E(Editors)., Advances in Experimental Social Psychology. Vol. 9 (Academic Press, New York). 1976, pp.1~42
[79] Weitzman M. Welfare significance of national product in a dynamic economy. Q. J. Econ. ,1976, 90 (1): 156~163

# 第十二章　生活质量与财富和资源的分配[1]

**摘要:**从人类为中心角度出发对可持续性所下的所有定义,至少是含蓄地,都把中心焦点放在维持一个可接受的人类生活质量(QOL)水平这一点上。人们认为,在自由市场资本主义的主导意识形态中,降低财富和资源消费也就降低了代内的QOL,但是部分当代人过度的资源消费会极大地降低后代人的QOL。持续地经济增长实质性地增加了这种威胁。如果当前的QOL水平确实取决于当前的消费水平,这就意味着,为后代人保持可持续性就需要降低当代部分人的QOL水平。我们在本章中将阐明,在现实生活中,超过某一水平的财富和资源消费并非与QOL密切相关。因此,代内和代际更公平的资源和财富分配,并不会必然牺牲当代人的QOL。因此,这就大大增加了制定朝向这一结果的政策的可能性。

## 1　我们怎样定义生活质量(QOL)

至少从亚里士多德时代开始,哲学家们就一直在讨论QOL的问题,但就其真正含义目前仍未取得一致意见。在第十一章中,我们提出了QOL的如下定义:"个人在他们生活的文化氛围和拥有的价值观范畴内对目前生活状况的多方面的评价。QOL主要是对包括自然、心理、社会和精神等方面在内的福利的一种主观观念。在某些情况下,客观的指标可以作为QOL的补充评价,或者在个人主观上不能理解的情况下作为QOL的一种替代性评价"(Haas,1999年)。我们也利用Max－Neef的工作进行了对人类需求的讨论。将人类需求与上述生活质量的定义相结合,可以得到具有政策含义的关于QOL的决定因素的简明而可行的定义:生活质量由我们满足自身需求和欲望的能力所决定。

### 1.1　什么是人类需求

上述定义需要我们确切地说明"需求"的含义。首先,我们定义"绝对需求"为生存所必需的东西,这由生物过程决定。当前全球约12亿人,占第三世界国家人口的28%生活在极端贫困中(世界银行,2000年;Bloom等,2000年),满足这些绝对需求也有难度。对这部分人群,更多的消费可能与增加的QOL密切相关。一旦绝对需求得到满足,这是目前人类约80%的人口已经达到的情形,QOL就由一整套基本人类需求的满足程度所决定。人类作为一种物种,这些基本人类需求也在不断发展变化。研究人员已经提出了各种人类需求,并认为这些需求成等级体系——马斯洛的需求层次论(Maslow,1954年)是

[1] 作者:J. Farley, R. Costanza, P. Templet, M. Corson, Ph. Crabb'e, R. Esquivel, K. Furusawa, W. Fyfe, O. Loucks, K. MacDonald, L. MacPhee, L. McArthur, C. Miller, P. O'Brien, G. Patterson, J. Ribemboim, S. J. Wilson。

其中最著名的。这种等级层次体系,并不被这些研究者认为是刚性的,仍然留有追求其他需求的余地。即使目前生活在极端贫困中的12亿人口也寻求满足生存以外的需求。例如,营养不良的儿童尚未满足他们的基本生理需求,但仍然寻求爱和保护。而且如马斯洛所注意到的,无数的人进行绝食抗议或甘冒生命危险而追求尊重和自我实现的需求(马斯洛需求层次论中的最高层次)。相反,Max－Neef(1992年)将人类的需求归纳和组织为非等级的价值论和存在主义的分类(第十一章的表11-3)。在这个非等级的分类框架中,需求之间相互联系、相互作用,许多需求是暂时性的,而且可以同时追求不同的需求。我们认为,在较低层次的需求得到满足以后,我们才能追求较高层次的需求,这更反映了现实而不是层次。还需要强调的重要一点是,在Max－Neef的概念中,需求既少而有限。这与各个国家和各种意识形态所具有的根深蒂固的认识——永不停止的经济增长是满足人类需求的最好途径完全对立。

## 1.2 满足品与欲望

我们并不仅仅关注这些需求本身，而且也关心用来满足我们这些需求的途径，我们将其称为“满足品”（satisfiers）（第十一章的表11-3）。虽然需求随时间和文化的不同是一致的，但满足品却不同。一般而言，不同的人群需要不同的满足品来满足某种特定的需求。而且对不同的人群，相同的满足品满足特定需求的程度不同。另外，与新古典经济学理论相反，人们并不经常在不同的满足品中作出最佳选择来满足他们的需求。事实上，许多表面上的满足品根本不是满足品。Max-Neef将“侵害品和破坏品”定义为想要满足某种需求的想当然的满足品，但事实上它们“要实现其自身的满足程度都不可能（Max-Neef，1992年）。他提供了军备竞赛的例子，这种竞赛意在提供保护但实际上却减少了我们的安全感，同时又剥夺了我们使用这些有用资源以满足其他需求的权利。美国日益增加的私人武器拥有量就是国家尺度上的一个例子。然后，他将“假满足品”（pseudo-satisfiers）定义为“刺激满足某种给定的需求的错觉的因素”（Max－Neef，1992年）。对某人的情感需求而言，造访一名妓女也许就是一种假满足品。最后，“阻止性满足品”（inhibiting satisfiers）是满足（或过分满足）一种需求但同时阻止满足其他需求的满足品。例如，商业电视可以满足我们的娱乐需求，但却抑制了我们的理解力、辨别力和创造力。我们将对“侵害品和破坏品”、“假满足品”、（以及在较低程度上）“阻止性满足品”的期望定义为“欲望”（wants），欲望与需求形成鲜明对照。

其他的例子对理解上述见解也许有帮助。首先,回忆一下第十一章中给出的用户至上主义的定义,这种文化取向认为,“拥有和使用数量和种类日益增加的物品和服务是一种最主要的文化倾向,也是最可感觉到的带来个人的幸福、社会地位和国家成功的途径”(Ekins，1991年)。据此定义,消费应当满足我们对幸福、地位和成功等这些显然被认为是好的QOL的要素的需求。然而,虽然我们消费的比我们的祖父辈们消费的两倍还多,但这并不一定反映我们享受着一个更高的QOL。越来越多的研究表明,情况正好相反:在市场的民主政治条件下,出现了压抑和自杀的比率更高的趋势,特别是在美国,在个人福利研究中发现,宣称他们自己"非常幸福"的人们的数量正在下降❶ (Lane,2000 年)。经验研究发现,不管收入是多少,人们相信只要他们赚取两倍的收入他们就会更幸福(Lapham,1988 年;见:Durning,1992 年)。因此,此情形下,收入和消费就是假满足品。许多人就是追求到了,却仍然满足不了他们的需求。如果达到了破坏生态服务的极端,正如我们目前日益这样冒险做的,消费就变成了侵害品和破坏品。

同样地,患神经性厌食症的人们相信,只要他们愿意减去一些体重的话,他们将更具有魅力,并因此能够更好地满足他们的情感需求。许多举重运动员认为,他们个头小,只要能够再增加一些肌肉的话他们会是很有魅力的。在极端饥饿和滥用类固醇的情形下,作为漂亮的衡量标准的苗条和发达肌肉也会变成侵害品和破坏品。因此,对错误类型满足品的要求也许是无限的,确切地说是因为他们不能够满足我们有限的需求。

## 1.3 我们的定义对提高生活质量(QOL)的作用

既然我们已对需求与欲望下了新的定义,那么,具体针对财富和资源的分配,我们所作的新定义有什么用途呢?确切地说,它为我们提供了为所有人都获得更高 QOL 的 3 种途径。最明显的是,我们可以试图提高人们满足一组给定的需求或欲望的能力。这可以通过得到更多的必需的满足品或通过更有效地利用满足品而实现。当讨论的这些满足品消费有限的物理资源,因而一个人的利用会减少其他人可利用的总量时,后一种途径将是很适当的。例如,我们在第十一章中提到的一些研究表明,财富和资源的相对数量比其绝对数量更能影响 QOL。因此,如果某些人通过比其他人消费更多来强化他们的自尊以满足他们对身份地位需求,那么,我们可以把每个人超过其绝对需求的物质消费减少一半,而不影响相对消费,也不影响任何一个人满足他们对身份地位需求的能力。我们在满足自己的需求方面不应做过多的工作,而需要更多的时间去致力于满足其他人的需求。第二项选择是去改变社会的偏好❷。一种方法是有意识地改变社会对满足品的文化偏好,以形成这样一种认识,即较少的资源也能使我们更好地满足自身的需求。减少我们对个人占有的休闲交通工具的依赖,我们的脑海中就会形成参与的需求。同样地,社会应作出努力以减少或消除个人的欲望,正如上面所述,在这里,欲望被定义为对那些会以某种方式降低我们满足自身需求能力的满足品的需要。这是一个非常有前景的方法,因为,与需求不同,欲望可以是无限的,而且许多欲望是关于财富和资源的。由于财富和资源是满足品,因而也是 QOL 的惟一物理组成部分,因此它们是能被耗竭的,因而与分配、公平性和可持续性最为密切相关。第三,社会应当避免会增加欲望或需求,并不同时增加满足欲望或需求能力的任何东西,因为这会产生降低 QOL 的条件。

---

❶ 在个人生活的范围内,也发现了同样的趋势。研究发现,在 1972~1994 年宣称他们自己对自己的婚姻"非常幸福"、对他们的工作"非常满意"、对他们的经济状况"非常满意"或者对他们的居住地方"非常满意"的美国人的比例日益减少(Lane,2000 年)。

❷ 毫无疑问,任何有关操纵欲望、需求和文化偏好的建议都将受到那些担心这会侵犯个人自由的人的审视。需求和欲望能够被操纵而走向不同的结局,其中的多数结局我们绝大多数人从理智上都不会接受。但我们不应当让对结局的正当关心模糊这样一个事实,即我们的欲望和需求已经不断地被操纵。正如 Rawls(1971 年)所指出的,"一个经济系统不仅是满足现有的欲望和需求的一种制度工具,而且是创造和塑造未来欲望的途径。现在在一起工作以满足它们目前的愿望的人们如何影响他们今后所拥有的愿望,以及他们将成为何种类型的人。当然,这些问题是非常明显的,而且早已被认识到了。这些问题就像 Marshall 和马克思这样不同的经济学家所强调的那样。"(引自 Goodwin,1997 年)。当然,广告是一个巨大的产业,它除了操纵欲望外没有其他的作用。我们只有确保,任何操纵欲望和需求的努力均应包括公众讨论,是透明的,并且置于适应性管理的原则之下。

## 1.4 生活质量(QOL)与四种资本

社会科学近期的研究成果能够帮助我们认识人类需求的潜在满足品特性。虽然第十一章中的表 11-3 已经清楚地表明,经济生产仅能为人类的某些需求提供满足品,但对经济生产的深入洞察也能使我们更加明了满足我们的需求到底需要什么。经济生产不仅是人造资本的结果,它也需要自然资本、人力资本和社会资本的投入。例如,所有的人造资本都需要某些类型的其他资本的投入,而这些类型的资本最终都源于自然资本。生产过程中的相关技术和知识是人类知识或者说人力资本的产物。社会资本是指制度、关系和准则下,它们形成一个社会的社会相互关系的质量和数量。社会资本也不仅是构成一个社会基础的社会制度的加和,而是将它们联结在一起的内聚力(世界银行,2001 年)。社会资本通过合作减少交易成本、促进社会相互作用。因此社会资本是社会生产过程所必需的,所以经济生产需要所有四种资本的投入。

四种资本在满足人类需求和提高 QOL 方面以类似的方式发挥作用。自然资本不仅为人类的生存提供基本的原材料,而且促进废弃物循环、调节气候、为我们提供清洁的空气和水。根据"热爱生命的天性"假说(Wilson,1986 年;Kellert 和 Wilson,1993 年),人类对自然具有天生的情感,这对我们的心理安宁与形成个人对其他人的依赖同样重要。研究表明,当人们置身于自然景色而非城市景色时,人们则经历较低与压力有关的疾病、较低的血压、较快的术后恢复、较高的幸福程度和降低的恐惧感(Ulrich 等,1991 年)。沉浸在自然中可以产生自我感觉的"完整"和舒适感(Kapla 和 Kaplan, 1989 年)。自然也可以满足精神、文化和审美的需要,并且具有与其物质财富消费无关的价值。事实上,我们必须强调,在历史上和现实中,自然资本在决定 QOL 中具有根本作用。远在人类演化到能够思考、建立社会、成为工具的使用者以前,人类的绝大多数需求都是由自然直接满足的,甚至今天,自然对我们人类所有需求的持续满足做出了实质性的贡献。

人类实质上是社会动物,而且人类的关系、信任和社会是我们福利的必要组成部分。正如"热爱生命的天性" 假说所断定的,我们热爱自然是基因使然。作为一种社会动物,世代的繁衍无疑已经造成了对社会资本的类似需求。人类的可获得的知识和技术、健康的体魄等形式的社会资本进而也对我们的 QOL 做出贡献。据说,教育可以使你的心灵变得更加开阔而度过休闲时光。技术和知识可以帮助树立自尊心和地位,同时为低危险性、高满意度的就业提供更大的机会。几乎没有人会否定健康在 QOL 中起着重要作用。从历史的角度来看,人造资本是最新产生的东西;人类灵魂的基本需求无疑在第一件工具被发明以前就已经基本建立。虽然人造资本也对满足人类的许多需求做出贡献,而且数百年来表现出持续增长,但它对自然资本具有最大的负面影响,相对于其他资本形式而言正日益变得丰富(Daly,1993 年)。因此,一直以来,增加人造资本被作为实现高的 QOL 的关键因素,在过去这也许的确如此,而现在增加人造资本所起的作用已经相对较小。然而,人造资本在资源耗竭中仍然起着主要作用,而且人造资本的所有权强烈地影响现今的经济体系中财富的分配。

## 2 我们如何测量 QOL

我们必须认识到,现有的国家核算体系主要关注人造资本。如果这些国家核算体系要更好地测量我们追求欲望而不是需求的能力,那么,从这个意义上讲,它们是对的。如果我们要知道我们维持和增加现在和将来的 QOL 的政策是否成功,那么,我们就需要开发可测量的指标,以作为衡量需求满足程度和 QOL 的适当代用指标。

目前,我们显然不能准确地测量 QOL。用 Clifford Cobb(2000 年)的话说,“理解 QOL 的指标最重要的事实是,质量的所有测量都是代用的——我们意图判断的真实状况的间接测量。如果质量能被量化,它就不再是质量,相反,它就是数量。不应当将定量化测量判定为对或错,但是,定量化测量只是利用它们的适当术语,使我们更加接近难以到达的目标,它们永远不能直接确定质量”。

### 2.1 客观测量适用吗?

在第十一章中,我们评述了在国家尺度上客观地测量财富(包括自然资本和人造资本)生产的几种不同方法。作为对 QOL 的衡量,现在使用的所有方法都是不充分的。问题在于无数的研究发现,QOL 的客观测量结果与相关主体对 QOL 的主观评价之间只存在弱相关关系(Hass,1999 年)。然而,现有的这些研究以及国家核算的各种形式包括的客观指标的范围似乎相对比较狭窄,而且在我们看来常常是过分强调消费。最可能的问题是,QOL 是“太浓的秋葵汤”,用如此少的调料使我们不能够体味它的味道。那么,作为一个研究议程,我们提出了一项认真的研究计划,以测量 Max - Neef 的人类需求的价值论和存在论分类中获取需求满足品的程度,作为 QOL 的指标来使用。

用 Max - Neef 的人类需求作为 QOL 衡量的基础,不仅与第十一章评述过的已提出的绝大多数可供选择的方法背道而驰,而且也与现有的国家核算相违背,甚至其理论基础也不同。新古典经济学和 GNP 明显是功利主义的。在功利主义的哲学中,个人的 QOL 由个人能够满足他们愿望的程度决定,而且人们一般认为,社会的目标是为其居民提供最大数量的“效用”。由于功利主义哲学被新古典经济学所操控,因此居民最能确定什么提供效用。由于极难直接测量“效用”,经济学家们求助于运用揭示偏好作为替代衡量。偏好可以利用在市场上人们的客观的、可测量的选择来揭示。在市场经济中,偏好可以通过市场决定来揭示。市场决定只能用金钱表示,甚至 Jeremy Bentham(功利主义的奠基人之一)也认为,“金钱是一个人可以接受的疼痛或愉快数量的最精确测量”(Bentham,1830 年)。在功利主义的这种概念之下,其哲学是只估价最终状况,并且只需要“拥有”(having)财产和经验这些东西。可持续收入核算、绿色核算以及经济福利核算基本上只是这种哲学的扩展,并且同样只估价“拥有”(Cobb,2000 年)。在 Max - Neef 的框架中,拥有东西是非常重要的,但只是满足我们需求所需要的要素之一。拥有资源的慈善的独裁者可以向我们提供我们的幸福所需的所有物质条件,但不能满足我们对存在(being)、行为(doing)和相互作用(interacting)的存在主义需求,也不能满足我们对创造、参与和自由的价值论的需求。而且,在 Max - Neef 的概念中,人们并不总是能够确定什么对他们的 QOL 有贡献,正如上面在分析“需求”和“欲望”的区别时所讨论的那样。

我们提出的方法——评价人们独立于其后果的行为被称为 QOL 的人文发展方法,其主要的建议者包括诺贝尔经济学奖获得者 Amartya Sen 和 Martha Nussbaum。与 Max - Neef的论调相似,他们认为“潜质”(capabilities)和“机能”(functionings)对 QOL 是非常关键的(Cobb,2000 年;Sugden,1993 年;Nussbaum,1990 年)。粗略地说,“潜质”对应于人类的需求,而“机能”包括存在和行为的机会两个状态。在功利主义理论中,我们可以有几个不同的选项,在这些选项中我们选取其中的一种。如果除我们所做的选择外而将所有其他的选项都排除的话,它将不会影响我们的 QOL。在人类发展方法中,失败的选择限制我们的潜质。因此,将影响我们的 QOL。确切地说,某人“绝食放弃选择”与“绝食是因为他(她)根本没有吃的选择”这两种情况之间存在着根本的区别(Kiron,1997 年)。人类发展方法不关心人们做出的实际选择,而比较关注他们从中自由挑选的选项,而市场是许多领域中惟一重要的选择机制。

## 2.2 将人类需求评价作为 QOL 的测量

当然,测量人类的需求被满足的程度是一个异常困难的任务,而且是一个高度主观性的工作。Sen 和 Nussbaum 的开创性工作表明,测量潜质(即个人获得满足品的能力)将是非常有用的。然而,正如第十一章和上面所指出的,特定的满足品会因文化的不同而变化,满足人类的一种需求所需要的满足品的差异也许是决定一种文化的关键要素之一。这意味着客观的 QOL 核算必定是具有文化特征的。第二,如前所述,某些满足品可以满足人类的多种需求,而某些需求则需要几种满足品。更复杂的事情是,满足品会随着时间而变化。人类是居住在复杂环境中的社会动物,需求不能仅针对个人,而且要针对社会团体和个人生活的环境(Max - Neef,1992 年)。最后,当需求之间相互作用甚至相互补充时,它们就是不同的和有区别的,而且不是附加的。充分获取一组需求的满足品并不能补偿缺乏另一组需求的满足品。这意味着对不同需求的满足品的获取应当分别进行“核算”。

基于人类需求评价(HNA)开展 QOL 核算时,在比较这些客观测量与 QOL 的主观评价的研究中,检验满足品的测量结果以确定他们的有效性是很有用的。进行 HNA 核算的努力以及开展这些经验检验必须将人们包括在相互对话中,这将确认和驳倒 Max - Neef 所确定的需求的有效性,以及我们用来评价满足需求程度的满足品的有效性。这种对话几乎可以肯定地引出第十一章的表 11-3 中列举的满足品的补充和替代物。虽然一般人并不常常确切地知道什么满足品将最能满足他或她的需求,与人们的相互讨论对选取和检验适当的指标显然是必不可少的。我们也需要开发基于团体的方法以确定我们的指标在社会环境中的有效性。

## 2.3 生态系统服务:与 QOL 结合的指标

最终当测量 QOL 时,我们必须说明它与自然资本产生的生态系统服务之间的关系。Max - Neef 所列举的所有人类需求都以这样或那样的方式依赖于自然资本。然而,我们却完全忽略了考虑这些问题:生态系统的结构如何产生生态系统的功能? 生态系统的功能如何产生对人类有价值的生态系统服务？人类活动如何影响生态系统的功能？而且，当人类活动超过什么阈值时自然资本就不能再生？因此，目前不可能确切地说，特定的生态系统功能如何影响特定的人类需求。但是我们认识到，生态系统服务与人类需求之间的关系绝对是根本性的。考虑到高估生态系统的弹性或低估人类对生态系统的依赖方面不可接受的风险，我们断言，健康的生态系统对人类的福利是至关重要的❶。健康的生态系统是功能良好的，功能良好意味着生态系统具有提供服务的能力。因此，生态系统健康是满足人类需求矩阵的先决条件，所设计的测量人类 QOL 随时间变化的任何核算体系都必须说明生态系统的健康状况。

## 2.4 将 HNA 作为 QOL 的衡量的意义

尽管 Max-Neef 的方法在理论上比已经提出的其他方法更引人注目，但非常难以付诸实施。关于将哪种方法——理论上完善的方法或者易于核算的方法应用于国家核算的争论是一个老问题了。正如 Irving Fisher 在 1906 年所争论的，对收入的适当测量是对服务的精神波动(psychic flux)(即，需求和欲望的满足)的一种捕捉，并且也不简单是商品和服务的最终成本(Daly 和 Cobb，1989 年)。那时 Fisher 写到，计算服务的精神波动或者最终成本缺乏所需的适当数据，无疑使很多人将其作为完全的学术问题而忽略这种争论，但无疑有些人将重视我们这里所提出的论点。然而，如 ISEW 测量(见第十一章；Daly 和 Cobb，1989 年)表明，GNP 日益变得难以胜任衡量经济福利，更不用说衡量 QOL 了。即使我们永远不能像现在精确量化 GNP 那样对满足品的利用予以量化，正如 Amartya Sen 所说，也许粗略的正确总比准确的错误要好(Crocher，1995 年)。

将 Max－Neef 的人类需求矩阵作为人类 QOL 的专门要素框架，将满足品的利用作为 QOL 的潜在的最好的客观指标，对财富和资源的分配以及对我们维持人类 QOL 的能力具有重要意义。首先，Max－Neef 所建议的绝大多数可能指标几乎不需要物质资源，因此，不会遭受自然的枯竭。因此，一个人和一代人使用人类 QOL 的大多数要素对其他人不会减少。其次，明确地接受需求有限度这个观点，我们就能够限制消费而不会牺牲 QOL。这个结果非常关键，因为热力学定律表明，将物质消费与资源利用和废弃物生产分开是不可能的。大量证据表明，可再生资源本身不可能持续地满足目前的消费水平，因此我们必须限制消费。否则就会威胁支持生命的、不可替代的自然资本的供应。

当然，在现今的新古典经济学的主导意识形态下，信奉贪得无厌的欲望(它们并不与需求以任何方式相区别)以及将 GNP 作为 QOL 的替代测量，当代为了后代的缘故而自愿地限制其消费是不可能的。人们是极端不情愿为了他人而牺牲自己的福利的，如果富有的个人和国家拒绝为今天生活的穷人做出牺牲，那么他们怎么可能为那些尚未出生的人这样做呢？在现实中，财富转变为权力，而且有权力的人制定规章制度，“惩罚”有权力的人的规章制度几乎没有。另外，今天使用的分配财富和资源的主导制度是市场体制，然

❶ 评价生态系统的健康将需要另一套指标和测量方法。我们这里没有篇幅讨论适当的指标的性质，Costanza (1992 年)建议指标必须覆盖生态系统的至少 3 个方面，包括：①活力，这是对系统活动性、新陈代谢或者生产力的测量；②组织，指的是系统组成部分之间相互作用的数量和多样性；③弹性，指的是在存在压力的情况下系统维持其结构和行为格局的能力。

而,让后代也参与到该体制中来那是绝对不可能的。只有人们接受,限制超过某一阈值的当前物质资源消费对当前人们的 QOL 基本上没有负面的影响,我们就有可能为后代创建一个更加可持续的社会。

从这点上说,实施 Max－Neef 的框架的困难实际上是对它有利的一点。首先,我们为什么要测量 QOL,这并不仅仅是追踪 QOL 的上升或下降,而且是帮助我们发展促进 QOL 的政策。简单地提供 QOL 的统计数据是不足以实现这个目标的,还需要将那些数据与有关理论相联系,以不仅阐明为什么数据是相关的、而且如何能够实现变化。有关 QOL 及其适当指标的理论并不比有关的思想意识多,而且 HNA 背后作为 QOL 核算的基础思想意识提供了对 GNP 背后思想意识的重要替代。要达到物品和服务的更公平的分配以便对所有人产生更大的 QOL,我们必须改变人们对什么真正增加我们的 QOL 的认识。这需要有 QOL 的统计测量支持的令人信服的案例,我们给出的案例是基于 QOL 的人文发展方法内在的意识形态假说的。实施基于 HNA 的 QOL 核算的真正努力及其所需的广泛的对话,将把人们暴露在其背后理论的面前。暴露于一个理论面前是走向接受这个理论的第一步。一旦人们接受这个理论,将关键的资源留给后代将不会被当代人认为是过度的牺牲。这个观念是走向满足我们目标的关键一步(Cobb,2000 年)。

## 3　财富和资源分配的公平性指标的开发

在第十一章中我们说,市场体制在一代人内部可能是公平的,因为它给了人们“应得的赏罚”。但是,在大多数人看来,我们从这个体制所实际看到的许多后果显然是不公平的。这种不公平性的可能解释包括这样两种事实:一个事实是,只有当所有参与者的起点是公平的,经济体制才是公平的;另一个事实是,许多资源存在市场失灵,特别是由自然资本提供的资源。现在转向公正理论,Rawls 将公平社会定义为社会中生活最差的个人的生活也尽可能地好,但没有陈述这样的社会是什么样子。对现实目标,我们就只有这样的观念,如果生活最差的人正在改善他们的命运,一个社会就正在变得日益公平;而如果相反的事情发生,那么社会就变得更加不公平。

至于代际公平,市场经济面临更加严重的困难。后代不能参加今天的市场,因此市场系统不起作用。根本无法保障这些后代将收到他们“应得的赏罚”。而且,市场体制的许多支持者不愿承认这个事实。相反,他们认为,随着资源变得稀缺,价格上升,导致替代品的创造和生产。因此,后代将永远可以得到供应[1]。然而,如果一开始市场不能对资源予以适当的定价,那么,价格将不能正确地反映稀缺性,而且,将不会有激励因素使市场开发替代品。从定义上看,以市场失灵为特征的物品和服务市场是不可能对其予以适当定价的。如我们所讨论的 ,公正理论对代际公平要求三件事情:不要让后代比在平等的代际资源分配下所应有的状况更差;除非证明有其他的情况能维持不可替代自然资本的产出,

[1] 然而,大量的证据表明,以前的文明已经毁于资源的过度开发。如果我们相信市场体制可以避免这种命运的话,我们必须承认,盈利的动机比生存的动机有力得多,否则,技术已经发展到了无限的替代成为可能的地步。任一种假设都是基于信念和诱导式的推论,而不是科学,并且不能从伦理上被证明是正当的,如果我们接受我们对后代负有义务的话。

否则我们需要采取强可持续性发展。

不是试图去发展一种详细的、可以为"公平赏罚"理论学家和公正理论学家等所接受的公平性理论，这也许是不可能完成的任务，相反，我们将寻找有限数量的、两种方法都能同意的关于不公平性的专门指标和公平性的先决条件。这些将形成下面章节中客观测量公平性的基础。

## 3.1 自然资本与市场失灵

市场失灵给自然资源特别是生态系统服务造成灾难。如上面所述，自然资本在满足人类的需求以及在提供满意的QOL方面发挥着关键作用。通过深入分析两种特殊的市场失灵——公共物品和外部性，我们能够评估市场失灵与公平性之间有何联系(细节可看第十一章)。

### 3.1.1 排他性与"竞争性"

事实上，任何物品和服务(或者至少任何物品和服务的专门特征)可以根据两种特征进行分类：排他性与"竞争性"。排他性实际上是一个强制产权的问题。排他性物品是一个人或一个机构能够阻止其他人或机构使用的物品，而非排他性物品不存在这种可能性。由于一个人能够使用非排他性物品而不管他是否为此支付费用，因此没有人将为此掏钱，而且市场将不提供这种物品。竞争性物品是一个人使用将减少其他人使用的物品，而非竞争性物品是一个人的使用不会影响其他使用者使用该物品的数量和质量。本质上，增加一个人使用非竞争性物品的成本为零。因为经济效率要求物品的价格等于其边际成本，因此，非竞争性物品的市场供应将是无效率的。换句话说，如果一种非竞争性物品有价格，那么，一个人对它的使用将比其免费时要少。这可能导致这个人的QOL较低。额外的使用将不会招致对社会的额外成本。

因此，市场不能有效地提供既不是排他性物品也不是竞争性物品的任何物品[1]，这是一种市场失灵。非排他性的和竞争性的物品如海洋渔业是会遭受"公共地悲剧"的"开放接近"资源，而且受市场力量的驱动将被过度开发利用。如信息(例如，生物多样性中储存的信息)这种物品是非竞争性的，但通过适当的机构能够成为排他性的，可以由市场来提供，但导致的价格将不是有效的。既非竞争性也非排他性的物品，诸如臭氧层和全球气候调节是纯公共物品，将只能由非市场机构有效地提供(或保护)。自然资本的许多类型是这些不同类型物品的复杂混合物。例如，当亚马逊流域的树木被简单地视为木材时是市场物品，但当在大的无法监测的区域时，它们就是开放接近的资源。这些树木中包含的基因信息可以由《生物多样性公约》确定为排他性的，但不管有多少人使用它们，这些信息不会耗减。作为对雨林功能的贡献者，这些树木提供了气候调节、气体调节、扰动调节、生境等生态系统服务，并且是其他公共物品的材料来源。值得注意的是，自然资本的绝大多数生命支持服务是纯公共物品。

现在可以概括排他性、竞争性与公平分配之间的关系。市场系统中的开放接近资源

[1] 注意到如果人们不是新古典经济学所描述的自我利益的理性最大化者，市场经济能够供应公共物品并且减小外部性。然而，如果我们接受这个假定而认为市场失灵不是一个问题，我们也破坏了市场分配的最优性所基于的假说。

服从先到先服务的处理方式,没有适当的管理机构,那些到得太晚的人就什么也得不到了。几乎没有人不同意这种结果是既不公平也无效率的。根据经济学理论,非竞争性排他物品将不能被有效分配,在这种情况下要评价什么是公平的是很困难的。如果某人投资于某事并为此得到某些报酬,这可能是公平的,但如果这是投资于非排他性物品的话他可能收不到报酬。如果发明者收到了发明使用者支付的报酬,那么很可能使用的机会就将要比将其社会最优化后要少(至少可以假定这是一个对 QOL 有贡献的发明)。如果我们接受经济学家的论点,自由市场是公平的,那么市场物品的分配也将是公平的,但这只有当我们认为在资源的初始分配是公平的条件下才能达到。然而,一旦一种纯公共物品可以利用时,那么公平分配就是自动的,想利用它的任何人能够这样做,并且达到他们不想给任何其他人留一些的程度。这种因私人获利对公共物品的破坏显然是不公平的。

我们必须考察的下一个问题是自然资本、市场物品和公共物品之间的关系。我们可以区分两种类型的自然资本:物品和服务。物品是来自自然的原材料投入,如木材、鱼类和矿产。所有的自然资本物品都是竞争性的,因为如果一个人从森林中砍去一棵树或者从海洋中弄走一条鱼的话,它们就不可能再在那里等其他人去利用。自然资本是否是排他性的取决于产权及其执行的情况。例如海洋的渔业绝大多数是非排他性的,而私人土地上的森林理论上是排他性的。当然,在亚马逊中部的私人土地上,要执行产权是不可能的,而且树木已成为非排他性的。然而,一旦一种自然资本物品被收割,它就基本上是排他性的。因此,自然资本物品本质上是市场物品。另一方面,自然资本服务包括气候调节、气体调节、水调节等,它们的绝大部分是不能被私有化的,并且使用也不会导致直接的耗竭,这些服务是公共物品。

自然资本物品和服务之间的关系是什么?像这里所描述的自然资本物品——矿产资源、有机物质,以及组成生态系统的个体和种群动植物,不能被认为是生态系统结构的组成部分。当一个生态系统的所有结构要素均处于适当位置时,它们形成一个大于部分之和的整体,产生生态系统功能,作为生态系统结构复杂性所自然发生的现象。对人类有价值的生态系统功能叫做生态系统服务。正如所有市场物品必须产生于自然资本的结构要素那样,结构的损耗降低功能,总的来说,市场物品的生产必定减少生态系统生产公共物品的能力(Farley,1999 年)。

这与公平性问题如何联系呢?市场物品专门使个人受益而公共物品使每一个人受益,因此为了个人受益的市场物品的生产意味着公共物品的破坏。在市场物品的生产中存在着固定的不公平性。"应得的赏罚"应当要求生产和消费一种市场物品的任何人补偿所有那些遭受损失的人。公正理论应当容忍从未有过的自然资本向市场物品的巨大转变中日益增加的内在的不公平性,只要它能使情况差的人的生活持续好转。最终,市场物品的过度生产将破坏生态系统健康和全球生态系统产生关键的生命支持功能的能力,从而使得每个人的情况都变得更加糟糕。这种情况的结果将是极端不公平的,特别是对后代极不公平。

### 3.1.2 外部性

与分配和公平密切相关的另一种市场失灵是外部性。当一个行动者的活动对另一个行动者引起了无意识的影响,而且对此没有补偿时,就产生了外部性。因为没有补偿发生，外部性没有进入市场决策。许多负的外部性造成对自然资本提供的公共物品的破坏。事实上，这是在公共物品的讨论中描述的情况。一个行动者收割生态系统的结构，这对其他在从前受益于这种生态系统结构产生的生态系统服务的人们带来没有补偿的负面影响。同样地，所有的负面外部性都可能对财富和资源的不公平分配有贡献，当某些人受益时其他人却付出代价。Templet(1995 年)和第十一章中提供了这方面的许多例子。

因此，公正理论和“应得的赏罚”都应当同意，社会通过生产体制分配资源(这是非常必要的形式)，当表现为市场失灵时，社会对当代和后代都是不公平的。

## 3.2 消除贫困

第二点共识是，在一个拥有丰富资源以阻止贫困的社会中，贫困——一般定义为缺乏获取实现人类需求所要求的满足品——是不公平的。在 Rawl 分析的情形中这是非常清楚的。最贫困的人是情况最糟的人，而且如果另一个社会可以使他们的情况变得较好，那么他们生活的这个社会就是不公平的。新古典福利经济学肯定应当提倡消除贫困，其理论基础是功利主义哲学和边际效用递减。如果一个社会的目标是使个人效用之和最大化，而财富和收入提供递减的边际效用，那么很显然，对一个穷人增加一个单位的财富要比给一个富人提供同样单位的财富提供更多的效用。不愿意接受这个结论的经济学家断言，不同的人具有不可测量的不同享受能力，因此我们不可能进行个人之间的效用比较。因此，经济学家关注的是将生产而不是将效用最大化，这有效地围绕着分配这个问题(Robinson，1964 年)。然而，任何人会愚蠢到相信，平均而言，某一单位的额外收入对生活在绝对贫困中的人的受益程度不会比同样数量的收入对百万富翁的受益程度大吗？在某些水平上，人们可以有不同的享受能力，但我们的生物需求是一致的，当一个人从低于这种需求到高于这种需求所增加的效用显然是巨大的。

没有弄清楚的一个问题是，为什么“应得的赏罚”原则提倡缓解贫困。Solow(1993 年)指出，可持续性的整个讨论一般认定，当代人应当做出某些牺牲以使后代人过得更好。如果我们关心现在尚未出生的人口的可能贫困，什么伦理制度将允许我们无视那些今天活着的人们的实际贫困？“应得的赏罚”的理论家也许会说，在一代人内部市场是公平的，但代际之间是不公平的，因为后代不可能参与到今天的市场中。因此，“应得的赏罚”能够证明关心为可能的后代提供丰富的资源而实际上忽视今天的贫困是正当的，这听起来真是很奇怪。而且，绝大多数美国人表示他们相信美国现今的收入分配是不公平的，但是，他们仍然不愿意为那些没有“挣得”收入的人提供收入。然而，“应得的赏罚”观点基本上主张，应当根据人们对社会的贡献给他们支付报酬。然而，过去两个世纪确实已经看到人们实际收入呈相当稳定的增长趋势。这并不是因为人们对社会做出了与他们的收入相当的更多的实质性贡献，而是因为他们得益于过去对生产率的贡献。即许多人获得了比他们应得的更多的报酬，但是，如果任何人都将得到比他们应得的多，那不是最糟糕的事吗？而且，如果缺乏机会是贫困的原因，那么，“应得的赏罚”的公平性标准就不会被满足。进一步讲，这似乎表明“应得的赏罚”论点至少应当支持均等的机会。可能在这种伦理体制下向穷人的直接转移支付是不适当的，但在最低限度，有最低生活工资的稳定工作以及平等的获得教育和工作晋升的机会应当得到保障(Lane，1986 年)。

## 3.3 最高收入水平

第三个共识是，一个星球上基于有限资源的无限收入和物质财富的积聚是不公平的。公正理论的理论家也许会说，允许财富的无限制积累将产生激励因素以促进总生产的增加，并且使生活最差的人的情况比以前变好。“应得的赏罚”的理论家可能争辩道，富有者富有只是因为他们挣得了财富，而且社会没有权利剥夺某人的应得的赏罚。然而，在一个受热力学定律支配的有限的星球上，如果过多的人消费得太多，他们将减少后代可以利用的资源。这意味着在将来社会将比其今天的情况要差，或者在将来个人为了消费同样多的东西就必须工作得比今天的个人更辛苦。因此，“应得的赏罚”的原则不适用于代际之间。“应得的赏罚”应当要求今天的社会不能消费的与后代一样多，因为后代缺乏我们今天所享有的获得工作报酬的同样机会。我们已经提出，按照这些标准，社会现在正在消费太多的东西。然而，只要求社会作为一个整体必须减少消费，但没有要求社会中那些拥有最多财富的人也限制消费，不能简单地用“公平性”来为此辩护。某些人可能又转向认为最富有的人并非必然就是最大的消费者。如果真是如此，那么，就有更大的理由认为不要限制财富的无限制积聚，正如我们将要解释的那样。

如果不是为了消费财富，为什么任何人要积聚财富呢？惟一的有理由的答案是积聚权力与地位。的确，没有人可以辩驳在现在的政治体制下财富不会带来权力。虽然许多人认为，财富的不平等分配是可以接受的，但很少有人接受权力的不平等分配(Lane，1986年)，至少在那些承认是民主的国家。而且，一旦人们积聚到权力，他们就会用这种权力积聚更多的财富和权力。例如，令人痛心地看到，在大多数国家社团给政党的捐款没有被用于加强民主，而是用于推动能够为捐款者提供更大经济好处的立法。巨大的财富允许人们在政治舞台上获得的比他们“应得的赏罚”更多，然后用这种权力在经济舞台上也攫取不公平的好处。这方面的例子在第十一章中提供了一些，Templet(1995年)也列举了不少例子。然而，奇怪的是，在限制最大收入与保证最小收入之间，美国人更倾向于反对限制最大收入(Lane，1986年)。美国人似乎拥有两种完全相矛盾的核心信念：我们生活在一个民主社会中；而且，任何人都有资格为富不仁。然而，正如最高法院法官Louis Brandeis所说，“我们能够有一个民主社会，或者我们能够让巨大的财富积聚在少数人手里。但我们不能拥有这两种情况”。[1]

这里概括的一个公平社会的这最后两个共享原则可以说不是现代的概念。我们知道的最早的也许是西方哲学家Thales Miletus在公元前1600年所写的：“在一个国家如果没有过多的财富也没有不适中的贫困，那么就可以说公正是普遍的”(引自Durning，1992年)。

---

[1] 哲学的一种学派认为，简单地保证财富更加平等的分配将不会有什么好处。公正有无数的方面，每一个方面都与一个不同的社会舞台相适应。在西方资本主义社会，金钱财富占主导地位。更平等地分配财富将需要一个有力的政治手段，并且政治将取代财富成为主导的舞台。如果政治权力分配更加平等，那么，金钱财富的主导地位又将返回。如果我们切断公正的无数方面之间的联系，以至一个方面的不平等不能够转变为另一个方面的不平等，公正才能得到实现(Walzer，1990年)。虽然这个论点非常引人注目，以及公正的各方面的自治应尽可能追求达到一定程度，但是仅依赖于公正的这个方法似乎需要对社会进行比我们所提出的更多的彻底变革。

## 3.4 地理公平性

公平性的概念并不由地理接近度决定。历史上,对一个人的邻居给予更大的公平,从遗传上被认为是有理的,因为他们更有可能共享一个人的基因。在某些国家,可能仍然保留这种观点。在其他国家,移民导致基因库混合,而且便利的旅行继续使然。在任何情况下,我们都认为我们对后代有伦理义务,包括与我们几乎没有联系的遥远的世代,就像对生活在地球上最遥远的角落的人们一样。因此,不是寻找在空间上适用的公平性的细微差别,相反,我们关注的是不公平性的两个特别惊人的例子。

### 3.4.1 第三世界的债务

第三世界和东欧国家的总债务目前约 2.6 万亿美元,在某些国家,政府支出的 40% 用于偿还债务。现在,与债务有关的财政资本从贫穷国家净流向富裕国家,在过去 20 年中的至少 10 年中是这种情况。这些贫穷国家被迫将更多的钱花在偿还债务上而不是健康和教育上(Roodman,2001 年)。债务危机引起了相当大的困难,并且最近短期债务的极大负担与货币崩溃和严重的衰退相连,这已在东南亚开始。按照"公正理论",债务的这种不公平的性质是很明显的。然而,"应得的赏罚"学派宣称,这些国家自愿签订了这些协议,因此它们有义务遵守这些协议。这种论点无足轻重。首先,专制的独裁者获得了债务的大多数。菲律宾的马科斯、扎伊尔的莫布土(Mobutu)、印度尼西亚的苏哈托、海地的杜瓦利埃(Duvaliers)就是最臭名昭著的一些人,还有几十个这样的例子。他们得到的贷款的一部分到了他们腐败的亲信手里,一部分被存到了瑞士银行以及其他的财政天堂的账户上。更糟的是,这些钱的多数被用于维持不合法的权力。既然这些独裁者已经被推翻,西方银行宣称,那些将这些钱用于征服的人必须支付这些债务。即使贷方也不知道他们的钱是如何被使用的,显然那些人民也不知道,他们从道义上不应被强加偿还这些债务的责任。按照国际法中已经建立的先例,他们也不应承担这个责任。1898 年,在西班牙与美国的战争中,在美国基本上从西班牙手中夺取古巴后,美国宣布古巴欠西班牙的所有债务全部无效,因为它是"可憎的债务"。这个论点是,钱被借给了没有代表人民的独裁者,因此人民没有义务偿还它(Chomsky,1998 年)。如 John Maynard Keynes(1919 年)所主张的"宗教和自然伦理不会认可国家因为他们的父母亲或者统治者犯罪而迁怒于敌人的儿童"。如果我们不能找敌人的麻烦,我们肯定不能找其他任何人的麻烦。要求偿还债务不能被认为是"应得的赏罚"的一个例子[1]。其他关于取消债务的论点典型地接受了这种错误的前提,即我们要求实际的债务人偿还。

### 3.4.2 生态赤字

如果有道义上的义务偿还赤字的话,过度发达国家(ODCs)[2] 有责任为数百年来积累的生态破坏向欠发达国家(LDCs)进行补偿。ODCs 对绝大多数自然资本的使用和废弃物的产出负有责任。即使许多资源的开发发生在 LDCs,但正是 ODCs 的消费者最终对此

---

[1] 美国和其他西方国家现在坚持(基本不让步)偿还许多类似的可憎的债务的事实是基于一个不同但很古老的概念——强权就是公理。

[2] 我们将"过度发达国家"(ODCs)定义为从消费和经济增长为国家聚集 QOL 的净边际收益小于或等于零的国家,或者反过来说,这种消费强加于其他国家或后代的边际外部成本大于总的边际收益的国家。

应负有责任。已经在南极发现了 ODCs 生产的有毒化学物质(McGinn,2000 年)。公众对 ODCs 污染的大声疾呼已经迫使许多工厂关闭,搬到环境法律不健全和管制松懈的 LDCs 国家中去。对潜在的可更新自然资源的过度消费不仅预示着留给后代的资源更少,而且对当代也是如此。例如,欧洲国家已经从一些西非国家购买了捕鱼权,而那些西非国家的渔民发现,这导致的渔业资源存量枯竭正在不可避免地影响他们的生计(Brown,1998 年)。西方公司在尼日利亚三角洲地区的石油生产已经严重破坏了世界最大的红树林生态系统之一,这对当地生物群落的健康产生了严重的负面影响。更糟的是,化石燃料的过度燃烧现在正在(如果还没有的话)引起全球气候变化。导致的海平面上升将淹没诸如毛里求斯和塞舌尔等低海拔岛国,以及威胁许多国家的海岸地带。伪善的是,ODCs 叫嚷巴西对亚马逊雨林的破坏威胁生物多样性并将产生温室气体,然而,过去数百年中 OECD 国家的森林采伐向大气中贡献的 $CO_2$ 比整个亚马逊雨林中包含的还多(Bueno 和 Marcondes,1991 年)。LDCs 用于对付全球变暖的资源非常有限,这些国家主要依赖于农业,而农业是最易受到影响的部门,因此将很可能遭受全球变暖的大影响。既然 ODCs 引起的臭氧耗减和全球变暖等问题已经达到了危机的程度,所有国家必须合作以减小损失。在许多情况下,这意味着那些具有最高绝对贫困人口比例的国家的经济增长速度将要放慢,但他们仍然可以从更大的生产和消费中获得益处。到目前为止几乎没有对引起生态破坏的补偿进行过认真的对话,而且 ODCs 仍然主张减少温室气体排放和替代臭氧耗减物质的技术应当卖给而不是转赠给 LDCs。某些"应得的赏罚"理论家如 Lawrence Summers(1991 年)叫嚷道,我们应当把有毒废弃物运到 LDCs,因为:①它们是"低污染的";②它们对安全环境并不看重;③LDCs 的人民的生命不值钱。然而,一个人没有理由认为,在没有补偿的情况下穷国应该接受 ODCs 给予它们的"应得的赏罚"。

## 4 测量公平性的方法

测定如公正性这种基于伦理的概念也许要比测定 QOL 更困难。在这一节里,我们将不展开详细论述公平性的测定问题,而是分析能捕捉经常被忽视的公平性要素的一些可能性。这些建议的许多内容需要大量的实际应用研究来完善。但这不意味着它们"幼稚"。要知道在第一次提出采用 GDP 类型的国家核算时,我们根本就没有可用于计算它们的数据,从一开始讨论到实际核算应用就花费了数十年时间。如上面所建议的,好的测定公平性的起点应该集中在不公平的客观指标上,而且公平性的条件应当得到"公平赏罚理论"和"公正理论"两个理论流派的赞同。因此,我们将把生态系统健康和影响环境的市场失灵,以及收入分配和财富提供政治权力的能力等作为公平性的测定标准。

### 4.1 生态系统健康与市场发挥作用

在上面我们已经得出结论,为个人私利而损坏公共物品和负的外部性本质上都是不公平的。对公共物品的损坏和负的外部性都起因于正常发挥作用的市场。市场外的机构,如政府必须负责提供和保护公共物品。因此,一个社会提供和保护公共物品并且消除负的外部性(特别是影响公共物品的负的外部性)的程度或许是其公平性的一个合理指标。相反,如果社会对那些不产生正的外部性的市场物品或市场物品的生产进行补贴,特别是如果被怀疑的市场物品的生产破坏了公共物品的话,这种补贴就是不公平性的指标。Templet (1995年) 已经使用不同类型的政府补贴作为不公平性的指标,而且通过统计分析证实了它们的有效性(见第十一章)。

再次重申,绝大多数环境服务都是纯公共物品。所有市场物品的生产都需要原材料的输入并且产生废弃物,而原材料又提取自产生生态系统功能的生态系统结构。因此,市场物品的生产一般会造成负的外部性,表现为对环境服务的危害。在前面我们把生态系统健康定义为生态系统功能的良好运行,这是生态系统产生服务的能力。很明显,生命支持功能是自然资本自我更新的基础,是这些服务中最重要的。因此,健康的生态系统产生公共物品,并且不会受到市场物品生产的负的外部性的严重影响。此外,我们已经论证过,生态系统健康在满足人类需求方面发挥着关键作用,当然有些是直接的,有些是间接的。特别是在农村地区和沿海地区,许多人直接依靠生态系统物品和服务来谋生,最穷困的人口也经常依赖健康的生态系统来生存。这方面的无数例子中也包括红树林生态系统,它们提供了建筑材料和食物来源,并且充当许多鱼类种群的"保姆",当地的人们正是依赖这些鱼类种群而生存的(例如 Nickerson,1999年);亚马逊地区的生态系统产出养活了该地区的很多穷人(Schwartzman,1989年);而泰国和象牙海岸的森林服务大大提高了当地的谷物产量(Panayatou 和 Parasuk,1990年;Ehui 等,1990年)。因而,生态系统健康可以作为代内和代际公平性的一个重要指标。

因此,接受生态系统健康作为公平性的一个合理指标,可以为我们提供一些如何将它用做一个公平性指标的知识。如前面所述,某些生态系统服务对局地尺度的人们是自然产生的,而有些却是区域性的,比如森林砍伐对数百或数千英里之外的降水量、区域气候和农业产量的影响。也有一些是国际性的,比如全球气候调节和地球生命支持系统。有人正好住在远离未污染的空气和水源的地区,这也并不必然意味着不公平。比如,Donald Trump 在其城堡的家里利用着人为仔细控制的气候,他虽然没有被直接的特定的生态系统服务所包围,但是他有能力以小尺度形式替代它们,如果他非常渴望的话他可以利用生态系统服务。可能会出现这种情况,即公平性的适当指标将可用于健康的生态系统提供的服务。如果有人生活在一个退化的生态系统里,因为这是他惟一能够住得起的地方,那么这是不公平的。把生态系统健康作为不公平性的指标将需要做大量的研究工作(见 Costanza,1992年),但在观念上已经表明是可行的。

## 4.2 贫困与病理

如上面我们所论述的,如果贫穷是不公平的,那么,公平的一种衡量应该是一个社会已经消除贫困的程度,这里贫困被定义为没有能力满足人类的任何一项需求。在这个内容上,Max-Neef 所指的"贫困"并不只是贫困。伴随贫困的问题是它产生其所在的系统的病理症状。Max-Neef(1992年)提供了以下例子:"……持久的经济病理是失业、外债和极度通货膨胀。普通政治病理是恐惧、暴力、歧视和流放。"这种系统范围的病理概念在个人层次上也有对等物。比如,生存贫困引起营养不良的症状,保护方面的贫困引起可预防疾病的病理,情感贫困导致暴力和不能容忍的病理。可以把这些病理的出现作为"贫困”的指标并进而作为对一个特定社会的公平或不公平的衡量。

## 4.3 财富与权力

我们也已经讨论过，无论从时间或空间上看，物质财富和权力的集中是不公平社会的一个指标。最简单的公平衡量标准包括顶尖的1%人口所拥有财富的百分比和顶尖的20%人口所拥有财富的百分比，两个数值都包含国内或国家之间，公平性的趋势可以根据这些统计数据随时间的变化来决定。美国联邦储备委员会估算，1995年美国顶尖的1%人口的财富比底部的95%的人口的财富还多。仅仅在三年以前，顶尖的1%人口的财富相当于底部的90%的人口的财富。在1998年，富裕国家人民的生活水平是全球最贫穷的20%人口所在的那些国家人民生活水平的82倍，而在30年前，前者仅仅是后者的30倍(Gates，1999年)。由于在现代社会中财富意味着过度消费和权力，财富的集中可能就是代内不公平的最好的单一指标。相反，财富总量，这与分配无关，就可能是对后代不公平的最好的衡量指标。因此，就国家衡量而言，从时间上来说，我们可以认为像经济合作与发展组织(OECD)国家这样的社会是最不公平的。而在现今阶段，以财富的不公平分配而声名狼藉的拉丁美洲国家显示出更大的国内不公平。就国际衡量而言，OECD国家既从当今的不公平中获益最大又给后代强加了最大的成本。

我们也应该尝试着衡量一下用财富购买政治权力的交易达到了什么程度。在美国2000年的大选中，不到美国总人口的1%的人捐赠给布什的钱就占布什获赠捐款的71%之多，捐赠给戈尔的占其获赠捐款的61%。不足为奇，民意测验表明，布什和戈尔的政策与他们的大的捐款人的观点非常接近而与普通美国人的观点相去甚远。比如，戈尔想用政府盈余兑付国债，而布什则提出减税。将近2/3的投票者支持对保健和教育的投资，其余的1/3有支持债务削减的、有支持减税的。比较起来，52%的主要捐款人赞成减税或者削减债务，其中共和党人大多数则赞成减税(Lake和Borosage，2000年)。

在名义上的民主社会里，财富对政权影响的最简单衡量指标就是计算出社会最富有的1%、5%和10%的人口提供的捐款所占的份额，以及那些什么也不捐赠的人口的百分比。更难的但也更有趣的将是估计一个政治家的票数与他的最大捐款人的偏好和他的班子成员的偏好之间的关系。更难的而且仍然有趣的是计算出合法选民和公司的政治捐款和竞选游说花费的基尼系数。过去常常用于比较国家之间的收入分配的基尼系数(GC)是洛伦茨曲线与45度等分线之间面积的简单测量。洛伦茨曲线是一种图解，它反映的是某一百分比的个人或家庭(在这种情况下是某一百分比的个人或家庭的捐款)收到的国家收入(在这种情况下是政治捐款)的累积百分比。基尼系数为0表明投票人的捐款(或者收入)是完全公平分配的，基尼系数为1表明所有捐款出自一个人(或一个人挣得全部收入)。公司必须被纳入这些计算中，因为它们的美元和公民的美元具有同样的影响力。在民主社会里，合法投票者即使未投票也必须包括在内。政治衡量方法可用来进行一个国家内部政治家之间的相互比较以及用于国家之间的比较。当然，该方法只适用于名义上的民主社会中收入较高的那部分人，因为这些人有足够的资源可捐赠给政治家。另外，还必须为世界上的绝大多数国家开发其他的衡量方法。利用GC衡量方法的不利方面是，它需要对测定什么进行解释，因此它对比较性目标的测定是有用的，用户仅需要理解GC

越大表明分配越不公平,GC 越小表明分配越公平。

对影响环境的问题,也值得研究总的政治捐款值与投票记录或者政治捐款的基尼系数与投票记录之间的关系。如第十一章中所讨论的,Templet(1995 年)发现,拥有比较多的竞选捐款的候选人拥有的环境投票记录很差,正如保护联盟(The League of Conservation)的支持者所测定的。更一般的情况是,博伊斯(Boyce)等 (1999 年)发现,当政治权力集中时,污染就会增加,公众健康和福利就会下降。

## 4.4 生活质量基尼系数(QOLGC)

虽然基尼系数(GC)可以用于计算收入分配的公平性,但我们对公平性的关注不仅局限于收入的分配,而且关注对高的 QOL 有贡献的所有因素的分配。这就提出了一个问题,基于前面提出的 QOL 的人类需求评价方法的 GC——生活质量基尼系数(QOLGC)是否能成为测定公平性的更适当的方法。虽然 QOLGC 是一个抽象的概念而且目前超出我们可以计算的能力,但是 QOLGC 可以捕捉标准的 GC 不能捕捉的有关公平性的许多方面。然而,这种方法还有一系列严重的问题。第一,我们需要用具体数字表示人们的 QOL,这个数据来自于对人们利用人类需求的满足品的客观衡量,或者最少是来自于对每一项特定的人类需求的满足水平的主要衡量。第二,并不是所有的满足品都依赖于物质资源的消费。那些不消费物质资源的满足品将不会侵害其他人提高他们自己的 QOL 的能力。因此,如果一组拥有的这类满足品多于另一组所拥有的,这不是"不公平的"。另外,物质资源的过度消费是不公平的,但是超过了某种水平后它或许就不能对 QOL 有实质性贡献,因此也将不可能被捕捉到 QOL 的客观衡量中。这一点在上面的有关"侵害品和破坏品"、"假满足品"和"阻止性满足品"的讨论中已经涉及。虽然这些假满足品可能最终破坏 QOL,但是人们会利用很多的资源来获取它们,而且这种获取应该被包含在公平性的任何衡量中。也就是说,衡量公平性的一种更加广谱的 GC(不是 QOLGC)应该建立在对满足品、侵害品和破坏品、假满足品和阻止性满足品等利用的基础上。

如果我们试图在国家范围内对公平性进行类似于广谱 GC 的衡量,那就会遇到更复杂的情况。满足品是具有文化特性的,所以,在不同文化之间依据对满足品的利用方式来判断公平性是非常困难的。而且,一些国家强调本来不公平的满足品。特别是,许多国家的文化强调消费为满足品,但消费耗竭了世界的资源,否则这些资源可以被其他人或其他世代使用。如前面所指出的,消费经常是一种阻止性满足品,或者对许多人类需求来说是一种假满足品,在过度的情况下,就成为侵害品和破坏品。因此在这些文化中,关注消费可能已经导致了对家庭、社区和自然等的亲近减少,导致了人类需求的满足程度降低。但是,谁也不能宣称比如他在美国社会受到不公平对待,因为我们建造了带状林荫路,可以坐着等待降低我们 QOL 的交通堵塞结束。

关于公平性的国际性衡量或许最好的方法是,计算一个简单的基于收入的全球基尼系数。收入或许是物质资源消费的最好的衡量,根据热力学定律,这剥夺了其他人使用那些资源的机会并且将废弃物排入环境,因此这可能是公平性的最好指标。据我们所知,GC 还从未用来计算国际上财富的集中趋势。利用人均收入,或者忽略国界的整个全球人口和个人收入计算全球人口的 GC 是可能的。在每一种情况下,它都非常有助于调整购买力平价。两种衡量方法都将传达有用的信息，统计数据也容易得到[1]。这些衡量可以进行时间追踪，以指明收入分配的全球公平性是在改善还是在下降。

## 5　公平性与生活质量(QOL)之间关系的含义

不公平性的定义含蓄地表明，那些经历了不公平的人们享有的QOL比经历公平对待的人们享有的QOL要低。但是，归因于其他人行为的不公平性大概不会发生，除非其他人受益于它或者至少感觉到受益于它。无疑，一般的理解是，降低不公平性也必定会降低受益于它的那些人的QOL。富裕的和有权势的人们担心资源的更公平分配将不可避免地降低他们的QOL，他们的这种恐惧是国家、国际和代际之间的更大公平的一个主要障碍。因为富裕和有权势的人们最有能力改变当前的分配，这对追求更大的公平是一个严重的障碍。然而，大量的证据表明，财富和资源的更公平分配实际上不仅可以改进现在的那些穷人的QOL，也可以改进那些富人的QOL。

### 5.1　地位财富

首先，让我们回到这样一个事实，在某种水平以上，资源消费和财富就是“地位性的”，即，我们通过将我们的地位与其他人的地位相比较而推导QOL。这就使得我们目前正在忙于永无止境的财富和消费的竞赛，我们的参照人群的更多消费要求我们也要有更多的消费，这种竞赛只是为了维持相同的相对地位。由于现在的经济增长模式导致财富集中在少数人的手中，因此，绝大多数人口在这种竞赛中日益落后。很明显，富人们只是在他们之间相互比较而不会与穷人比较，因此富人们也不会认为自己正在得到更高的QOL。相反，盲目追求地位财富和消费对我们的时间和资源提出了很大要求，而几乎使我们没有能力去满足其他的人类需求(Frank，1999年；Broome，1991年)。而且，由于所有的市场消费品必须用自然资本来生产，所以我们不可避免地降低了自然资本产生公共物品的能力。因此，在这场地位的竞赛中我们消费的资源越多，那么，被消耗的自然资本就越多，我们享受的生态系统服务就越少。最终，我们要冒支持生命的自然资本被破坏的危险，这威胁我们的生存基础。基本的生存当然不是地位性的好处，而生命支持的自然资本的丧失将对全球的QOL产生不可接受的负面影响。用Max－Neff的话说，自然资源的过度消费和积累是一种假满足品，而且，如果走向极端就会变成侵害品和破坏品。

如果在某个水平以上，地位财富和消费的影响就会超过绝对财富和消费的影响，那么，如果我们能设法将该水平以上的所有消费降低一定数量，例如90%，人们的QOL可能只遭受到微小的直接变化。间接而言，较低的消费需求要求较少的工作，这可以留出更多的时间去追求满足其他的人类需求。生态系统服务将会更加丰富，从而有助于人类所有需求的实现。我们将保持远离生态阈值，消除担忧生态系统退化的压力，并且更好地满足我们的保护需求。由于生态系统服务是公共物品，这将对当代和后代都更为公平。

---

[1] 各个国家的人均收入数据是准确的和可以得到的，但是国家内收入分配的数据很可能不那么准确。

## 5.2 收入不公平是对 QOL 的损害

如前所说,QOL 概念最初引入是为了阐明在从未经历过的大规模经济生产的社会中日益增加的诸如犯罪率等问题的。因此,根据定义,犯罪尤其是暴力犯罪降低了 QOL。根据人类需求评价,暴力犯罪降低了社会满足安全需求的能力。很明显,绝对贫困提供了犯罪的刺激因素。然而,无数的研究发现,不仅贫困和暴力犯罪之间,而且收入不平等和暴力犯罪之间都有着重要的相互关系,即使当贫困得以控制时(Kennedy 等,1998 年;Hsieh 和 Pugh,1993 年;Fajnzylber 等,1998 年)。QOL 在医学领域也是一个重要的概念,假如其他情况都相同,大多数人都同意健康不佳也会降低 QOL。而且,许多研究还发现,在健康不佳与收入不平等之间有明显的相互关系(Lynch 等,1998 年;Kawachi 等,1997 年[1])。比如,Wilkinson(1996 年)发现,在发达国家中,并不是最富裕的社会拥有最好的健康,相反,那些收入不平等最小的社会拥有最好的健康。不平等和相对贫困都转化为死亡率的增加。关于暴力和健康的大多数研究发现,由于收入不平等导致的社会内聚力或者社会资本的缺乏,促进了这些不良后果的形成。可能在这些研究中没有涉及社会资本对 QOL 有贡献的许多其他方面,这也提供了公平性对 QOL 有贡献的另一个原因。

## 5.3 我们仍然需要刺激生产吗?

作为公平性与 QOL 之间关系的决定性思想,Rawls(1971 年)最早证明了一些不平等,因为它提供了扩大生产并且因此增加穷困者的 QOL 的激励因素。然而,在一颗有限的星球上持续增大生产是不可能的。在超过某个点以后,经济增长强加的成本(以消失的生态系统服务计算)就超过了更大的消费的收益。当然,这是在我们还没有达到这种情形发生的这个点,或许我们正处在接近它的时候。因此,如果刺激生产的因素更少,我们的情况将会日益变好。既然情况到了这种程度,公平理论就应该呼吁更大的平等。

# 6 如何实现可持续的、公平的和高的 QOL

迄今的讨论阐述了 QOL 和公平性的定义,提出了作为 QOL 和公平性评价的代理指标,并且研究了它们之间的相互关系。这种讨论是有用的,它能够提供导致财富和资源公平分配的政策建议,这是保证当代和后代获得可能的最好 QOL 的一个必要条件。这样的政策将是怎样的呢?

目前的消费水平极可能是不可持续的并且威胁到后代的 QOL,而且持续的经济增长肯定会导致这种后果。我们认为,要在区域、国家和全球尺度上实现可持续性,我们就必须尊重在第十一章中叙述的 6 条原则:责任、尺度匹配、预防、适应性管理、全部成本分摊和参与(见第十一章,或 Costanza 等,1998 年)。公平性需要(最低限度)健康的生态系统、结束贫困以及限制财富和消费。公共物品的供给将进一步强化公平性,而市场物品的过度消费将降低公平性。通过增加满足人类需求的能力或者减少的欲望可以提高 QOL。

---

[1] 其他例子可见 http://www.worldbank.org/poverty/inequal/abstracts/health/read.htm 。

也许在这方面,最重要的分析结论就是 QOL、公平性和可持续性是密切联系的和强烈互补的。问题是,什么样的政策将能帮助我们对所有人实现具有高的 QOL 的可持续的未来。

与可持续性、公平性和 QOL 最直接联系的问题是财富和资源的积累和消费。这里还要不厌其烦地说,物质资源的消费剥夺了其他人利用那些资源的机会,使环境退化,威胁地球的生命支持功能,并且减少了对全人类有益的其他环境服务。虽然高于某一水平的消费与 QOL 之间没有固定的联系,但一种普遍的和日益增长的观念是:如果我们能多消费一点的话我们都将会更幸福,而且政府就是依据其实现这个目标的程度来衡量他们的政绩的。这种思想观念得不到现有证据的有力支持。如果过度消费对 QOL 不是必需的(而且实际上会降低 QOL)和公平的,并且威胁可持续性,那么,为什么日益增加我们的生产和消费不仅是一个国家的困扰而且还是全球性的困扰? 更重要的是,这又如何改变呢?

对于第一个问题,我们将给出两个重要的答案。对于第二个问题目前还没有详细的答案,现有的认识还存在着激烈的争论并且还需要大量的篇幅加以论证。无论怎样,我们将为实现这个目标提出一些政策性建议。

## 6.1 当今世界的状况

### 6.1.1 变化中的世界

作为第一个问题的答案的第一部分,我们必须记住,现在的社会、经济和政治制度,以及各种学科,都形成于这样一个时期,即自然资源和生态服务对人类的生存而言是丰富的,紧密联系的社区对生存是必不可少的,以及人类的影响是相对小的和局部的。

人造物品和生产物品的稀缺是提高 QOL 的限制因素。经济学曾被称做稀缺的科学,致力于稀缺资源在各种最终用途之间的分配,而且从历史上看,市场系统非常擅长于促进消费品生产和改进 QOL(至少从寿命和健康可以衡量)。在丰富多彩的世界中市场系统在满足我们的需求中影响了我们的价值体系,促进了个人主义、竞争和唯物主义的那些价值观的发展,这推动了市场经济的功能发挥。然而,现在自然资源和生态系统服务已经成为稀有物品,但是我们适应这种变化的行动很迟缓。我们必须建立一个系统,在这个系统中经济均衡将与生态均衡相容,这是一个被传统经济学家忽略的问题。也就是说,我们必须使经济系统的规模小于支撑它的生态系统的规模。此外,现在资源枯竭和环境退化的威胁将使后代的状况比当代差,因此代内和代际的分配问题必然成为一个中心焦点(Daly,1991 年;Costanza 等,1991 年)。

问题是在一组情况下帮助我们实现理想的目标价值观在另一种情况下好像又将我们引向不合需要的目标,而且文化价值观的改变是很缓慢的。

幸好人类的经济系统是动态的,它们响应人类环境的变化而演变和适应。例如,农业的发展需要土地产权的改革,这对现有经济系统具有根本性影响。当前,日益增多的科学文献表明,人类活动威胁到诸如臭氧层和气候稳定性等资源,它们的有效分配不服从于产权类型以及作为我们现在经济系统的基础的相关价值观。因此,我们需要完全不同的途径研究发生在地球生命支持系统内部的经济发展。可持续性要求扩展我们的社会目标以阐明除有效配置之外的尺度和分配问题。在生产的圣坛上,我们已经牺牲了其他的人类需求,如果我们希望增加我们的 QOL,我们必须从现在开始注意这些问题。但是,社会的演化很慢,而我们正在讨论的变化却已经很快来临。人们接受新的思想观念总是很慢的,而且那些掌握权力的机构和个人也不愿意改变赋予其权力的社会。因此,许多人继续像原来一样行事,好像增加消费是获得高的 QOL 的最好途径。

### 6.1.2 "好生活高价格,是有保证的❶"

为什么经济增长和消费在全球上困扰我们的第二个答案是:现有的市场系统严重妨碍了涉及日益增加的对环境服务的需求和人类需求的非市场满足品的思想的传播。绝大多数人都是通过受利益驱动的、依靠广告为生的媒体获取信息和思想。与 70 年前形成对照的是,那时候一个人听到的大多数话都是直接说给他的或附近的某人的;而今天我们听到的大多数话是直销的叫卖声或媒体主办的节目(Duning,1992 年)。阴险的是,广告说服我们去购买只是为了商家赚钱。实际上,所有的广告都是为了刺激我们对市场物品的需求,估计每年的生意大约有 6 520 亿美元,这一策略是非常有效的❷(国际广告协会,2000 年)。实际上,在说服我们喜欢公共物品或人类需求的其他非市场满足品方面却没有花什么钱,因为这类广告将不会自动产生能支持自身发展的收益。由于在满足我们的需求上我们可以花费的时间和收入都有限,如果我们在一件事情上花费太多,那么我们在另一件事情上就必须要少花费。经济学家们认为,消费者是至高无上的,并且最能够确定什么样的活动最能增加他(她)的 QOL,所以,广告对相对偏好的影响并不成为问题。广告将使人们在市场物品而不是非市场物品上花费更多的钱,因为广告已经改变了人们的思想,使人们认为那些商品对他们的 QOL 有较大影响。令人遗憾的是,刺激消费品的需求意味着自然资源的更大耗减和向环境中大量排放废弃物。从本质上说,广告是在说服我们为了个人的获益而损害或破坏公共物品。某些消费者对市场物品偏好的不可侵犯否定了其他消费者对公共物品偏好的不可侵犯。

此外,社会陷阱的存在意味着,有切实的理由怀疑人们能做出有关他们 QOL 的最好的决定。Costanza (1987 年)将社会陷阱定义为:"支配个人行为的短期的、局部的强化措施与个人和社会的长期的全球最佳利益不协调的任何情形。"迄今至少已经确定了五种类型的社会陷阱。第一是时间延滞,在这种情形中酬劳很快获得而负面影响将滞后。第二是无知,在这种情形中我们根本没有意识到长期的获益是有负面影响的。第三是滑动式增加(sliding reinforcer),在这种情形中酬劳是随时间变化(减少)的。第四是前面讨论过的外部性的问题。第五是集体陷阱,一种行动对个人有益,但当人人都参与这种行动时,它就会有害于社会。社会陷阱也可能是混合的,这些陷阱的两种或者多种可以结合起来。因此,由于多方面原因,我们对自己长期的 QOL 所作的决策不是最好的。从上述例子和许多其他例子中可以看出,自然的服务似乎特别倾向于成为社会陷阱。因此,如果广告把我们的偏好从公共物品改变为私人物品,这是它通过说服我们追求实际上降低我们 QOL 的活动而引导我们进入一个混合的社会陷阱。因此,由广告引导的消费达到威胁生

---

❶ 这是 The Sears 的广告口号,The Sears 的首席执行官说过:"要围绕我们的核心价值观主张来做"(Martinez,1999 年)。

❷ 可以在这样一个背景中看待这个数据,1997 年全球仅有 7 个国家的国民生产总值(GNP)超过 6 000 亿美元。

命支持的自然资本和可持续性并且减少公共物品供给的程度时,广告就是不公平的。

关于广告如何影响QOL还有更多的话要说。如前所述,如果我们能够更好地满足我们的需求和欲望,我们的QOL就会提高;如果我们没有能力满足我们的需求和欲望,我们的QOL就会下降。广告通过使我们相信我们需要这样或那样的产品来刺激欲望,但并没有给我们更大的能力以满足欲望。从这个意义上说,广告直接降低了我们的QOL。这里可以引用广告商他们自己的话,联合商业公司前老板B. Earl Puckett说,“我们的工作就是要让妇女们不满意她们已经拥有的东西”(引自Durning,1992年);食品联合企业H.J.Heinz的首席执行官Anthony Reilly声称,“一旦有了电视,不管什么类型、什么文化背景或什么出身的人都疯狂地想要同样的东西”(摘自Durning,1992年)。令人遗憾的是,当甚至第三世界贫民窟里的居住者越来越多地可以看电视时,他们却不能接近那些满足电视产生的欲望所必需的资源。广告商们敏锐地意识到各种各样的人类需求并且努力使我们相信消费将满足那些需求。用Alan Durning (1992年) 的话说,“他们通过用他们的商品勾起人类灵魂存在的无限渴望来培养需求”。消费行为研究的专家认为,消费者认同品牌为一种将自己与别人区别开来的手段(Durning,1992年)。即,广告使我们相信一个特殊的品牌将满足我们的身份需求。其他的人类需求包括情感、参与和自由等,几乎无所不包,都是广告的专门目标。实际上,广告商们时常企图使我们相信,一种特殊商品的消费是一种“增效的满足品”,可以立即满足多种需求,而事实上,它充其量是一种假满足品或是一种阻止性满足品,而且通过过度消费它可能成为侵害品和破坏品。

Max-Neef(1992年)的工作对广告与QOL之间的关系予以更清楚的揭示。他指出,需求具有双重特征,同时包含着剥夺和潜能。当我们缺乏某东西时,我们感觉被剥夺了什么,可是我们也在忙碌着、被调动起来、被激发起来去满足那种需求。因此,对参与的需求或者对情感的需求是参与和情感的潜能。从这个意义上说,需求也是一种资源。但是,如果我们被引导去相信消费将满足我们对情感或参与的需求,我们就不必寻求在别处满足它,而且需求内在的潜能就会丧失。另外,虽然需求可能是有限的,因此对满足品的要求也是有限的,如果我们试图用假满足品来实现我们的需求,我们就不能达到这样的目的。假满足品的需求实际上是不能满足的。因此,在广告的刺激下,处于消费文化中的人们继续相信,如果我们只要稍微多消费一点或者我们当前的收入翻番的话,我们就会达到我们一直追求的QOL。实际上,这将不可能发生,因为消费实际上不能满足我们的全部需求。

## 6.2 抑制广告影响的政策建议

我们不否认广告在为我们提供消费商品的信息方面发挥着巨大的作用。然而,在大多数情况下,广告的信息内容非常有限而且常常起误导作用。大多数广告都被设计成要让我们确信消费是满足我们人类需求的最好方法,然而,出现的情况是过度发达国家当前的消费水平与可持续的未来是不相容的,并且是不公平的。在如此多的广告存在的情况下降低消费水平将非常困难。因此,广告具有“公共劣品”的许多特征,而且应该被抑制。人们认为抑制广告的努力与言论自由的权力相冲突,因此是天真的。反驳意见认为,由广告引致的消费妨碍了后代生存的最基本权力,那种认为我们不用限制基于市场的广告就能够切实减少消费的认识才是非常天真的。问题是,什么是控制消费品广告最可行和最有效的方法呢?这是一个颇具争论性的问题,我们在这里提出几种可能的解决办法。

#### 6.2.1 对电视广播收费以及取消对广告的税收豁免

目前,在许多国家在电视广播上做广告实际上都是被补贴的。电视广播是公共财产,但是却免费给予了通讯公司。由于电视广播具有公共物品的性质,它们是非排他性的和非竞争性的,对他们免税有可靠的理论根据。如果政府要对电视广播的广告使用公司征税,它针对的仅是电视广播中致力于私人利益的那部分。

而且,目前广告被认为是商业成本并且是免税的。然而,基于上面所列举的理由,向广告征税才是更为适当的。我们确实面对着广告征税这样一个问题,广告能提供信息,这也是一种公共物品。理论上,应该只针对广告不传送信息的那部分来征税。遗憾的是,明确确定广告的哪些方面传送信息却是极其困难的(比如,可口可乐的味道很妙!!)。这类税收将需要一个无偏见的、非政府的(由于钱对政治家的影响)机构,例如非赢利消费者指导委员会(Consumer Guide)来做这些决定。这样的机构可以由电视广播的广告收入来资助。

#### 6.2.2 充分公布的广告和改变的偏好

税收可能减少广告的数量,但它不会引起对非市场满足品的关注。有几种选择可以帮助实现这一目标。最有效的或许就是管理"充分公布"(full disclosure)广告的法律。正如药品标签上必须注明其所有潜在的不利副作用一样,广告也应该列出所宣传的产品的所有潜在的不利副作用的信息。当然,这应当包括对环境的所有负面影响以及这些负面影响的含义。虽然这并不试图直接刺激对非市场物品的需求,它将至少可以使人们更加意识到非市场物品的存在和他们的消费对这些物品的影响。这必须包括进行一定的努力以教育消费者如何利用这些信息,也许这可以从所建议的广告税中得到资助。另一种选择是,在电视广播节目开始时提供免费的公共服务公告,专门寻求激发对环境服务和人类需求的其他非消费性满足品的需求。媒体是改变对满足品偏好的一种非常有力的工具。如果我们要建立一个更可持续的、更公平的世界,我们必须改变人们对满足品的偏好,无论现在或是将来,都不会限制其他人获得更高的 QOL 的能力。

然而,广告这两方面的限制措施将引起一个问题,人们将要抱怨它们侵犯了言论自由的基本权利。但是,言论自由的权利确实也是有限制的。例如,在一个拥挤的剧场内如果并没有着火,那么就不许有人在这里大喊"着火了",因为这威胁了其他人的利益。当某种消费危及到后代的福利时,喊叫"着火了"与鼓励人们消费并没有什么根本性的区别。许多国家已经限制了酒类和烟草的广告,澳大利亚消费者协会(ACA)已经抨击了在儿童电视节目中播放不健康食品广告的事件(Durning,1992 年)。

### 6.3 自然资本主义、增加效率、工业生态学与非物质化

考虑到大公司和广告业界的政治和经济权力、市场体系的全球统治地位、资本主义为生存依赖于增长的普遍信仰,对市场起限制作用的任何类似事物最终是否可行呢?一种流行的方法是力求减少自然资本的消耗而又允许消费者持续增加消费,这种被称为商业的"自然资本主义"方法包括通过商业重新设计减少资源消费。自然资本主义的目标是大

幅度地提高“自然资源的生产率”,致力于基于生物学的生产(比如,封闭式的、无废弃物的生产),基于方法的商业模式,以及对自然资本的再投资(Hawken 等,1999 年)。由于提高了能源效率、减少了废弃物以及提高了产品质量(比如,交通工具的燃料电池技术)等提供了收益的机会,许多人认为这是成功的商业战略。

但是一些问题又出现了。如果自然资本主义能够成功地与资源和废弃物国家密集型产业的竞争,那为什么自然资本主义没有得到广泛传播呢?赞美这种方法的那些环境主义者是否比公司更加懂得赚取利润?实际上,在当前条件下,在大多数情况下自然资本主义可能确实不如密集的资源使用更能获取利润。但是,使这样一种方法具有竞争性要比限制广告来得简单,而且有许多成功的范例。比如,“自然的步骤”已经利用集中教育来影响一些商业转向可持续发展和自然资本主义,Paul Hawken (1994 年)的商业生态学已经将这些概念介绍给学习商业的学生们。教育公民懂得可持续性的好处,他们的市场偏好就会迫使商业提供可持续性的选择,这样就可以进一步加强自然资本主义的方法。当然,要获得资源以完成这一教育任务是困难的,特别是必须每年花费 6 500 亿美元来教育处于相反方向的人民。同时,认为人们自愿以更贵的价格来购买那些不会对公共物品造成损害的商品也就是认为人们原本就是利他主义的。虽然这会必然成为现实,但假定市场经济的根本假设——“理性的”利己主义是第一位的是错误的,而认为我们能够使市场体系与可持续性相容是令人奇怪的。也许鼓励自然资本主义的最有效方法是下面将要讨论的绿色税收——通过增加资源密集型和污染密集型产业的成本,这种税收将使自然资本主义更具竞争性。

即使我们能够提出自然资本主义,它是充分的吗?的确,在经济生产中存在着显著的无效率,这将可以改变。然而,任何工业过程最终必须达到一个限度,超过这个限度,它就不可能再变得进一步减少资源的利用了。我们不可能无限度地保持减少消费品生产中原材料的输入:生产的全部非物质化本质上是不可能的。不管我们的生产技术如何有效,只要消费持续增长,我们将持续使自然资本退化并最终威胁其生命支持功能。之后,我们仍将在一个更高的消费水平上面临当前的问题。由于我们对生态系统功能和生态系统生命支持功能受到的威胁还很无知,以及通过消费者和生产者来减少消费将面临的不可避免的困难,预防性原则提醒我们应当立即同时在这两方面采取行动。我们必须努力奋斗以减少最终消费并使生产过程尽可能的高效。

### 6.3.1 绿色税收与人类需求核算

上面提及的绿色税收被作为一种刺激自然资本主义的方法。总体上,绿色税收能作为通向高 QOL 和可持续性的一条途径。这里,我们把绿色税收作为一套财政机制的简称,该机制将市场生产和消费的全部成本纳入到了市场价格中,正如里斯本原则所要求的那样,其基本思路是:如果我们不得不为由我们的消费引起的生态和社会损害付出代价,我们将减少消费或者转向消费负面影响较小的物品。价格上涨也将鼓励我们开发这些危害环境的消费品的替代品。即使经济学家也同意,只有当价格能反映全部成本时,市场分配才是有效的。

许多政府对自然资源定价过低或者甚至为了促进经济增长对资源开采进行补贴。这种补贴实际上是资源从公共部门向私人部门的直接转移,并且间接减少了来自环境服务的公共物品。第一步必须要消除这些扭曲现象。在第十一章中对某些这种补贴有过论述,Templet(1995 年)对此有过详细论述。其余的补贴还包括很多国家政府对伐木权收取的少量立木费、美国政府收取的低于市场价格的放牧费(below-market-price grazing fees)。美国国家森林的木材权的出售价甚至低于准备招标的成本。有许多类型的绿色财政机制,包括排放税、交易许可和配额等,对这些机制已有很多详细叙述,这些不同类型的机制可以帮助减少或改变消费。因篇幅所限这里不再讨论,要了解详情,请参考 Roodman(1998 年)、Pearce 和 Turner(1990 年)、Bernow 等(1998 年)等文献。值得强调的一点是,虽然经济学家认为配额与税收非常相似,但配额由生态因素所决定,而且不受后来的经济波动的影响❶,因而,它们与预防性原则和可持续尺度更为相容(Daly,1996 年)。

我们想对已经提出的两条建议提供一些细节,这两条建议或许还未引起应有的注意。第一条是由 Frank(1999 年)提出的"高累进消费税"。它特别适合于有关地位财富和过度消费的问题。其思想是要对用于消费的一部分收入征收高累进税。这种税收将显著抑制消费而不会影响投资。如果投资刺激经济过度增长的话,投资本身也是个问题。由于限制了将回报用于个人消费的市场花费能力,这种税收将对投资于公共物品(比如,环境恢复,社区中心和教育)❷ 提供更大的激励因素。高于或超出某种水平的消费者大都是具有较高地位的人,这些大消费者不会遭受到 QOL 的显著下降。过度的财富积聚的负面影响将会被避免,而且将没有必要对收入强加不受欢迎的上限。

第二条建议是对具有潜在的环境和社会损害后果的活动实行"保险债券"。任何热衷于这类活动的个人和机构都必须购买债券或购买足以赔付由他们行为引起的任何可能损害的保险。当环境损害的危险过去以后,债券就会返还,保险也就可以取消了。这些债券将保证,不管谁造成了环境损害,他就必须为此付出代价。对任何给定的项目,市场力量可以建立公平的价格而不需要另外的政府法规。实质上,这就是实施预防性原则的市场机制(Costanza 和 Perrings,1990 年)。

要知道我们是否能实现我们的目标,我们必须有能力去衡量它们。在短期内,这意味着实施绿色核算;在较长时期,应衡量我们持续满足人类需求的能力。这些主题在本章和第十一章已做了充分叙述。

### 6.3.2 减少贫困和收入上限

在前面我们已经提出,在一个公平的社会里需要结束贫困(即我们基本需求的满足品都是不充足的),而且我们建议了一些可能的方法(免除债务、支付生态债务、保证所有人都有平等的机会)。结束贫困的传统解决办法就是把经济的蛋糕做大,这样每个人都可以分得比以前更大的一块。可是,数十年甚至数百年的经济快速增长也未能证明其本身的有效性,而且在这个有限的星球上这不可能无限地维持,甚至有些方法却产生了相反的结果。现有财富的更公平分配是经济增长的一种替代选择,但是篇幅所限我们不可能考察

---

❶ 税收和交易许可权(配额)将鼓励个人减少污染。有了税收,任何减少就是支出的直接减少。有了许可权制度,剩余的许可权就可以出售,从而增加了税收。固定税收施以固定的压力以减少污染。如果固定数量的污染者生产约固定数量的商品(即对污染的需求是不变的),减少污染的新技术革新将最终减少对许可权的需求,促使价格下降。在这种情况下,在减少污染方面许可权制度不如税收制度有效。换句话说,如果对污染的需求增加,许可权的价格就会上涨,导致商品价格上涨,在这种情况下,税收就不如许可权制度有效。

❷ 当然,有个很大的危险就是富人们将把他们的金钱花费在具有负面结果的政治上。因此,这种税收必须要有对政治捐款的配套限制政策。

无数的实现这个目标的现有政策。然而,这些可供选择的政策的共同特征是都需要政治意愿。政治意愿是文化价值观的一种表达,即使在大多数国家它只是统治阶级的文化价值观。因此,我们认为,任何减少贫困和收入上限(income caps)政策的前提都是改变提供这种政治意愿的文化价值观。我们将陈述两类贫困:绝对贫困——个人不能满足他们的基本生存需求;其他贫困——个人不能适当地满足他们其他的人类需求。

在最贫穷的国家,好像经济增长(和人口控制)是结束绝对贫困所需要的。但这也并非必然如此。比如,Amartya Sen(1984 年)证明,即使在全球许多最严重的饥荒期间,发生饥荒的那些国家也为饥民生产了足够的食物。这个问题是个权利问题,而不是一个丰富性问题。当最贫穷的国家生产得越多,在当前的全球体制下,产生的绝大部分财富就会流向国外或进入上流社会,所以,经济增长似乎并没有带来什么希望。的确,从全球范围来看,有丰富的资源可以结束全球的贫困,所以这是个分配问题(如果对人口的持续增长不加限制,将不可避免地出现绝对的资源稀缺)。富人和掌握权力的人有能力建立一个更公平分配资源的新体制,但他们的观念是,如果他们停止占有全球财富和资源的最大份额,他们就会遭受 QOL 的降低。这种观念源于这样一种意识(价值体系),即认为物质消费可以满足我们所有贪得无厌的需求,我们消费得越多满足得就越好。

这一价值体系同样限制了我们消除其得贫困的能力。我们对经济增长和消费的迷恋,以及它们作为假满足品的本性,剥夺了我们的资源和我们追求我们的各种需求的真正满足品的潜能。因而,与这种普遍的观点直接相反,消除贫困要求停止对经济增长和消费的迷恋,这反过来又要求改变占主导地位的价值观。

价值观也是限制财富的努力的关键。人们相信巨大的财富带来巨大的幸福,并且他们渴望获得巨大幸福的机会。这些价值观意味着将可以证明限制财富最大化要比结束贫困更具政治挑战性。而且,价值观的转变是一个必须的步骤❶。接下来的问题是我们如何沿着可持续的、公平的和高 QOL 的社会的方向去改变文化价值观。

### 6.3.3　教育

教育在提高自身的 QOL 中发挥着关键作用。它直接提高了对人类理解的需求,极大地增加了我们对其他许多人类需求满足品的利用。更重要的是,它是改变人类价值观的一种必需方法。如上所述,价值体系响应变化的制度、变化的环境和变化的文化而发展演化,但是人类活动正在改变我们环境的速度提醒我们,我们不能无动于衷和消极等待。正在激起的价值观的快速变化将要求广泛的教育。存在的部分问题是人们还未意识到人类活动对环境的影响。如果对生态过程没有广泛的了解,人们将不会认识到这些过程对人类发展的制约。教育人们认识到我们当前发展道路的负面影响(或者这些影响太突出而不能忽视),他们就会逐步成熟而接受替代选择,但必须要告知人们这些替代选择方案。可是,(接受过高等教育的人们)目前提供的解决经济增长引起的损害的主要"办法"都非常相像❷。这种范围很窄的教育跟思想观念的灌输差不了多少。在大学,教育是在很窄

---

❶　同时,一个高累进消费税能够消除对收入上限的需求,在政治上也是更为可行的。

❷　一些论点认为发达国家的空气和水的质量日益改善,经验证据表明,经济增长解决了环境问题。提出这一解决办法的那些人似乎忘记了热力学的规律,没有看到无数环境问题并没有改善,并且忽视了这样一个事实,即那些过度发达国家将他们污染最严重的工业都转移到了第三世界国家。

的学科范围内的一种典型灌输。如果一个人根本不懂生态学,他可以很容易地接受新古典主义经济学;如果一个人不懂社会科学,要将他的认识从生态学转向实际政策就会很困难。发展可持续的社会和保证人类系统与支持它的生态系统之间的内在平衡问题,要求教育必须是广泛的跨学科教育。

然而,我们必须认识到,意识到我们的消费水平威胁到今天生活的其他人和后代的QOL的绝大多数人不会相应地改变自己的消费水平。其原因可能是担心减少消费会降低他们的QOL。这一信息在正规教育中也被传授,但仅是在商业和经济学之外的有限范围内。这一信息的最有力的教育力量就是媒体。正如我们前面所明确阐述的,令人遗憾的是大多数媒体都是受市场利益驱动的。因此,它们反而强化消费者至上的主导价值体系和独占可以用来教育人们转向替代选择的时间和资源。在人类历史上,现代媒体提供了最有力的大众教育工具,而且只要市场力量控制它们,要教育人们接受替代选择是非常困难的。要实现我们的目标,要求至少同等地利用媒体以普及替代选择的思想。首先我们承认,我们所谓好的观念只是一种意识形态,但是我们相信,对于一个社会来说有许多意识形态可供选择远比只有一种意识形态要好得多。主导的消费主义意识形态在过去是适合的,而现在我们继续倡导这种意识形态将不再适合未来。因而,广泛的跨学科和多意识形态的教育是在一个变化的世界中实现可持续性所必需的适应性管理原则的要求。

### 6.3.4 政治改革

政治意味着行动,政治舞台就是很多需要的变化必须发生的地方。在短期内,我们要充分利用现在的政治结构以促进我们的议程。根据这个思想,我们已经起草了一个《可持续性权力议案》(见附录),而且由行动分子与他们的代表共同努力以将该议案提交政治辩论。

行动要求有政治意愿,比如减少贫困、限制广告或教育改革。促进《可持续性权力议案》对此将会有所帮助。遗憾的是,在当前条件下,政治意愿都是由最大的捐款者或者只是最富有的人(取决于所讨论的国家)决定的。在中短期内,从富人手中夺取对政治意愿的控制,在所谓民主国家需要进行运动式财政改革,在其他国家需要采取限制富人对政治事务的影响的做法。必需的政治意愿不可能来自于制度化的党派、职业政治家或已建立的政府。文明社会不仅要在影响政府,而且要在提供领导作用以发展指导我们的价值观和前景方面发挥关键作用。

在更长的时期内,一个强大的文明社会可以帮助建立一个强大的分享式民主制,这是最有利于建立一个公平的、可持续的和高QOL的社会政府形式(Prugh等,2000年)。在分享式民主制中,人们必须详细讨论影响他们的问题来共同决定如何解决这些问题。这可以直接满足人民的参与和身份地位需求,教育人们了解相关的问题和其他意识形态,帮助引导社会资源满足人类需求。当居民们聚集到例会上讨论问题并一起工作以解决问题时(即使还存在明显的冲突),就会产生社会资本的强有力结合,并且在形成社区观念方面发挥必须的作用。这个体制将允许人民表明政治意愿或确定政府的目标。这些市民会议必须形成指导他们行为的未来共同愿景。这个愿景不能是固定不变的,而必须动态适应新的信息和新的条件变化。过分强调愿景的重要性非常难,需要详细阐述。

### 6.3.5 愿景

在社会范围内对 QOL 与财富和资源分配的讨论中忽略的一个基本要素是，一个可持续的和高 QOL 的社会的连贯的、较清晰的共同愿景（Shared vision）是什么样子（Costanza，2000 年），而且我们如何能实现这一愿景。像连续和无限增长物质消费的这种默认愿景是不可持续的，而且没有可信的选择方案可以供公众讨论。实现可持续社会的先决条件是建立一个共同愿景，它是一个社会应当支持什么以及表达我们希望未来怎样的重要的共同价值观。这一愿景必须要体现多样性的观点、基于公平性原则和尊重个人的人权。以可信的方式形成可持续社会这种共同愿景要求社会中的主要利益集团积极的参与。否则，这一愿景将被看成是另一个特殊利益的议程。

理想社会的这个愿景必须立足于有限的生态系统给我们限定的条件内，而且要认识到我们现在的文化及其强调的作为满足品的消费品所形成的限制条件并不是那样具有刚性。建立一个可持续社会必然要求我们接受消费不是最终目标，而只是达到目标的手段。我们还必须认识到，消费不能无限制的增长，QOL 并不取决于消费，并且不受这类自然法则的约束。我们必须重新定义效率，它不是我们从给定的资源分配中可以创造的最大市场价值，而是我们能够以最少数量的资源满足最多的人类需求。不是简单地悲叹我们现在的发展道路的负面后果，我们必须要确定一个可持续的、理想的未来的积极愿景。

## 7 结论

总之，要实现一个公平的、可持续的和高 QOL 的社会，我们还有很长的路要走。建立一个积极的共同愿景和取代消费主义的价值观将仅仅是一个起点。我们已经讨论了一些其他的步骤，这些步骤是我们建立这样的社会所需要采取的。我们所提出的这些思想有的会起作用而有的可能不起作用。在抨击这些思想的意见中，有许多将指责我们是理想主义的和天真幼稚的。在最终实施以前我们应当记住，没有什么主意比给君主世界建议的民主，或给奴隶制世界建议的解放的想法更为幼稚的了。Goddard 因设想火箭可以在真空的太空中飞行而被指责为幼稚，贝尔（Bell）被告知电话永远不会有需求，而且在 1943 年，IBM 的总裁估计全世界的计算机需求量只有 5 台。这类批评常常比想像力的危机还要多一些。真正的幼稚在于相信没有大胆和激进的改革建议我们也能实现理想的社会。

# 可持续性权利议案

- 人们有权生活在可维持人们及其后代的健康的自然环境中。
- 可持续性的目标是改进或维持生活质量。
- 一个可持续的社会是一个能保证代内和代际公平的社会,而且一代人所继承的自然资本可以完好无损的或者有所增加地传递给下一代。
- 可持续性包括保护生物多样性以及尊重与自然的精神联系。
- 社会、地理和代际的公平对可持续性有贡献。
- 生活质量直接或间接地依赖于资本的四种形式:自然资本、人力资本、社会资本、人造资本。
- 自然资本的可持续性要求自然服务的可持续维持。
- 个人必须有机会通过与预防性原则相一致的法庭、经由调解的辩论性议案向不可持续性的活动挑战。
- 这一议案将定期由利益相关者进行审议,以适应知识、技术和环境条件的变化。
- 政府将定期发布可持续性指标体系以便比较有关进展。

## 参考文献

[1] Bentham J. The rationale of punishment. In: Stark W (Editor). Jeremy Bentham's Economic Writings (George Allen and Unwin for Royal Economic Society, London). 1830

[2] Bernow S, Costanza R, Daly H E, et al.. Ecological tax reform. Bioscience, 1998, 48: 193～196

[3] Bloom D E, Canning D, Graham B, et al.. Out of Poverty: On the Feasibility of Halving Global Poverty by 2015 (Discussion Paper No. 52). Consulting Assistance on Economic Reform (CAER Ⅱ). 2000 Available on-line: http://www.cid.harvard.edu/caer2/htm/content/papers/paper52/paper52.htm

[4] Boyce J K, Klemer A R, Templet P H. Power distribution, the environment, and public health: a state level analysis. Ecol. Econ. 1999, 29: 127～140

[5] Broome J. Weighing Goods: Equality, Uncertainty and Time (Basil Blackwell, Cambridge, MA). 1991, pp. 255

[6] Brown P. The rich have inherited the sea. Weekly Mail and Guardian (Johannesburg). 1998, Available on-line: http://www.sn.apc.org/wmail/issues/981023/NEWS19.htm

[7] Bueno M, Marcondes H. Global deforestation and $CO_2$ emissions: past and present, a comprehensive review. Energy Environ., 1991, 3: 235～282

[8] Chomsky N. Reclaiming the remaining debts must be justified. The Guardian. 1998. Available on-line: http://www.nationalinvestor.com/noam_chomskyhtm.htm

[9] Cobb C W. Measurement Tools and the Quality of Life (Redefining Progress, Oakland, CA). 2000.

Available on－line: http://www.rprogress.org/pubs/pdf/measure_qol.pdf
[10] Constitutional Rights Project. Land, Oil and Human Rights in Nigeria's Delta Region (CRP, Lagos, Nigeria).1999
[11] Costanza R. Social traps and environmental policy. Bioscience, 1987, 37: 407～412
[12] Costanza R. Toward an operational definition of ecosystem health. In: Costanza R, Norton B G and Haskell B D (Editors). Ecosystem Health: New Goals for Environmental Management (Island Press, Washington D C).1992, pp. 239～256
[13] Costanza R. Visions of alternative (unpredictable) futures and their use in policy analysis. Conserv. Ecol. 2000, 4(1): 5
[14] Costanza R, Perrings C. A flexible assurance bonding system for improved environmental management. Ecol. Econ. 1990, 2: 57～76
[15] Costanza R, Daly H E, Bartholomew J. Goals, agenda and policy recommendations for ecological economics. In: Costanza R(Editor). Ecological Economics: the Science and Management of Sustainability (Columbia University Press, New York).1991, pp.1～21
[16] Costanza R, Andrade F, Antunes P, et al.. Principles for sustainable governance of the oceans. Science, 1998, 281: 198～199
[17] Crocker D. Functioning and capability: the foundations of Sen's and Nussbaum's development ethic, part 2. In: Nussbaum M and Glober J (Editors). Women, Culture and Development: A Study in Human Capabilities (Oxford University Press, Oxford).1995
[18] Daly H E. Steady－State Economics: Second Edition, with New Essays (Island Press, Washington D C).1991, pp.302
[19] Daly H E. The steady state economy: toward a political economy of biophysical equilibrium and moral growth. In: Daly H E and Townsend K(Editors). Economics, Ecology, Ethics (MIT Press, Cambridge, MA).1993, pp. 324～356
[20] Daly H E. Beyond Growth: The Economics of Sustainable Development (Beacon Press, Boston, MA). 1996, pp.253
[21] Daly H E, Cobb J B. For the Common Good: Redirecting the Economy Toward Community, the Environment, and a Sustainable Future (Beacon Press, Boston, MA).1989, pp.482
[22] Durning A T. How Much is Enough? The Consumer Society and the Fate of the Earth. 1st edition (Norton & Company, New York).1992, pp.200
[23] Ehui S, Hertel T, Preckel P. Forest resource depletion, soil dynamics, and agricultural productivity in the tropics. J. Environ. Econ. Manag. 1990, 18: 136～154
[24] Ekins P. The sustainable consumer society: a contradiction in terms? Int. Environ. Affairs (Fall 1991), 1991, pp.243～258
[25] Fajnzylber P, Lederman D, Loayza N. What Causes Violent Crime? (The World Bank, Office of the Chief Latin America and the Caribbean Region). 1998. Available on－line: http://wbln0018.worldband.org/Networks/ESSD/icdb.nsf/d4856f112e805df4852566c9007c27a6/3bc3671fb195elb0852567fd005338b2/$FILE/loayza.pdf
[26] Farley J. "Optimal" deforestation in the Brazilian Amazon; theory and policy: the local, national, international and intergenerational viewpoints. Ph.D. Dissertation (Cornell University, Ithaca, NY). 1999, pp.339
[27] Fisher I. The Nature of Capital and Income (MacMillan, New York).1906, pp.427

[28] Frank R. Luxury Fever: Why Money Fails to Satisfy in an Era of Excess (Free Press, New York). 1999. pp. 326

[29] Gates J. Statistics on Poverty and Inequality. 1999. Available on – line: http://www.globalpolicy.org/socecon/inequal/gates99.htm (Global Policy Forum)

[30] Goodwin N. Volume introduction. In: Ackerman F, Kiron D, Goodwin N, Harris J and Gallagher K (Editors). Human Well – Being and Economic Goals (Island Press, Washington, D C). 1997, pp. 427

[31] Haas B K. A multidisciplinary concept analysis of quality of life. West. J. Nurs. Res. 1999, 21(6): 728～743

[32] Hawken P. The Ecology of Commerce: A Declaration of Sustainability (HarperBusiness, San Francisco, CA). 1994, pp. 250

[33] Hawken P, Lovins A and Lovins H. Natural Capitalism: Creating the Next Industrial Revolution (Little Brown and Company, Boston, MA). 1999, pp. 396

[34] Hsieh C, Pugh M D. Poverty, income inequality, and violent crime: a meta-analysis of recent aggregate data studies. Crim. Justice Rev. 1993, 18(2): 182～202

[35] International Advertising Association. Frequently Asked Question on Advertising and Constitutional Protections (International Advertising Association). 2000. Available on line: http://9www.iaaglobal.org/iaagenerator/default.asp? section_id=2&category_id=411

[36] Kaplan R, Kaplan S. The Experience of Nature (Cambridge University Press, New York). 1989, pp. 340

[37] Kawachi I, Kennedy B P, Lochner, K. et al.. Social capital, income inequality and mortality. Am, J. Public Health, 1997, 87(9): 1491～1498

[38] Kellert S R, Wilson E O. (Editors), The Biophilia Hypothesis (Island Press, Washington D C). 1993, pp. 484

[39] Kennedy B P, Kawachi I, Prothrow – Stith D, et al.. Social capital, income inequality, and firearm violent crime. Soc. Sci. Med. 1998, 47(1): 7～17

[40] Keynes J M. The Economic Consequences of the Peace (Macmillan, London). 1919

[41] Kiron D. Summary of Amartya Sen's contributions to understanding personal welfare. In: Ackerman F, Kiron D, Goodwin, Harris N J and Gallagher K (Editors). Human Well – Being and Economic Goals (Island Press, Washington D C). 1997, pp. 42

[42] Lake C, Borosage R L. Money talks and voters and donors know it. The Nation, August 21. 2000

[43] Lane R E. Market justice, political justice. Am. Polit. Sci. Rev. 1986, 80 (2): 383～402

[44] Lane R E. The Loss of Happiness on Market Economies (Yale University Press, Haven, CT). 2000, pp. 465

[45] Lapham L. Money and Class in America: Notes and Observations on our Civil Religion (Weidenfeld and Nicolson, New York). 1988, pp. 244

[46] Lynch J W, Kaplan G A, Pamuk E R, et al.. Income inequality and mortality in metropolitan areas of the United States. Am. J. Public Health, 1998, 88 (7): 1074～1080

[47] Martinez A. Annual Report 1999: Letter to Our Shareholders. 1999, Available on – line: http://media.corporate_ir.net/media_files/NYS/S/reports/s_ar99_low.pdf

[48] Maslow A. Motivation and Personality (Harper, New York). 1954, pp. 411

[49] Max – Neef M. Development and human needs. In: EKin P and Max – Neef M (Editors). Real – life Economics: Understanding Wealth Creation (Routledge, London). 1992, pp. 97～213

[50] McGinn A P. Why Poison Ourselves? A Precautionary Approach to Synthetic Chemicals, Worldwatch Paper 153 (World Watch, Washington D C). 2000, pp. 92
[51] Nickerson D. Trade-offs of mangrove area development in the Philippines. Ecol. Econ, 1999, 28(2): 279~298
[52] Nussbaum, M. 1990, Aristotelian social democracy. In: Douglass R B, Mara G M and Richardson H S (Editors). Liberalism and the Good (Routledge, New York/London). 1990, pp. 203~252
[53] Panayatou T, Parasuk C. Land and Forest: Projecting Demand and Managing Encroachment (TDRI, Bangkok). 1990, pp. 85
[54] Pearce D W , Turner K. The Economics of Natural Resources and the Environment (Johns Hopkins Press, Baltimore, MD). 1990, pp. 378
[55] Prugh T, Costanza R and Daly H E. The Local Politics of Global Sustainability (Island Press, Washington D C). 2000, pp. 173
[56] Rawls J. A Theory of Justice (Harvard University Press, Cambridge, MA). 1971, pp. 607
[57] Robinson J. Economic Philosophy (Doubleday, Garden City, NY) . 1964, pp. 150
[58] Roodman D M. The Natural Wealth of Nations: Harnessing the Market for the Environment (Norton & Company, New York). 1998, pp. 303
[59] Roodman D M. Still Waiting for the Jubilee: Pragmatic Solutions for the Third World Debt Crisis, WorldWatch paper 155, April 2001 (Worldwatch, Washington D C). 2001, pp. 86
[60] Schwartzman S. Extractive reserves: the rubber tappers' strategy for sustainable use of the Amazon rainforest. In: Browder J(Editor). Fragile Lands of Latin America (Westview Press, Boulder, CO). 1989, pp. 150~165
[61] Sen A. Poverty and Famines: An Essay on Entitlement and Deprivation, 2nd edition (Oxford University Press, Oxford). 1984, pp. 257
[62] Solow R. Sustainability: an economist's perspective. In: Dorfman R and Dorfman N S(Editors). Economics of the Environment (Norton & Company, New York). 1993, pp. 179~187
[63] Sugden R. Welfare, resources and capabilities: a review of 'inequality reexamined' by Amartya Sen. J. Econ. Lit. 1993, 31 (December): 1947~1962
[64] Summers L. Internal World Bank Memo, written on December 12, 1991, and made public in February, 1992, Available on-line: http://whirledbank.org/ourwords/summers.htm
[65] Templet P H. Grazing the commons: externalities, subsidies and economic development. Ecol. Econ., 1995, 12: 141~159
[66] Templet P H. Equity and sustainability; an empirical analysis. Soc. Nat. Resour., 1995, 8: 509~523
[67] Ulrich R S, Simons R F, Losito B D, et al.. Stress recovery during exposure to natural and urban environments. J. Environ. Psychol., 1991, 11: 201~230
[68] Walzer M. Spheres of Justice (Basic Books, New York). 1990, pp. 368
[69] Wilkinson R. Unhealthy Societies: The Afflictions of Inequality (Routledge, London). 1996, pp. 255
[70] Wilson E O. Biophilia, reprint edition (Harvard University Press, Cambridge, MA). 1986, pp. 157
[71] World Bank. Global Economic Prospects and the Developing Countries. 2000
[72] World Bank. Social Capital for Development: What is Social Capital. 2001. Available on-line: http://www.worldbank.org/poverty/scapital/whatsc.htm (World Bank, Washington D C)

# 结　论[1]

初看起来,要从作为生态峰会研讨结果的前述 12 个篇章中总结出结论是很困难的,这些章节是以非常不同的风格写成的,它们的结论针对着非常宽广的问题范围。这些问题似乎彼此间无多大联系,然而,我们回顾一下就会明白,6 个主题之间是紧密相关的。生活质量显然与财富和资源的分配有关,而它又与人类健康有关,人类健康又与生态系统健康有关。生态系统健康的评价需要对生态系统有深厚的知识,因为生态系统是复杂的、适应的分级系统。除非我们开发出一个集成的模型,否则就不能对其进行综述。而一个生态系统的集成模型只有了解了生态系统,即 CAHS 系统的性质才能开发出来。生活质量也取决于对生态系统服务的正确评价和使用(不是滥用)。这与生态技术的定义是一致的(Mitsch 和 Jøgensen,1989 年):为人类社会及其自然环境两者利益而进行的设计。科学是我们了解自然的先决条件:生态系统是如何工作的?我们对生活质量了解些什么?什么因素影响人类健康?决策必须在最好的已有科学知识的基础上作出,因而科学必须是所有环境决策的基础。这样,所有的 6 个主题与其他 5 个主题均直接或间接地、正向或反向地密切相关(图 1)。我们不能孤立地看主题中的任何一个,而需要把 6 个主题集成为对环境、对我们施加给环境的影响和对怎样在社会和环境的框架内达到高质量生活的一种更综合的了解。

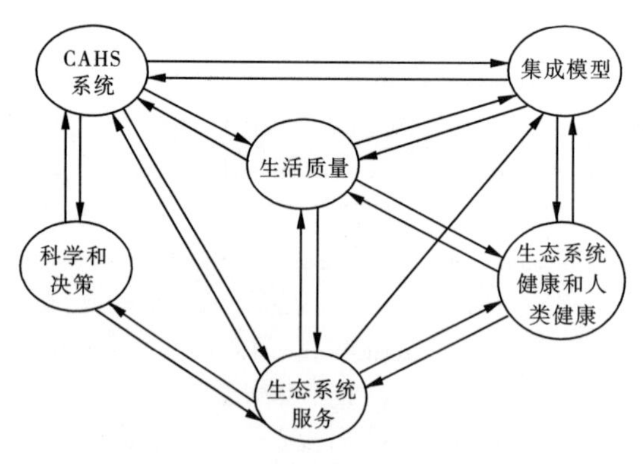


**图 1　6 个主题正向和反向地相关**

目前关于哪一个生态系统理论是有用的且有好的科学基础一直存在争议。1992 年曾提出,我们已经有了一个基本一致的模式(Jørgensen ,1992 年)。这在生态峰会上得到了重新确认:一个有点类似于可以确认的“CAHS 理论”模式正在形成。各种可能的目标函数和定向度量(Orientor):可放能(exergy)最大化、最大功率、最大熵产出、最小特定熵产出(仅举例这些)大部分是一致的——不一定在生态系统发展的所有阶段都一致,但在某些环境下一致。只有可放能最大化和最大功率似乎可用于所有形式的生长和发展,并

[1] 作者:S. E. Jørgensen ,R. Costanza。

可用于所有阶段,但其他的定向度量对了解在所有细节上和所有阶段的生态系统的反应是重要的。我们需要若干不同的互补途径来解释 CAHS 系统的结构、组织和动力学的所有方面,这并不令人惊奇。例如,光是比生态系统简单得多的现象,为适用于所有的观察,我们需用波粒二重性来解释。

我们是不是也能利用一些基本定律来解释我们的生态观测,并从这些基本定律导出规则呢?现在还不行,但是有了模式和一定的理论,我们就能构造一个用于这一范围内的一致的理论网络。这一模式和理论体系可以帮助并告诉我们关于环境决策的如下信息——关于生态服务使用的决策,生态健康对我们的健康和生活质量的影响。集成的模型也将因此而得到改进,因为它们反映了生态系统和社会系统的系统性质,这又反过来意味着更好的决策。

在过去 10 年中,集成模型的应用已加快,特别是水文学与生态学,以及生态学与经济学的集成已经反映在模型中,但仍然只有极少的模型与集成的生态—经济—社会系统有关。现在急需同时对生态、经济和社会问题开展更多的模型研究,因为今天人类的大部分问题同时涉及到这三个方面。任何决策,例如关于一项重大建设工程、一座坝、一座桥或一个重要的建筑物,都将明显地对环境、经济和社会结构产生影响。我们可能有足够的模型经验去开发集成所有三大系统的模型,但目前要建立、资助和保持一支对所有类型的问题都有足够专门知识的多学科团队是困难的。此外,由于对这类模型尚无足够的经验可供借鉴,所以研究进展缓慢。开始的完全集成模型可能会失败,正如 30 年前第一代综合的生态模型的开发一样,开始时犯了很多错误,但从这些错误中我们学习和了解到了很多经验。

10 年后,约 1980 年,生态模型开发开始成熟,只要能正确使用取得的经验(当然并非总是如此),就能开发出可靠的模型。因此,结论是:我们应该开始开发集成生态、经济和社会问题的模型,并承认最初的模型充其量也只能给出很粗的定量或半定量的结果。

对未来几年人类必须作的集成决策而言,必须有科学的输入,但悬而未决的问题是自然和社会科学家本人是否应在决策中起到更积极的作用。到目前为止,他们的作用是作为顾问,这意味着他们没有参加到决策过程中,因为决策被认为是纯政治的,而大部分科学家想保持“无偏见”,他们喜欢呆在他们的象牙塔中。然而,这种态度已不能再维持下去,因为问题正变得越来越复杂。因为政治家不能看透科学界中复杂的浓雾,转而纯粹地依靠公众的意见,所以正在进行的政治决策中错误成百上千。对于科学家怎样才能或者才会用他们的专业知识影响政治决策尚无现成的模型。很清楚,在将来需要不同的决策程序,这些决策程序不仅需要包含民主过程,还要充分考虑到问题的复杂性和关于这些问题的可用的科学知识。由于我们对怎样去做尚无清晰的思路,我们必须开始进行试验,而不是在现在的刚性系统中进退维谷。现代社会的结构提供了许多新的可能性。例如,针对某一焦点问题,网络提供了迅速地与一大群人接触的可能。

近 10 年来,生态系统健康已成为一个重要的环境概念(Costanza 等, 1992 年)。当这一概念刚引入时,当时的思路是要得到一个重要生态指标的清单,以评价生态系统健康。目前我们还没有能用于所有情况的这种清单,但我们确实已有足够的经验能使用生态指标对一个生态系统的健康进行比较好的评价。并非每一个人都用同样的指标清单处理这一评价问题,这如同所有的医生也并非用完全一样的指标评价人的健康一样。然而,对所有建议指标的基本信息存在着一定的共识。同样也都同意,就如对人的健康一样,我们同时需要几个指标以取得生态系统健康的足够综合的图像。

生态系统健康和人类健康之间的相互关系是应用生态学在这方面研究的主要焦点之一。无疑这些相互关系是复杂的、相互交织在一起的,但是在一个特殊的情况下,这种相互依赖有多强,对人类健康有什么样的含义呢？这些实际的问题还不能完全回答,至少不能定量回答。因此,希望在将来我们能够发展出一个生态系统健康和人类健康之间的相互作用的更完全的图像。在生态峰会上关于这一主题的讨论,将加强我们在这一方向上的努力。

生态工程是一个跨学科的领域,包括利用生态系统使自然和人类受益,合理的生态规划,及对受损生态系统使用生态恢复方法。该领域是在 20 世纪 70 年代由 Odum H T 和 Straskraba M 所提倡,但生态工程的优点在 20 世纪 80 年代早期才变得清晰,那时主要由农业引发的非点源污染的争论刚刚开始。近 15～20 年利用湿地作为过滤器已成为生态工程的核心问题。这一领域还包括了同时考虑自然和人类,更谨慎地利用环境的许多其他可能性。因而,最近主要的焦点为:我们怎样以一种可持续的方式来使用生态系统服务？这需要我们学会珍惜这些服务,而至今我们在很大程度上认为,这种服务是理所当然的。此外,我们必须懂得产生这些服务的基本机制。这就不可避免地使生态工程转入对基本原则和实践的讨论。我们现在有许多好的生态工程项目,也有较好的知识基础去让我们了解什么组成了一个合理的生态规划,怎样实现一个生态技术项目和怎样恢复一个受污染的生态系统。这里形成了对生态工程的一些基本原理的几个建议。然而,生态系统理论的模型和体系需要更好地用于发展生态工程原理和为生态技术的实际应用确定指南。此外,生态经济和生态工程的更进一步的集成看来是必要的,以保证将来生态工程项目更好地被规划和实施。

"生活质量"与其他 5 个主题有很紧密的关系,可能是需要最大程度集成的问题。它也是 6 个主题中最具"政治性"的,这已为"生活质量及财富和资源的分配"强调指出。最后,它也是 6 个主题中科学家最难讨论的问题。

毫不奇怪,地球上所有人们的良好生活质量的主要障碍是现今对财富和资源的不公平的分配。发达国家的偏见使得要找到这一问题的解决方案变得非常困难。显然,我们能采取许多措施来调整存在于发达国家和发展中国家,以及每一个国家中的最穷和最富的人之间的这种不公平的分配。解决的办法植根于生态经济中:使用绿色税、工业生态学,更综合和完全地结合了生态、经济和社会可持续性的国家核算系统。然而,所有这些设想都需要政治决策——再一次回到科学和决策主题。

在生态峰会上所有 6 个主题都为一个非常成功和富有成效的讨论做出了贡献,提出了一些新的思路和想法,并在会上展开了讨论。6 个主题的现代水平和趋势的评述已在会上对所有出席者宣讲。所有 6 个主题的讨论,甚至更广的 6 个主题的集成需要真正的多学科的途径,而这正是生态峰会的基础。如果没有 5 个杂志的读者和 5 个协会的成员同时出席生态峰会,就不可能得到现在的成果。对出席会议的个人(但愿还有本书的读者)最重要的成果可能是对我们讨论的问题在所有生态学应用学科(系统生态学、生态和环境模型、生态系统健康评价、生态工程和生态经济)中的广阔前景有了一个清晰的图像，并了解需要阐明它们所必需的、产生一个跨学科的“硬问题科学”与日俱增的重要性。

## 参 考 文 献


[1] Costanza R, Norton B G ,Haskell B D. Ecosystem Health: New Goals for Environmental management (Island Press, Washington, D C). 1992, pp. 269

[2] Jøgensen S E. Integration of Ecosystem Theories: A Pattern. (Kluwer Academic, Dordrecht). 1992. Second edition: 1997, pp. 388

[3] Mitsch W J , Jørgensen S E. Ecological Engineering, Introduction to Ecotechnology. (Wiley, New York). 1989, pp. 432